KB219885

★ ★ ★ ★ ★

북경대, 청화대로 세계를 품다

북경대, 청화대 잘 들어가서 **베스트로 졸업**하기

이채경 지음

어문학사

북경대 입학하기까지의 여정

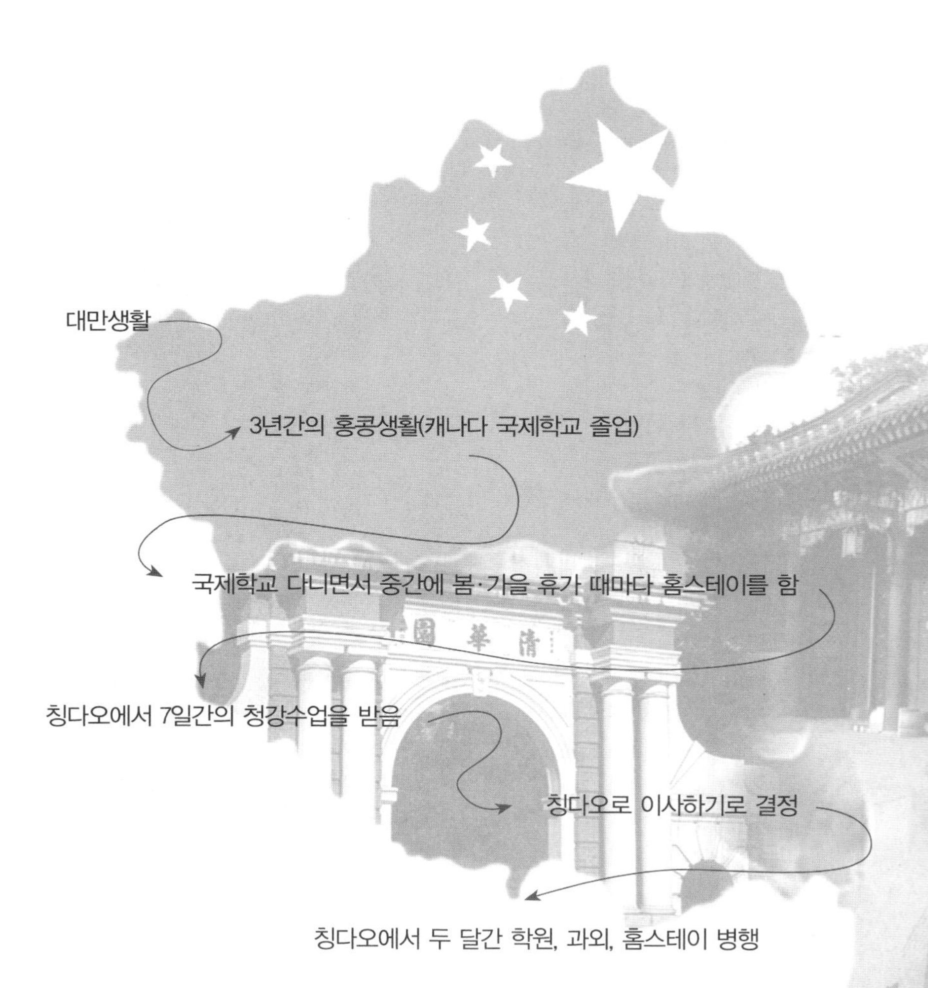

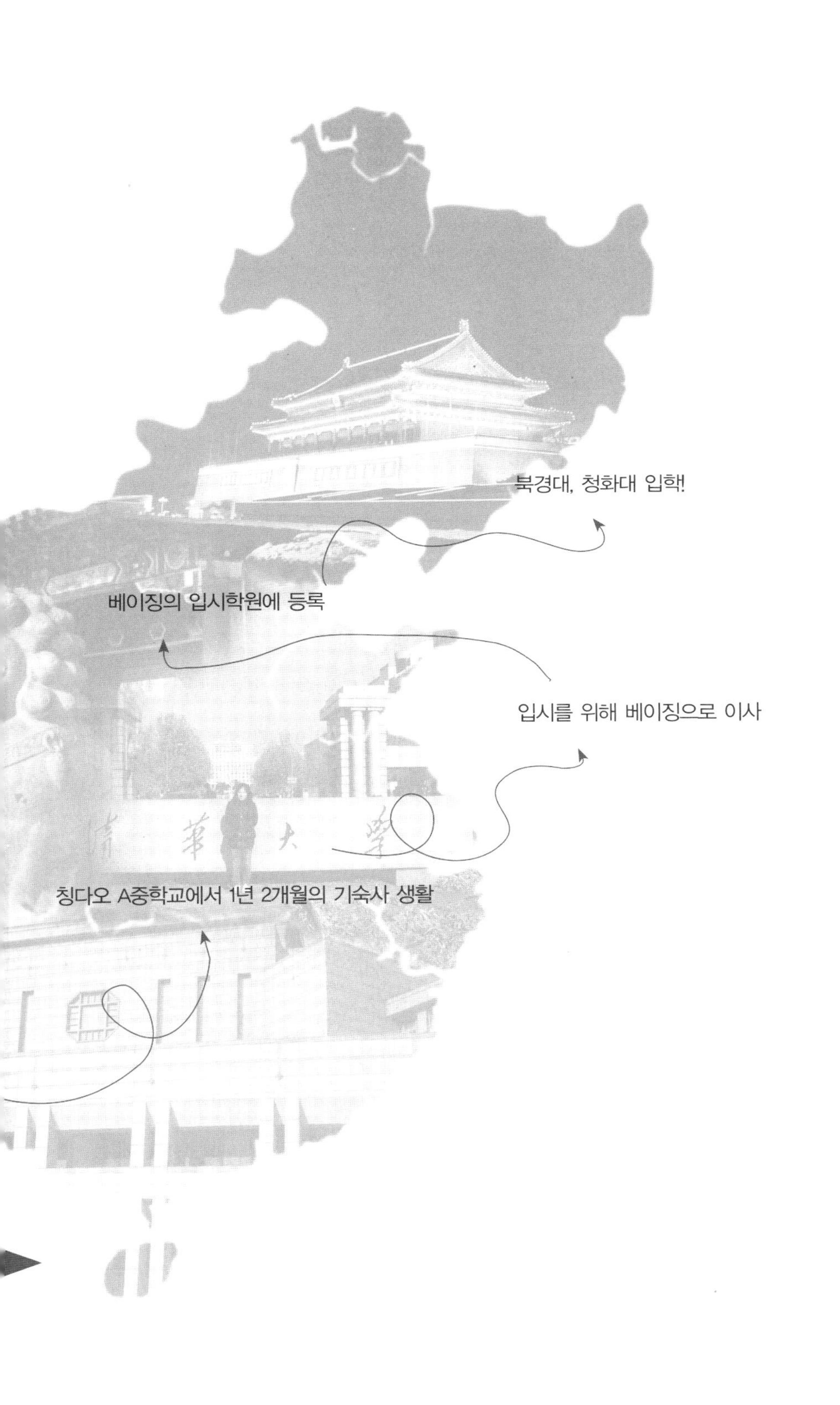
북경대, 청화대 입학!
베이징의 입시학원에 등록
입시를 위해 베이징으로 이사
칭다오 A중학교에서 1년 2개월의 기숙사 생활

프롤로그

알찬 대학생활을 꿈꾸며

시간은 흘러가는 것이 아니라 우리가 시간 속으로 들어가는 것이지요. 이제 인생의 50대를 맞이하며 자녀교육의 일차 관문을 마쳤습니다. 우리 부모님이 주신 크신 사랑에 비해 우리는 자식들에게 어떤 사랑을 주었는지 반성해 보는 시간입니다.

아이들과 함께 성적을 위해 달려왔던 시간이었지만 지나고 나니 성장통이었고, 사랑을 배우는 시기였던 것 같습니다. 이제 큰 사회로 나아가는 자녀에게 그동안 함께 공부하며 느꼈던 부분들을 일단락하고 아직 중국유학에 대한 두려움이 있는 분들에게 저의 경험담 이야기로 위로의 말과 자신감을 드리고자 이렇게 두 번째 책으로 북경대 졸업에 관한 글을 적어보았습니다.

유학이 쉬운 길도 아니였으나 사회 각계각층의 여러분들의 도움으로 아이들이 성장하였으며 유학의 가장 큰 보람은 애들이 사회에 나아가 힘든 미션을 만나더라도 해결하려는 긍정적인 태도를 배웠다고 생각합니다.

우리가 살아온 사회 이 시기에 감사 드릴 분이 너무 많습니다. 우리 아이들의 선배로서 좋은 이야기를 해주셨던 여러 선배님들, 중국에 진출한 여러 한국 기업의 임원님 및 주중한국대사관 대사님과 유학생을 위하여 인턴십이나 간담회를 열어주셨던 분, 중국 교수님과 중국 기업가님들께 지면을 통해 심심한 감사의 말을 전합니다. 우리 아이들도 미래의 동량이 되어 여러 선배님들이 베풀어 주셨던 은혜에 보답할 수 있는 시간이 오기를 기다리며 이 책이 있기까지 물심양면으로 도와주었던 남편과 아이들 우리 비아 회원님들께 사랑한다는 말 전합니다. 그리고 재중 한국 유학생에 무궁한 발전을 기원합니다.

2013년 북경의 봄을 맞이하며……

추천의 글

따뜻한 어머니의 마음, 냉철한 지혜와 정보의 길라잡이

김정현(소설가)

G2의 반열에 오른 '중국의 세기'가 아니어도 상관없다. 우선 세계 인구의 4분의 1이 동일한 언어로 소통 가능하니 중국어의 위상은 영어를 능가하는 셈이다. 휴전선에 가로막혀 섬이 되어버린 한반도에서 대륙 횡단의 꿈을 꾸는 청년이라면 그 길목으로 삼을 곳도 중국이다. 게다가 사실상 국경이 사라져버린 지구촌 시대에서 앞으로 50년, 60년을 일하며 살아야 할 장수(長壽)세대 청년들에게 중국은 최고의 무대이자 시장이다.

하지만 절대 만만한 중국은 아니다. 어설픈 말 몇 마디로 중국을 품고 경략하려 든다면 그야말로 어리석은 하루살이 꼴이 되고 말 것이다. 5천 년 넘게 이어져온 생생한 역사, 서방 어느 열강과 견주어도 결코 뒤지지 않을 동아시아 문명의 터전, 돈이라면 세상 어떤 이들의 뺨이라도 후려칠 DNA로 물려받은 상술, 더구나 20세기 후반에 시동 걸린 경제적 역동은 이제는 차라리 두려움이라 해야 맞는 말이 되었다.

이런 중국에 꿈을 안고 도전한 앞선 세대들이 있었다. 먼저는 1992년 한국과 중국의 수교 이후 첫발을 내디딘 이들이다. 그러나 역시 미답의 땅에 첫발을 내디딘 그들은 아무래도 길을 여는 정도의 성과에 그치고 말았다. 자질의 문제가 아니라 아직은 현실적 장벽이 너무 높았기 때문이리라. 그래서 2천 년대 초반 본격적으로 시작된 유학세대를 사실상의 1세대라 칭할 수 있을 것이다.

10년쯤 중국에 머물면서 두 눈으로 지켜본 중국유학 1세대에 대한 내 평가는 솔직히 그리 만족스럽지 못하다. 우선은 도피성 유학으로 제대로 말조차 익히지 못하고 돌아간 이들도 허다했으니 말이다. 그런 중에도 나름 열심히 공부해 미래를 기약할 수 있는 소수의 재원은 있었다. 그렇지만 어설픈 다수에 묻혀 반짝거리는 재원들이 닦아놓은 기반은 그리 주목되지 못했다. 연민을 넘어 실망이 컸고, 나조차 외면하기에 이르렀다.

2010년, 우연히 이웃집 친구의 부인으로 저자 이채경 씨를 알게 됐다. 저자는 일에 바빴던 나를, 내가 유학 2세대라 칭하는 20대 초반 유학생들에게 데려갔다. 깜짝 놀랐다. 불과 한두 해 사이에 상전벽해로 뒤바뀐 그 반짝거리는 눈빛, 불타는 지식욕구, 맑은 마음이라니!

그저 언어와 학과 공부만이 아니었다. 다양한 주제를 선정해 치열한 토론을 벌이며 서로를 단련시켜 나가는가 하면, 여러 국제기구 종사자와 뜻 높은 이들을 초청해 그들의 정수(精髓)를 뽑아 듣고,

형편 어려운 재중 동포 및 중국 학생들을 상대로 진심어린 봉사활동을 펼치기도 했다. 이전 세대들과는 다른 자신감 넘치고 당당한 그 모습이야말로 한반도와 세계의 밝은 미래라 아니할 수 없었다.

저자 이채경 씨는 각각 북경대와 청화대를 졸업한 아들과 딸의 어머니다. 또한 내가 만나 희망을 본 중국유학 2세대의 후원자이자 대모였다. 여러 학부모들, 정부조차 제대로 심어주지 못한 청년의 희망을 꽃피운 저자가 이제 중국유학 길잡이로서 책을 발간한다. 자식을 키우며, 함께하는 동세대들을 다르지 않은 자식으로 여겨 보듬었던 어머니의 마음이 그대로 담겨 있다. 그저 따뜻한 어머니의 마음을 담은 정담(情談)이 아니라 희망을 품고 일궈낼 지혜와 정보를 냉철한 시선으로 담은 보기 드문 길라잡이다. 생각하면 내 아이들이 공부를 하는 동안 이런 길라잡이가 있었으면 하는 아쉬움이 새삼스럽다.

대륙을 품으려는 청년에게, 세계 무대로 자식을 내보고픈 학부모에게 기꺼이 일독을 권한다.

2013년 3월
베이징에서

가능성의 세계로 나아갈
우리 아이들을 위하여……

차례

2부 보람있게 북경대 졸업하기

1부

1년 반 만에 북경대 입학하기

— 엄마와 아이가 함께 준비하는
북경대 입학 프로젝트

제1장

중국유학 전 몸풀기 운동 I

1. 내 자녀만을 위한 교육정보를 검색하라

최적의 유학 지역을 탐색한다

아이들의 중국유학을 생각하면 수도인 북경으로 가는 것이 당연한 듯 보였습니다. 하지만 북경에는 이미 한국 유학생의 절반이 몰려 있었습니다. 또 고등학교에서는 국제부란 이름을 내걸고 외국인 학생들만 따로 모아 수업을 받게 하고 있었습니다. 한국 학생들이 대부분이지요. 또 고액의 학비를 받고 있는 등 중국어를 배우는 환경으로는 그다지 적절치 않다고 생각했습니다. 물론 아이들이 대학에 진학할 때면 북경으로 입성해야겠지만, 고등학교 과정은 지방에서 마치는 것도 좋겠다는 생각이 들었습니다.

그래서 심천을 시작으로 칭다오까지 여행하면서 홍콩 인근의 도시들을 세밀하게 돌아보고 최적의 유학 지역을 찾기 시작했습니다. 먼저 홍콩 인근의 광동성 심천(深圳), 주하이(珠海), 후이저우(惠州)

등지를 살펴보기로 하였지요.

▶ 심천

심천은 중국정부가 홍콩의 자본과 기술 도입을 겨냥하여 개방한 중국 최초의 개방 도시 중 하나입니다. 1979년 초 개방 이후 인구가 20여 년 만에서 1천만 명으로 가파르게 증가하는 등 중국 그 어느 도시보다도 빠르게 발전해 왔고, 지금도 발전하고 있는 신흥 도시입니다. 교육, 예술, 문화 방면의 발전은 경제발전의 속도에 비해 다소 뒤쳐진 느낌이 있으나, 생동감 넘치고 매력 있는 도시입니다. 인구비율이 남자 100에 여자 140 이상 되는 곳으로, 전국에서 유입되는 인구가 많으며 쇼핑, 안마, 먹거리 등 소비문화가 발달되어 있습니다. 교육환경을 살펴보면, 심천대학이 있지만 중국유학 지역으로서는 많은 호감을 느끼지 못했습니다.

▶ 주하이

주하이는 심천과 함께 개방된 도시로, 마카오와 가장 가까운 도시입니다. 곧 홍콩과 이어지는 다리가 생긴다는 이유로 부동산 가격이 치솟고 있는 도시이며, 인구 400만 명이 거주하고 있습니다. 79년 심천과 개혁개방을 동시에 했지만 여기는 IT산업만 받아들임에 따라 유해환경이 없는 업체만 선정해서 아주 깨끗하고 안정된 도시로 알려져 있습니다. 북경대, 중산대 등 7개의 중국 유명대학 분교가 밀집한 대학성(大學城)이 있어 교육지역으로서는 좋은 환경입니다.

▶ **후이저우**

후이저우는 네덜란드인들이 많이 들어와 거주하여 석유화학단지로 성장하는 아주 깨끗한 도시입니다. 국제학교가 설립되는 중이었습니다.

▶ **산토우와 쟝먼**

산토우(山頭)와 쟝먼(江門)은 재생산업(폐수지)이 발달하여 부자가 많은 도시이지요. 개혁개방 이후 세계 각지의 쓰레기를 매입하여 재생산 수출하는 도시로, 방문할 때마다 재생산되는 품목을 보면서 얼마나 놀랐는지 모릅니다. 특히 다국적기업의 비닐 포장지는 모두 여기서 만들어지는 것 같았습니다.

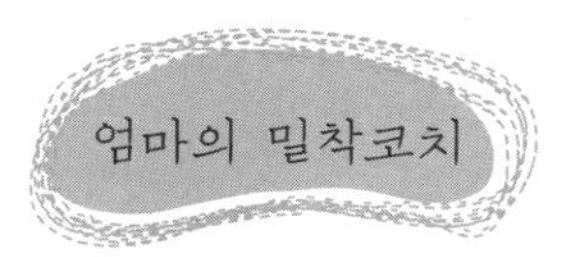

위에서 말한 도시들은 80년대 초 중국이 홍콩과 심천, 마카오와 주하이, 대만과 샤먼(厦門)을 묶어 개방한 주강(珠江) 삼각주 지역 도시들이지요. 물론 그중 심천이 홍콩의 자본에 힘입어 가장 발전한 도시로 성장했습니다.

▶ 마카오

마카오 역시 좋은 교육 도시였습니다. 카지노를 포함한 유해환경도 있었지만, 해외가족여행 시대에 마카오 역시 빼놓을 수 없는 교육의 한 도심이었습니다. 취업률도 좋았으나 아이들과 생각했던 전공이 달라 마카오는 처음부터 배제를 하였습니다.

▶ 칭다오

저는 날씨가 따뜻한 남방을 좋아했으므로 주하이에 있는 고등학교를 방문해서 교장 선생님은 물론 학교 아이들도 만나보았습니다. 저렴한 학비도 마음에 들었고, 교민 수도 그리 많지 않아 중국어 공부하기에 알맞다는 생각이 들었지만, 표준어도 모르는데 광동어를 먼저 배우지나 않을까? 하는 고민도 했습니다. 단점은 서울로 오가는 교통이 불편했습니다. 꼭 홍콩을 들러야만 하고, 비행시간 등을 계산해 봐도 곤란한 점이 많았지요. 그래서 홍콩을 통해 남방인 광동성 여행을 하면서, 동시에 북방지역도 알아야 된다고 생각했습니다. 광동성의 도시인 남방이 금융이나 비즈니스의 도시라면, 북방지역은 정치, 경제, 교육의 도시라 할 수 있습니다. 한국과 비슷한 날씨, 서울과 가까운 거리, 북경과 가까운 곳으로 선택하기엔 칭다오가 가장 좋았습니다.

칭다오는 우리나라와 가장 가까운 산동성의 동쪽 항구도시로, 옛날에 산동성에서 닭이 울면 인천에서 들을 수 있다고 했다는 곳입니다. 우리나라 기업들도 가장 많이 진출해 있고, 북경, 상하이에 이어 우리나라 사람이 가장 많이 살고 있는 곳이기도 하지요. 무엇보다도 깨끗한 도시환경, 좋은 학교, 훈훈한 인심이 교육 환경으로서는 가장 적합한 조건으로 보였습니다.

저는 서슴없이 칭다오(青島)를 아이들 중국유학의 시발점으로 삼기로 결심했습니다.

내 자녀에게 꼭 맞는 중국학교는 어디일까?

중국 고등학교 내에 있는 국제부 대부분의 학생은 한국 학생이 많았습니다. 칭다오에는 23개 중국학교 내에 국제부가 있었습니다. 대부분 한국 학생들끼리 수업을 받고 있어서, 제가 생각한 중국어 학습 환경에 적합하지 않았습니다.

물론 중국에 오자마자 바로 중국 로컬학교에서 공부하려면 적응하기가 매우 어렵습니다. 중학생이나 고등학생 이상은 더욱 그러합니다. 하지만 제가 본 국제부의 교육 환경에 만족할 수 없었습니다. 더군다나 한국 학생들은 그들의 중국어 실력 수준에 맞지 않는 수업을 받고 있다는 생각이 들었습니다. 중국에 온 지 얼마 되지 않은 학생들이건, 그 외 학생들이건 중국어 실력 차에 별 상관없이 수업을 받고 있었던 것이지요. 중국어 실력 배양에는 도움이 되지 않을 것 같았습니다.

중국학교 국제부 외에도 한국국제학교도 고려할만한 학교 중의 하나였습니다. 한국국제학교는 영어부와 중국어부로 나뉘어 있습니다. 영어부는 영어를 위주로 공부하면서 한국대학 특례를 준비하고, 중국어부는 중국 대학을 목표로 공부하고 있었습니다.

저는 내 아이에게 가장 적합한 환경의 고등학교는 어디가 좋을까 고민했지요. 한 가지 기준을 세웠습니다. 우리 아이들에겐 단순히 어학만을 익히는 것이 아니라, 또래 중국 학생들과 어울리면서 중국인들의 습관을 몸소 체험하고, 24시간 중국의 생활문화에 젖어 중국식 사고를 해보는 시간을 갖는 것이 중요했습니다. 중국 학생들과 함께 하는 기숙사 생활, 중국학교를 다니는 것 외에는 생각할 것이 없었지요. 본토로 온 이유는 오직 중국이란 바다에 푹 빠져보는 것이었습니다. 한국, 홍콩의 생활을 경험한 아이들로서는 갑자기 중국 음식을 먹고, 중국식으로 생활해야 한다는 상황이 무리였을 겁니다. 하지만 인생의 1, 2년 정도를 투자해 중국을 체험해보는 것은 꼭 필요하다는 판단이 섰기에, 그러한 결정을 내리는 데 어떤 망설임이나 주저함이 없었습니다.

중국유학 + α 유학관련 알짜정보 수집

① 유학 관련 정보를 얻을 수 있는 노하우!

▶ 중국유학을 준비할 때 daum, naver, Yahoo, google 등 정보를 얻을 수 있는 사이트가 무척 많습니다. 제가 주로 정보를 수집하던 경로는 다음과 같습니다.

② 일단 중국유학 사이트 5개 정도를 찾아다니면서 전체 개괄적인 정보를 얻은 다음, 선택한 지역의 카페에 가입을 합니다.

▶ 저는 주로 daum 카페를 이용했습니다. 공부방법이나 진로 선택 그리고 학교나 학원 알아보기, 집 구하기, 물가 조사하기, 식당 찾기 등 필요한 정보들을 일괄적으로 찾을 수 있어서, 카페는 종합 안내서나 다름없었습니다.

③ 그 다음엔 직접 오프라인상의 정보를 얻으러 다닙니다.

▶ 우선 발품을 팔아 유학원 10곳 정도만 다니면 유학의 장단점과 그림을 스스로 그려볼 수 있게 됩니다. 처음엔 유학에 관하여 질문할 것이 없지만, 이곳저곳을 다니며 유학원 원장님의 생각을 듣다 보면 같은 생각을 가진 분도 있고, 전혀 생각이 다른 분도 있다는 것을 알게 됩니다. 하지만 결국 목표의 꼭짓점은 하나, 중국유학 성공이라는 것도 알게 됩니다. 그 목적지에 다다르는 방법이 다를 뿐이며, 내 아이에게 어떤 방

법을 어떻게 접목을 시켜야 하는지만 알면 되는 것이지요.

④ 수시로 카페와 유학원 홈페이지 등 온라인상의 정보를 수집합니다.

▶ 저는 홍콩에서 하루 평균 3~4시간 정도 카페와 유학원 홈페이지를 리서치 했습니다. 가장 힘들었던 것이 글의 사실 여부를 검증하는 일이었습니다. 주관성과 객관성을 판단하는 것이지요. 펌글도 많지만 다른 사람들의 경험을 자기 것인 양 작성해 전혀 신빙성 없는 글도 많았습니다. 조금이라도 시행착오를 덜 겪기 위해 카페 활동을 통하여 혼자서 이것저것을 고민하고, 정보를 찾고 기준을 세우는 데 많은 시간을 들였습니다.

⑤ 카페를 이용할 땐 온라인, 오프라인을 잘 활용해야 합니다.

저는 카페를 리서치 할 때 온라인상으로만 열심히 정보를 교류하고, 오프라인에서는 만남을 자제했습니다. 오프라인을 이용하다 보면 너무 많은 시간을 투자해서 효율도 떨어지고, 온라인상에서만큼 많은 정보를 얻기가 어려워 기대가 와르르 무너지는 경우도 있습니다. 사생활에 침해를 받는 경우도 생깁니다.

〈중국유학정보 관련 사이트〉

북경유학생의 모임 : http://cafe.daum.net/studentinbejing

북경학부모모임 : http://cafe.daum.net/hao21

중국영어마을 : http://cafe.daum.net/woaiyingyu

중국여행동호회 : http://cafe.daum.net/chinacommunity

칭다오 도우미 카페 : http://cafe.daum.net/qingdao77

청도대학 CLS : www.cls.or.kr

기러기 아빠/엄마들의 쉼터 : http://cafe.daum.net/4wildgoose

2. 자녀를 중국학교에 잘 적응시키는 법

말에게 소금을 먹여라

아이들은 처음에 중국유학에 대해 거부반응을 보였지요. 홍콩에서 국제학교를 다니면서 중국 학생들이 거의 자기 위주로 생각하고, 남의 말을 듣지 않고, 마치 버릇없는 소황제처럼 행동하는 것을 보았던 터라, 아이들의 눈에 비춰진 중국 학생들에 대한 인상은 그리 좋지 않았던 것 같습니다.

하지만 아이들이 버릇없고, 독선적이며, 이해심 없는 중국 학생들에 대해 미리 파악(?)해 두었으니, 직접 몸으로 부딪히며 중국을 체험하는 것이 괜찮겠다는 생각이 들었습니다. 일단 머릿속으로만 생각하는 중국보다는, 직접 경험하는 중국으로 다가가게 하는 게 중요했습니다.

결국 아이들과 대화에 대화를 거듭하여 칭다오에 가서 홈스테이를 하며 중국학교를 경험해 보는 것으로 결론을 지었지요. 아이들과 함께 칭다오로 출발했습니다. 그때가 저의 다섯 번째 칭다오 방문이었습니다.

중국유학을 한참 고민하던 때, 시행착오를 겪을 것이 있다면 미리 가서 겪어야겠다는 생각에 1년 전부터 봄, 여름, 가을, 겨울, 네 차례에 걸쳐 칭다오를 다녀왔습니다. 학교도 둘러보고, 선생님의 상담도 받고, 칭다오에 사는 우리 한국인들의 생활상 등도 살펴보았지요. 칭다오 고등학교로 가면 아이들이 직접 중국 학생들과 사귀고, 같이 공부하며 중국문화에 친숙해질 수 있겠다는 기대를 했습니다. 하지만 아이들은 거부감을 보였지요.

말을 우물가에 데리고 갈 수는 있지만, 물을 먹일 수는 없는 노릇입니다. 그래서 우물가로 데려가며 소금을 조금씩 주는 방법으로 택한 것이 중국 고등학교 청강수업이었습니다. 아이들은 엄마의 이벤트에 머리를 절레절레 흔들며 반대하였지만 그래도 강행해 보았습니다.

중국의 고등학교, 칭다오 A中

중국에 고등학교가 수없이 많지만, 그 많은 학교 중에 저희는 칭다오 A中을 선택하였습니다.

제가 선택한 학교는 공부를 위주로 하는 학교로, 중카오(中考, 고등학교 입학시험)를 치러야 입학할 수 있습니다. 학생들은 점수별로 학교를 선택할 수 있습니다. 한 학년 당 940명 정도로 한국 학생이 6~8명 정도 있었습니다. 한국 학생 역시 고등학교 시험을 치러야 올 수 있는 명문 고등학교였습니다. 한 반에 학생 수가 30~40여 명 정도인 사립학교에 비해서 60여 명 정도로 많지만, 전통이나 학교 시설 등에선 아주 좋은 환경이었습니다. 또 학비가 저렴하고, 중국 학생 중 성적이 우수하거나 명문가의 자녀들과 함께 생활할 수 있습니다.

칭다오 A中 또한 국제부가 있었습니다. 하지만 그 당시의 국제부는 중국 학생들만을 위한 국제부로, 기숙사나 모든 생활이 중국 학생들 위주였습니다. 더군다나 영어를 위주로 공부하였고, 원어민 선생님이 7명 정도 더 있다는 것 외에는 특별한 상황이 없었습니다.

저는 먼저 칭다오 A中에 편지를 썼습니다.

'홍콩에 거주하고 있는 한국인 유학생 엄마입니다. 칭다오 A中이 너무 좋다는 소문을 듣고 우리 아이들의 청강수업을 신청하오니 허락해주시기 바랍니다'라는 식으로 편지를 보냈지요. 그리고 일주일 후에 학교로부터 허락한다는 통지를 받았습니다.

칭다오 A中 교장 선생님은 아이들의 청강수업에 흔쾌히 동의해주셨습니다.

아이들은 홍콩 국제학교의 부활절 공휴일 2주를 이용해 4월 중순경 칭다오로 가서 중국 학생들과 어울리는 시간을 일주일 정도 가졌습니다.

중국의 고등학교는 한 반에 60명이 함께 수업을 듣고, 거의 한국과 비슷한 주입식 교육을 했지만, 발표 시간에 학생들의 의견은 아주 날카로웠습니다. 60명 중 6명 정도는 1년에 한두 번 해외여행을 다녀 영어를 잘하는 학생이 있었습니다. 또 예의가 바르며, 외모도 아주 단정한 학생들이 있는 반면, 잘 씻지 않는 학생들도 있었지요.

칭다오 A中에서의 청강수업은 완전한 벙어리, 귀머거리 수업이었습니다. 중국 학생들과는 간간히 영어로 대화를 나누는 정도에 그쳤습니다.

칭다오 고등학교의 본격적인 청강수업

▶ 첫날 청강수업

막상 중국어를 잘 못하는 아이들을 고등학교에 보내려고 하니 제가 다시 유치원생 학부모가 된 듯했습니다.

아침 6시에 아이들을 깨워, 7시에 아이들과 함께 학교에 갑니다. 아이들이 정규수업을 마친 후 자습 1시간을 더하고 하교하는 시각이 오후 5시입니다. 그때 교문에서 아이들을 만나 홈스테이 숙소로 돌아옵니다.

첫날 하루 종일 벙어리, 귀머거리 생활을 하고 돌아온 우리 아이들은 마치 동물원 원숭이를 보듯 자기들을 신기하게 바라보는 중국 학생들 속에서 겪은 학교생활을 얘기해 주었지요.

수업은 아무것도 들리지 않았지만, 그래도 점심시간에 학교에서 제공하는 식사는 생각보다 잘 먹었답니다. 사실 중국학교 급식은 정말 중국 향신료가 맞지 않고 우리식과 다른 기름이 많이 들어 있었지만 다행히 음식에는 잘 적응하는 것 같았습니다. 둘째 아이는 체육시간에 달리기와 축구를 잘해서 박수도 많이 받았다고 합니다.

그렇게 청강수업 첫날은 나름대로는 좋은 출발로 시작하는 듯 했습니다.

▶ 3~4일째 청강수업

청강수업은 금요일부터 다음주 목요일까지 모두 6일간이었습니다. 중국의 일반 사립학교는 주5일 수업이었지만, 공립학교는 주6일 수업입니다.

이 학교에서는 60명 학생 중 2명의 한국 학생이 무엇을 하든지 별로 상관하지 않아 수업시간에 졸기도 하고 눈치껏 놀기도 했다고 합니다. 하지만 하루 종일 거의 아무것도 하지 않고 벙어리, 귀머거리로 생활하니 얼마나 힘들었을까요.

아이들은 하루 빨리 집으로 돌아가고 싶어 했습니다. 3일차 월요일은 학교 가기 싫다고 했습니다. 한국 학생들이 없는 학교가 너무 힘들다면서. 4일차에는 중국어가 배울만하다는 반응을 보이기는 했으나 역시 또 한국에 가고 싶다고 하더군요. 저는 사과나무가 견실해도 때가 되어야 열매가 열리듯 계획한 바는 채우고 이루어야 다음을 기약할 수 있다고 달래었습니다.

▶ 마지막 날 청강수업

드디어 6일차 목요일 마지막 날이 되었습니다.

금요일 하루 쉬고 토요일에는 집으로 돌아가야 하는데, 아이들이 중국에서 공부하는 것이 싫다고 하면 한국에서 공부를 해야 했습니다. 부모가 아무리 중국유학을 권유해도 아이들 스스로 싫다고 하면 아이들의 선택을 존중할 수밖에 없는 것이니까요.

그런데 마지막 날 학교를 다녀온 후 아이들의 대답이 달라졌습니다. 둘 다 중국유학을 하겠다고 한 것입니다. 과연 학교에서 어떤 일이 있었기에 아이들의 마음이 이렇게 180도 바뀔 수 있었을까요?

그날도 보통 때와 다름없이 3시 10분에 수업을 마치고 5시까지 자습을 하는데, 그 반에서 1등을 하는 학생이 보이지 않더랍니다. 이 학교에는 3층 건물의 식당이 있는데, 1층에서는 3학년 학생들(한 학년이 850명)이 식사를 하고, 2층에서는 2학년이, 1학년은 3층에서 식사를 합니다. 한꺼번에 2천 4백 명이 식사한다는 것은 정말 힘든 일이겠지요. 많은 학생들이 동시에 몰려들어 식사를 하다 보니 같은 반 학생들이 한곳에서 모여 앉아 함께 식사하기에는 무척 힘든 상황입니다.

그런데 그날은 반장이 자습도 하지 않고 미리 식당으로 달려가 식탁 위에 60권의 책을 펼쳐 자리를 확보하였답니다. 우리 아이들의 환송회를 하기 위해서였습니다. 일주일간 신기하게 우리 아이들을 바라보고 대하던 중국 학생들이 아이들에게 저녁을 사주고, 조그만 반팔 티를 선물로 주면서 다시 중국으로 와서 함께 공부하자고 했던 것입니다. 또 우리 아이들을 통해 한국을 알게 되어 너무 좋았다고 하더랍니다. 마지막으로 영어로, 중국어로 간단하게 한마디씩 글도 남겨주었습니다.

아이들은 감동을 받았습니다. 이때까지 아이들이 만난 중국 아이들도 99.9% 독생자녀였습니다. 그들은 철저한 개인주의적 성향을 가지고 있었지만, 일주일간 말이 잘 통하지 않아도 같이 수업을 듣고, 서로 바라보고 웃으며 생활하다 보니 서로 친해진 것입니다. 예전에 생각했던 것과는 달리 중국아이들도 매너 있어 보이고, 정도 느껴지고, 그래서 같이 생활할 수 있겠구나 하는 생각을 하게 된 것이지요. 부모가 권유하고 아이들이 선택했다면 이것은 안정적인 유학생활을 뜻하는 것이니까요.

일주일간의 청강수업으로 중국에 대한 인식이 바뀌고, 친구도 사귀게 되었으니 정말 성공적인 청강수업이었다고 할 수 있었습니다.

열흘간의 칭다오 생활을 마치고 현지 생활을 마무리했습니다. 그리고 본격적인 유학생활을 위해 7월에 칭다오로 이사를 했습니다. 아이들이 학교에서 청강수업을 하는 동안 저는 가족들이 생활할 집을 찾고, 생활에 필요한 정보를 인터넷 카페와 주변 사람들을 통해 준비해 나갔습니다.

중국유학은 스스로 선택하게 하라

만약 청강수업의 기회를 갖지 않았다면 본인들이 스스로 선택하지 않았기 때문에 중국유학생활에 적응하는 데 힘들었을 것입니다. 또 대학 입시를 준비할 때 힘들어서 공부를 포기할 수도 있었을 텐데 청강수업을 하면서 다짐했던 첫 마음을 잊지 않고 중국유학생활에 적응하는 데 최선을 다해준 것 같습니다.

청강수업 방식을 선택하고 그것을 도와준 칭다오 A中학교 측에 심심한 감사를 표하고 싶습니다.

칭다오 홈스테이에서 얻은 값진 경험–2006년 4월 12일~22일

청강수업과 병행했던 홈스테이 과정도 빼놓을 수 없는 시간입니다. 청강수업을 마치고 학교 교문을 나서자마자 아이들은 곧장 홈스테이 하는 집으로 향했습니다. 홈스테이 하는 집에는 대학교 2학년생 1명, 고등학교, 중학교 학생 각각 1명씩과 주인집 아들인 초등학생 1명이 같이 생활했습니다.

칭다오 홈스테이 생활은 나름대로 좋았습니다. 처음으로 생활해보는 중국 북방, 한국과 비슷한 날씨, 이런 익숙한 생활 분위기의 한국식 홈스테이 생활은 잠시나마 중국을 잊을 수 있는 여유시간이었습니다. 하루 종일 중국 학생들에게 둘러싸여 지내다가 저녁시간대가 되면 한국 학생을 만날 수 있는 통로이기도 했으니까요. 또 홈스테이를 하는 다른 학생들이 생각하고 행동하는 방식을 지켜볼 수 있는 좋은 시간이기도 했습니다.

한편으로는 아이들만 중국유학을 보내고 부부가 한국으로 귀국하는 방안을 생각하기도 했습니다. 하지만 제 생각으로는 엄마와 함께 하는 중국생활이 더 안전하다는 판단이 들었습니다. 먹고, 입는 것은 물론, 10대 아이들의 생활에서 엄마가 좀 더 엄격하게 생활을 통제하며 사랑을 주어야겠다는 생각이 들었지요. 또 함께 생활하는 학생들의 분위기를 엄마도 알아야 할 것 같았습니다. 하루에 1/3을 보내야 하는 가족 같은 홈스테이 생활은 휴식과 안정과 습관을 결정짓는 데 중요한 역할을 한다고 믿었습니다. 홈스테이 운영자 분의 생각과 의지로 먹고, 자고, 입는 모든 것이 결정되고, 그 사랑 속에서 아이들이 성장하기에 더욱 중요하지요.

홈스테이 운영자의 경제적 상황도 고려해야 합니다. 좀 더 여유로운 곳에서의 생활은 기본적으로 풍족한 생활을 할 수 있지만, 그렇지 못할 경우에는 아이들 또한 불편한 생활을 할 수 있습니다.

만약 홈스테이를 해야 할 상황이라면 엄마가 일주일 정도는 그곳에서 같이 홈스테이 생활을 경험해보고, 나중에 결정하는 것을 추천하고 싶습니다.

3. 유학동기·목적·과정을 그림으로 그려보게 하자

더 넓은 세상을 내다보게 하자

아이들의 미래에는 우리가 모르는 직업이 50% 이상 생기고, 우리가 알고 있는 직업 중 30% 이상이 사라진다고 합니다. 어떤 학자는 앞으로 우리 아이들은 결혼을 3번, 직업을 7번 정도 바꿀 수 있는 시대를 살게 될지도 모른다고 합니다. 우리가 상상하지 못했던 시대로 진입하고 있으며 이전 시대의 생각으로는 살아가기 힘든 시대가 온다고 하지요.

제가 개인적으로 좋아하는 이영권 박사님도 말씀하셨지만, 우리 국토가 중국의 완전한 진입로로서의 가치만 갖고 있더라도 중국의 발전은 곧 우리나라의 발전 기회로 이어질 수 있다고 합니다. 미국은 멀리 있지만 중국은 가까운 곳에 있는 나라입니다. 중국을 배제하고 우리의 미래를 생각할 수 없지요.

다른 나라들이 무시하는 가운데 중국의 외환보유고는 세계 1위로 뛰어올랐고, 미국 채권 약 8,000억 달러를 보유하게 되었습니다. 중국기업이 세계기업으로 부상하는 데는 그리 멀지 않아 보입니다. 미래 관광대국으로서의 위치도 더 공고해지고 있습니다.

이런 시점에서 중국유학을 생각하지 않을 수 없었습니다. 아이들은 초등학교는 한국에서, 중학교는 한국과 홍콩에서, 고등학교는 홍콩과 중국에서 교육을 받았습니다. 어쩔 수 없는 상황이었지요. 너무도 급변하는 세상에, 개인이든 기업이든 변화하고 앞서 나가지 않으면 도태되는 세상에, 한국생활보다 해외생활이 더 많아질 세상에 던져질 아이들에게, 어떤 환경에 처해도 적응할 수 있는 의지와 능력을 갖게 해주고 싶었습니다.

무엇보다 어느 한 분야에 뛰어난 능력을 가진 전문가로 키우고 싶었습니다. 하지만 어떤 분야에 아이들이 진정 흥미를 느끼고, 하고 싶어 하는 것이 무엇인지 몰라 많은 고민을 했습니다. 하지만 무엇을 하든 앞으로 세상을 사는 데 영어와 중국어는 반드시 우선적으로 필요한 수단임에 틀림없었지요.

대만, 홍콩, 심천, 칭다오 생활을 통해 지방에 따른 생활 습관과 풍습의 차이를 몸소 체험하면서, 광대한 중국에서의 적응은 나중에 더 넓은 세상에 적응하는 능력으로 승화될 수 있다는 생각을 했습니다. 중국은 하나의 나라이면서도, 하나의 나라가 아닙니다. 대만, 홍콩, 마카오만 보아도 특색이 매우 다르다는 것을 알 수 있고, 무엇보다 남방과 북방의 차이는 국내에서 느낄 수 없는 상당한 지역적 차이를 갖고 있습니다. 중국유학을 하기 위해서는 단지 중국어라는 언어를 습득하는 것 외에도 중국 내에서도 한 분야, 그 선택한 분야 안에서도 지역을 선택하는 안목을 가져야 함을 알게 되었습니다.

인생의 밑그림을 함께 그려보자

저는 유학의 목적을 이렇게 봤습니다. 자신에게 주어진 과제가 있다면 좀 더 능동적으로 대처하고, 인생의 긴 터널을 통과할 때 겪는 충격을 보다 잘 흡수할 수 있도록 하기 위한 것이라고. 그러기 위해선 10대에 보다 다양한 문화 경험을 축적하고, 새로운 언어를 습득해야 앞으로 닥칠 인생의 고난을 극복할 수 있다고.

저는 개인적으로 그림 그리기를 잘하지 못하지만, 인생의 밑그림을 그려보는 것을 즐겨 하였습니다. 제 개인의 경험으로는 인생의 밑그림을 그린다는 건 참 흥미로운 일입니다. 그래서 아이들에게도 그림을 그리면서 자신의 생활을 돌아보고, 미래를 꿈꾸도록 했습니다.

사실 하얀 백지에 인생의 밑그림을 그리기란 쉬운 일이 아닙니다. 그림을 그리려면 자신이 살아온 세월과 노력이 들어가야 하기 때문이죠. 아이들은 그림을 그리면서, 한국에서 5년간 배운 검도, 홍콩에서 3년간 배운 영어, 초등학교·중학교 생활, 친구들과의 관계, 자신의 취미나 흥미 등을 그림으로 표현했습니다. 그림을 그린 후엔 자연스럽게 그동안 자신이 살아온 역사를 되새기며 반성도 하고, 미래도 구상하게 됩니다. 많은 시간과 노력이 요구되지만 그만큼 효과가 크다고 생각합니다. 밑그림을 그리고 색칠하면서 자신에게 부족한 것이 무엇인지 느끼고, 다시 또 새로운 그림을 그리게 되니까요.

아이가 유학을 마친 이후의 꿈을 크게 그리도록 하면서 그 꿈을 실현시키기 위해 무엇이 필요한지, 어떻게 해야 하는지를 스스로 깨닫게 해야 합니다. 언어든 스포츠든 대충대충 해서는 좋은 그림이 나올 수 없겠지요. 모든 분야에서 다 뛰어날 수는 없지만 기본적인 소양은 갖추고, 그 위에 나만의 특기라고 할 수 있는 멋진 그림을 그려내야 합니다. 다양한 인맥을 그려도 좋고, 국제 자격증을 그려도 좋습니다. 미래의 꿈을 위해 부족한 부분을 느끼고, 그것을 보충하기 위해 노력하는 모습까지 그려보는 겁니다. 인생 그림을 그리는 것만큼 행복한 일이 또 있을까요?

한국인 VS 조선동포 VS 중국인

중국에서는 같은 일을 해도 중국인이나 조선동포보다 한국인의 임금이 높습니다. 중국인들이 한국 기업에 "왜 한국인의 임금이 높아야 되느냐"고 묻는다면 어떤 답을 들을까요? 한국인은 열린 사고와 영어, 중국어와 전공과목을 갖추고 있어서? 아닙니다. "한국인이니까"라고 대답을 하더군요.

한국에서 채용되어 중국에 주재원으로 파견 나온 사람들은 월급과 보조수당이 많습니다. 주택 임차비, 자녀 학비, 차량 유지비 등. 이들 주재원들은 한국에서 그만큼 인정을 받고 파견근무를 나온 사람들입니다. 하지만 중국 현지에서 채용된 사람들에게는 오직 월급만 지급되는 것이지요. 그래서 어떤 분들은 중국에서 대학을 나와 바로 중국 현지 채용에 응하지 않고, 한국으로 들어가 정식으로 입사시험을 치르라고 합니다. 한국에서의 취직은 쉽지 않습니다. 물론 중국에서의 현지 채용이 쉽다는 것은 아닙니다. 해외 주재원은 그만큼 어려운 경쟁을 뚫고 채용되고, 또 회사 내에서도 경쟁을 거쳐 선발되는 사람이므로 대우를 받는 게 아닌가 싶습니다.

결국 문제는 중국에서 대학을 졸업한 후 한국에서 대학을 나온 학생들과 경쟁해서 이길 수 있는가 하는 것이지요. 그러한 성취를 이루는 학생이 결코 많지 않다고 합니다. 중국에서 공부했다고 한국인인데도 중국인들과 같은 수준의 임금에 만족할 수는 없는 것이지요. 중국 국력이 신장되고 경제가 발전하면 그 차이는 줄어들겠지만, 일단 중국어만으로는 결코 경쟁력이 없습니다. 중국어만으로 승부가 되지 않는 이유는 중국어와 한국어를 동시에 잘하는 조선동포들이 많기 때문이죠. 그래서 저는 아이들에게 중국어도 물론이지만 국어와 영어 실력을 향상시키도록 노력할 것을 권합니다.

저는 한국에 다녀올 때면 소설은 물론이거니와 고교 시절에 배웠던 좋은 수필집, 시집을 아이들에게 소개합니다. 무엇보다도 우선인 것은 한국어입니다. 한국어를 제대로 구사하지 못한 채 외국어만 잘해서는 중국에서 진정한 한국인 대우를 받을 수 없습니다. 그래서 무엇보다도 중국유학생활을 알차게 해야 한다고 봅니다.

한국인들의 중국유학 역사가 20년이 되어가고 있는데, 이 시점에서 우리는 이제까지 한국 학생들의 중국유학생활을 한 번 반성해봐야 할 시기가 되지 않았나 생각합니다.

4. 중국 현지 고등학교 입학 전 카운트다운

중국어 공부 No! 중국인 공부 OK!

2003년만 해도 우리 원화와 중국 인민폐의 환율은 120:1 정도였고, 미국 달러화와 인민폐의 환율은 8.2:1이었습니다. 당시 스탠다드 차터 은행 행장은 한 잡지의 리포트에서 2008올림픽이 개최될 때쯤이면, 美화와 인민폐의 환율은 6.5:1 정도가 될 것이라고 예견했습니다. 저 역시 인민폐의 절상은 분명하다고 믿고 있었는데 과연 2009년 예견했던 상황에 원화의 절하까지 겹쳐 한화와 인민폐 환율은 200:1이 되었습니다. 중국인들의 임금이 전혀 상승하지 않았어도 40% 이상 상승한 효과를 내고 있습니다.

2003년도만 해도 중국 환율을 따지자면 우리나라에 비해 그리 비싸게 느껴지지 않는 나라였습니다. 빠른 시간 내에 중국문화에 익숙해지고 싶었기에 용기를 갖고 중국으로 가는 모험을 하기로 결심했지요.

하지만 혼자가 아니라 두 아이들을 모두 데리고 간다는 것은 모험이 아닌 도박이 될 수도 있었습니다. 그래서 언어를 배우기 이전에 홍콩에서 약 반년 동안, 저와 아이들은 2주일에 한 번씩 심천으로 놀러 다니면서 심천의 여러 가지 상황들을 체험하기 시작했습니다.

홍콩과 가까운 심천은 광동성의 가장 화려한 상업도시로서, 중국의 경제특구 중의 하나입니다. 중국인들의 출입이 통제된 도시로 심천을 출입하기 위해서는 통행증 같은 것이 필요합니다. 비즈니스 하기에는 좋은 도시이며, 유동인구가 많습니다. 또 아침부터 저녁까지 쇼핑하기에도 좋고, 먹거리도 풍부하지요. 반면 외국인을 위한 중국어 학원이나 교육시설은 아주 부족했습니다. 심천대학은 있었으나 아이들에게 맞는 선생님 찾기가 힘들었고, 선생님을 구하더라도 혹시 표준어를 배우지 않고 광동어를 배우면 어떡하나 하며 노심초사하기도 했습니다. 광동어 또한 하나의 중국어로 배워두면 좋으나 우선은 중국 표준어인 푸통화가 우선이었기에 발음에 신경이 쓰이지 않을 수 없었습니다.

쇼핑센터나 안마소에 가면 고향이 사천, 신장, 호남 등 외지 중국인이 많아, 대화를 하다 보면 그 지방의 방언이 나오는 경우가 많습니다. 심천에서 아이들이 공부할 때에는 어쩔 수 없이 발음 및 성조에 신경이 쓰였지만, 나중엔 홍콩과 가까운 광동성에 자주 다니면서 광동성의 풍습이라도 익히기를 바라는 마음이었습니다.

점수만 따는 중국어 공부는 죽은 공부

칭다오에 도착해서 중국어 공부를 시작한 지 한 달 후, 학원 원장님께서 아이들에게 HSK(중국어능력검정시험)를 준비시키라고 말씀하셨습니다. '두 달 후면 중국 고등학교에 들어가야 하니까 말하기와 듣기능력을 기르는 것이 우선일까'라는 생각도 했지만, 결국 그 말에 동의하지 않았습니다. HSK는 어휘력과 독해, 듣기, 작문 실력을 갖춘 후 시험문제 유형을 연습하면 좋은 점수를 얻을 수 있다고 보았습니다. 물론 지금도 이 생각에는 변함이 없습니다.

전 세계에서 보습학원이 가장 잘 되어 있는 나라가 한국입니다. 토플, 토익 시험을 잘 보게 해주는 나라도 한국입니다. 중국어를 가장 잘 가르치는 나라도 한국일 것입니다.

하지만 언어라는 것은 그 나라 문화로부터 묻어나는 향기가 있습니다. 중국문화를 모르고 단지 점수만 따기 위해 중국어를 배우면 허점이 생기지요. 최상의 방법은 현지에서 중국어를 배우는 것이고, 중국 역사와 함께 공부하는 것이라고 생각했습니다. 중국문화에 적응하면서 배우는 중국어는 오랫동안 머리와 가슴에 남아 있을 것이고, 나중에 중국인과 대화를 하더라도 그들을 이해하는 데 많은 이점을 가지게 될 것이니까요.

학원 선생님으로부터 HSK 준비를 권유 받은 후부터는 아이들을 학원에 보내지 않고, 집에서 하루에 8시간씩 중국어를 배우게 했습니다. 아이들은 무척 지루해 하고 미칠 것 같다고 호소했습니다. 하지만 간간이 배드민턴과 마작을 하고, 유학 온 목적을 상기시키면서 매일 매일 훈련을 시켜나갔습니다.

하루에 6시간은 중국어 기초 책을 배우면서 매일 받아쓰기와 연습문제 풀이, 그리고 듣기 연습을 했습니다. 그리고 2시간은 초등학교 4학년 수학을 중국어로 배웠습니다. 중국어로 삼각형, 마름모꼴, 직선, 사선, 곡선 등 수학 어휘를 익혔습니다.

그렇게 무더운 7월과 8월 두 달 동안 9월부터 시작될 정식 수업 적응을 목표로 하여, 미친 듯이 중국어에만 매달렸습니다. 집에서 쉴 틈 없는 아이들을 항상 체크하며, 잘한다는 말, 믿는다는 말, 미래가 보인다는 말을 수없이 아이들과 저 자신에게 하고 또 했습니다.

중국어 공부에 꼭 필요한 '푸다오'

칭다오에는 과외 선생님이 무척 많았습니다. 처음에는 오전에 학원을 보내고, 오후에 과외를 했습니다. 학원을 한 달 보내보니 학습 진도가 무척 늦고 생각만큼 아이들의 실력도 늘지 않더군요.

오후에 하는 과외 선생님은 신중하게 엄선했습니다. 대학생과 대학원생이 많았지만 그들은 경험이 없었기에 비용은 저렴하지만 피했습니다. 대신 학원에서 한국 학생을 가르쳐 본 경험이 3년 이상인 선생님을 찾았습니다.

가장 힘든 게 아이들과 맞는 과외 선생님을 만나는 것입니다. 아이들의 중국어 실력을 빠르게 향상시킬 수 있으면서도, 비용이 저렴한 선생님을 구하는 것이 가장 어려웠습니다. 현직 초·중학교 선생님을 만나기란 처음 중국생활을 하는 저에게 가장 큰 숙제였습니다.

어학공부 외에도 신경 써야 할 것이 태산 같았습니다. 아이들에게 중국 친구 사귀는 모습을 보여 주려고, 옆집 중국 아주머니를 불러 차 마시기를 시도해보기도 하고, 집주인과도 친하게 지내려고 애를 썼습니다.

또 아이들이 나중에 학교에 가면 중국음식에 잘 적응할 수 있도록, 아침식사를 중국 사람들이 주로 먹는 유부과자와 두유로 하려고 몇 번 시도를 했습니다. 하지만 결국 성공하지 못했습니다. 안타깝게도 저 역시 아직도 잘 먹지 못합니다.

유학생은 정신병자라는 말이 있습니다. 말 못하는 그 답답함을 무엇에 비기겠습니까? 최대한 짧은 시간에 벙어리 신세를 면할 힘을 갖추기 위해 아이들과 저는 무엇이든 열심히 노력해야 했습니다.

중국 근대사 요점정리로 중국 문화·역사 익히기

한국과 중국은 지리적으로 매우 가까운 나라이고, 역사적으로도 많은 교류가 있었기에 우리는 중국에 대해 많이 알고 있다고 착각합니다. 하지만 자세히 들여다보면 한국과 중국의 관습이나 문화는 매우 다르고, 사고방식 역시 마찬가지입니다.

삼국지나 명청시대의 몇몇 나라에 관한 간단한 중국 역사만 알고 중국어를 배운다면, 한족 등에 대한 상식이 부족해 중국어가 점점 싫어지고 관심도 사라질 수 있습니다. 중국에 대한 기본 상식 없이 시작한 중국어와 역사적 상황을 가미해서 익힌 중국어는 처음엔 별 차이가 없을지도 모릅니다. 하지만 그 차이는 날이 갈수록 벌어지죠.

이런 점을 예견하고 중국어를 한 달 배우고 난 뒤부터 중국 근대사를 한국 관점에서부터라도 바로 알기를 권유했습니다. 한꺼번에 요점정리를 하게 하였으며, 중국어를 말할 수 있게 되면 그것을 중국어로 바꿔 말할 수 있는 능력을 갖추기를 바랐습니다. 중국 역사를 공부하고 난 다음부터 중국 문화에 좀 더 친숙해지고, 중국 관습이나 풍습을 익히기에 좀 더 쉬워졌다고 할까요?

우리나라 고등학교 교실에서 쓰이는 언어는 초·중학교에 비해 좀 더 고급스런 단어입니다. 중국어로 강의하는 정치, 경제, 사회, 특히 공산주의 사상 수업도 마찬가지겠지요. 아이들이 따라가지 못할 중국어 구사력이 필요할 것 같았지만, 무작정 듣고 일단 적응하는 연습이라도 해야 했습니다.

만 18세 이하 학생이 입학할 때 필요한 위탁서 양식

委 托 书

위 탁 서

我是___国留学生 中文名字_______护照号码_________英文名字__的(父/母), 我委托__中国籍______(小姐/女士/先生) 代管该生在中国学习期间的学习, 生活, 安全及其它一切事务。

저는___유학생 중문이름_______여권번호______영문이름_____의 (부/모)입니다. 중국인_____(miss/mrs/mr)에게 학생이 중국에서 공부하는 기간 동안 학습, 생활, 안전 및 기타 일체 사무를 위탁합니다.

委托人 : _______

위탁인 : _______

年 月 日

년 월 일

중문과 한글로 되어 있는 위탁서 양식을 한국 법무사에서 영문으로 공증을 받은 후 중국 공증처에서 보증인과 함께 공증을 받아 학교에 제출해야 합니다. 아래의 북경공증처사무소 주소로 중국 각 지역 공증처에서 공증을 받습니다. 보증인 자격은 중국인이거나 한국인이면 Z비자(취업비자)가 있는 분이어야 합니다.

한 해에 한 번씩 비자를 만들 때 필요하므로 한꺼번에 여러 부를 준비해 두는 것이 좋습니다. 중국 공증처에서 한 부는 200위안이고, 2부 이상일 때마다 10위안씩 올라갑니다.

북경 주소 : 北京市 东城区 潮阳门北大街六号 首创大厦七层

북경 전화번호 : 010-6554-4478

www.gongzheng.gov.cn

제2장

유학생활 본격 시작

—칭다오A중

1. 현지 중국 학교에 도전하다

낯익으면서도 낯선 칭다오 유학생활 첫날

칭다오의 날씨는 무척이나 좋았습니다. 쪽빛 하늘, 파란 바다, 붉은 지붕, 푸른 나무를 자랑하는 칭다오의 자연환경은 한국과 매우 흡사했습니다. 그것은 우리 가족의 삶에 청량제 역할을 해주었지요. 또 싱싱한 해산물과 저렴한 물가는 칭다오 생활의 고단함을 보상해 주었습니다. 칭다오에는 수많은 한국기업이 진출해 있었고, 이에 따라 한국 식당, 한국 미용실도 많아 가끔씩 내가 한국에 있다는 착각이 들 정도였습니다.

처음 일 년 정도는 중국문화에 빨리 적응하기 위해 가급적 한국문화와 멀리하려고 노력했습니다. 가능한 많은 시간을 이웃 중국 사람들과 만나 얘기하고 그 사람들이 사는 모습을 보며 집에 와서 따라 해 보기도 했습니다. 천정, 벽, 콘센트, 라디오, 변기, 장롱,

TV, DVD 등 집안 곳곳에는 중국어 명칭을 쓴 노란 포스트잇이 붙어 있었습니다. 마치 유치원 학생이 글자를 배울 때처럼 빈틈없이 빼곡히 붙였지요.

중국의 고등학교 제도

중국의 고등학교 커리큘럼은 특이합니다. 고1, 2 시절에 고등학교 전 과정을 마치고, 고3은 입시시험을 위한 문제풀이로 일관하는 경우가 대다수입니다. 외국인 전형과는 전혀 다른 방식입니다. 중국의 교육제도는 각 성마다 제도가 달라서 초등, 중등, 고등 6-3-3 제도가 아닌 5-4-3 제도가 있는 성이 있기도 합니다. 또 북경대학에 교육정책(석박사반)과가 있을 정도로 지자체에 따라 교육방식도 다릅니다.

전 중국 통계를 보면 초등학교에서 중학교로 진학하는데 50%, 중학교에서 고등학교로 진학하는데 50% 미만, 고등학교에서 대학을 진학하는데 30% 미만이라고 합니다. 매년 대학 졸업자가 600만 명, 석사 졸업자가 30만 명, 박사 졸업자가 10만 명 내외라고 합니다.

대학 개수는 1,900여 개라고 합니다. 우리나라 5,000만 인구 중 180여 개와 13억 인구 중 1,900여 개니 많다고는 할 수 없습니다.

중국 고등학교의 군사훈련

중국 고등학교에는 공산주의 교육과 군사훈련이 있습니다. 특히 중·고·대학을 입학하면 의무적으로 군사훈련을 받습니다. 군사훈련을 8월에 약 10일 정도 실시합니다.

군사훈련이 있는 날엔 아침 6시에 기상하여 식사하고, 하루 종일 좌양좌, 우양우 등 제식훈련을 합니다. 8월의 하늘 아래 하루 종일 군인 지도자와 함께 제식훈련과 운동장 풀뽑기를 합니다. 땀이 비 오듯 하지만 이런 단순훈련을 하다 보면 참을성을 기르게 되고, 힘듦 속에 우정, 가족애를 느끼게 됩니다.

마지막 날에는 부모님께 편지를 써서 부칩니다. 눈물을 흘리면서 썼다고 하더군요. 우리가 했던 교련과는 달라서 아이들에게 더욱 신선한 충격을 주는 교육제도라고 생각했습니다.

자기중심적 중국 학생들도 진실한 마음의 문을 연다

힘이 들 때 그 사람의 진면목을 알 수 있다고 할까요?

군사훈련을 받으면서 온몸에 땀띠가 나고, 사타구니가 짓무르고, 냄새가 나고……. 그 속에서 친구를 사귀고 돌아왔습니다. 선생님의 구령 소리를 알아듣지 못해 눈치껏 행동하면서 '혹시 틀리면 어떡하나' '나로 인해 다른 학생들이 피해를 당하면 어쩌나' 하는 염려에 온 신경을 곤두세우고 교관의 말을 들었답니다.

중국 학생들은 거의 대부분 독생 자녀라 자기 것만 알고, 자기만을 중심으로 성장하다 보니 다른 사람의 입장은 전혀 생각하지 않고 행동합니다. 이 때문에 참 적응하기가 힘들었다고 하네요.

중국학교의 군사훈련 모습

8명이 한 방에 자는 기숙사에서 과일이나 과자 같은 간식을 서로 나누어 먹지 않는 모습을 처음 보았을 때, 얼마나 당황스럽고 어색하였을까요? 배가 고플 때에는 저절로 눈길이 먹을 것에 가기도 했지만 '이것이 이들의 문화구나'라고 이해할 수밖에 없었다고 합니다.

저는 아이들에게 중국에서 살면서 가능한 많은 중국 친구를 사귀는 것이 중요하다고 강조합니다. 친구는 미래의 자산이지요. 기숙사에서 자기밖에 모르던 친구들도 힘든 생활을 함께 하면서 서로를 이해하게 되고, 나중에는 자연스럽게 친한 사이가 될 것으로 생각했습니다.

후에 아이들이 고1을 마치고 북경으로 올 때에는 정든 친구들과 헤어짐이 아쉬워 나중에 다시 만날 것을 기약하게 되었답니다.

중국에서 우리 유학생을 보면 너무 끼리끼리 모이는 게 아닌가 하는 생각을 자주 합니다. 중국유학생활에서 우리가 배워야 할 것은 중국어뿐만이 아니라는 점은 앞서도 얘기했습니다. 중국인과 친하지 않고 어떻게 진정한 유학생활을 했다고 할 수 있을까요? 가능한 많은 시간을 중국 친구를 사귀는 데 할애해야 하지 않을까 생각합니다. 물론 한국 친구를 사귀지 말라는 것은 아닙니다.

아무리 자기밖에 모르는 사람도 순수한 마음으로 다가서고 어려움에 처했을 때 위로하고 도움을 주면, 마음의 문을 열 것으로 믿습니다.

1년 2개월간 기숙사 생활의 여정

▶ 고달픈 일주일간의 기숙사 생활

7~8월 두 달 동안 아이들은 현지 학교의 중국수업에 적응하기 위해 열심히 중국어를 배웠습니다.

8월 마지막 날 칭다오 A中 기숙사에 일주일 동안 입을 옷들과 책 그리고 간식거리까지 챙겨 갔습니다. 월요일부터 수업을 시작하므로 대부분 학생들이 토요일부터 기숙사로 와서 다음 일주일간 사용할 물건을 갖다 두고 정리를 하더군요.

아침 9시에 학교에 갔지요. 한 방에 4개의 2층 침대와 8개의 수납장이 있었습니다. 침대 바닥은 너무 딱딱했습니다. 단체생활이기 때문에 자고난 뒤 정리정돈이 깨끗하게 되어 있지 않으면 기숙사 생활 점수가 감점됩니다. 그래서 이부자리는 항상 학교에서 규정한 모양과 규격대로 정돈해야 하고, 사물함도 깨끗이 정리 정돈해야 합니다. 마치 군대생활과 같은 규율과 질서가 요구되는 것 같았습니다.

모두 같은 물건을 사용하지 않으면 감점이 되므로 반드시 같은 것을 사용해야 합니다. 모기가 많아 모기장은 준비되어 있었으나 좁은 기숙사 방에는 조그만 창문 하나뿐 선풍기도 없었습니다. 간단한 세면장은 있었으나, 목욕은 샤워기가 설치된 공동 샤워실로 가야만 가능했습니다. 그나마도 3일만 허용됐습니다. 일주일 중 화, 수, 목 3일에는 샤워를 할 수 있지만 월요일과 금요일에는 샤워도 할 수 없었습니다. 월요일은 집에서 온 날이고, 금요일은 집으로 갈 하루 전이기 때문에 샤워를 할 수 없도록 샤워실 문을 잠가둔다고 합니다.

학교생활은 아침 6시에 기상해서 세수하고 6시 30분부터 아침 식사, 7시 10분부터 아침 자습시간을 시작으로 하루 수업이 시작됩니다. 오전에 5시간 수업을 하고, 점심식사를 먹은 뒤 오후 수업과 자습이 있습니다. 오후 5시부터 저녁식사를 하고, 6시 10분부터 다시 저녁 자습시간을 갖습니다. 밤 10시에 기숙사로 들어가서 씻고, 10시 30분에 소등을 하게 되어 있습니다.

배도 고프고 여름이라 무덥지만 불을 켤 수도, 무엇을 먹을 수도, 밖으로 나올 수도 없지요. 이제까지 아이들이 살아온 환경과는 너무나도 다른 중국 고등학교 기숙사 생활이었습니다. 하지만 아이들은 잘 견뎌 내는 것 같았습니다. 특히 딸은 그런 기숙사 생활이 재미있다고까지 하였지요.

▶ 기숙사 생활 3개월 후 찾아온 고비

그러나 역시 고비가 있었습니다. 약 3개월이 지난 후 아들이 학교에 다니기 싫다고 했습니다. 매번 꼴찌만 하니 애들이 자기를 무시한다면서……. 3개월 동안 자기들도 엄마가 걱정할까 봐 힘들어도 참으려 많이 노력했다고 말했습니다. 하루 8시간씩 알아듣지도 못하는 수업을 빠짐없이 참석하면서 받았을 스트레스는 경험해보지 않은 사람은 알 수가 없겠지요.

부담스러운 기색이 역력했지만 저는 아이들을 격려하고 달랬습니다. "인생은 마라톤이며 지금 웃는 자보다 나중에 웃는 자가 되어야 한다. 지금의 어려움은 미래의 성공을 위한 밑거름이 될 거야.

훌륭한 리더가 되기 위해서는 많은 어려움과 외로움을 스스로 극복해야 한다"면서요.

그러면서 중국어로 하는 과목은 중국 학생들의 상대가 되지 못하지만, 영어 과목만큼은 뒤쳐져서는 안 된다고 강조했습니다. 물론 영어시험도 중국어로 질문을 합니다. 그래서 초기에는 성적이

엄마의 밀착코치

중국 일반 고등학교의 기숙사 모습

★ 기숙사 내부 모습

한 기숙사에 8명 정도가 기숙하며 아주 딱딱한 침대생활을 해야 합니다.
기상과 취침 시간이 정해져서 한국 군대생활을 방불케 하지요. 냉난방시설은 전혀 없습니다. 여름에는 덥고, 겨울에는 너무 추워 동상 걸릴 만큼 춥습니다.
창문 역시 단체생활인 관계로 작고 좁습니다.

★ 기숙사 생활 규칙

기숙사가 있는 학교에는 95% 이상의 학생이 기숙사 생활을 합니다.
도시에서는 일주일에 한 번 집으로 가지만, 촌에서는 한 달에 한 번 집으로 가기도 합니다. 일주일에 한 번 가도 되면 옷과 필수품만 챙겨서 학교에 갑니다.

★ 중국 아이들의 기숙사 생활 모습

중국인이 게을러서 그런 것도 있겠지만 어떤 학생은 씻는 시간조차 아끼려고 목욕을 하지 않는 아이도 있습니다. 심지어 어떤 학교에서는 머리 스타일만 바뀌어도 선생님이 무슨 멋을 부리느냐고 혼내기도 합니다.
교복은 추리닝 위주로 되어 있어, 많은 학생들이 대부분 추리닝을 입고 공부도 하고, 체육도 합니다. 너무 더러워지면 그냥 버리고 추리닝을 다시 구입하기도 합니다.
여학생의 경우 멋을 부리는 치마를 입는 일은 거의 상상하지 못하며 교내의 규칙을 잘 따릅니다.

좋지 않았죠. 하지만 머지않아 영어는 1등 할 수 있을 것이라는 믿음을 불어 넣어 주었습니다. "조금만 더 참아보고 해보자. 어찌 3개월 만에 결과가 나오겠냐" 하면서 말이죠.

다행히 4개월째 영어 과목은 반에서 1등을 하였습니다. 전교 20등. 전 과목의 석차는 여전히 전교에서 꼴찌 수준이었지만, 영어 한 과목의 성적이 차차 나아지면서 학교생활을 하지 않으려는 행동은 사라지게 되었습니다.

중국에선 푸다오(辅导, 과외)가 필수?

중국에서 과외가 필수인 이유는 우선 중국어에만 있는 성조와, 영어에서 쓰이는 것과는 전혀 다른 영어 발음기호인 병음 때문입니다. 외국인이 어려워하는 발음이 있으므로 최대한 중국어에 가깝게 발음하기 위해서는 원어민과 함께 공부해야 정확하게 발음을 배울 수 있습니다. 그래야 훗날 중국 현지인들과 의사소통하는 데도 무리가 없지요. 또 중국어를 배우는 시간을 단축하기 위해서라도 과외를 하는 것이 좋다고 생각합니다.

예를 들면 영어 'c' 발음이 중국어로는 'ㅊ' 발음이 납니다. 또 'ma' 발음이 1, 2, 3, 4성의 성조에 따라 '엄마', '말', '혼내다'라는 뜻으로 해석됩니다. 이러한 것들을 혼자 연습하기는 어렵습니다. 이 경우 선생님이 도와줬을 때 중국인과 의사소통하기가 한결 수월해집니다. 또한 성조가 합해졌을 때 달라지는 발음 역시 독학하기 힘든 과제입니다.

과외 선생님 구하는 방법

과외 선생님을 구하는 방법은 다양합니다. 중국 특유의 과외 선생님 구하는 법이 있지요.

칭다오에서 가장 먼저 찾았던 곳은 서점이었습니다. 여기선 한국에서 볼 수 없는 기이한 현상이 있었습니다. 학생들이 피켓에다 본인 이력을 써서 과외 할 학생을 구하는 것이었습니다. 하나 둘도 아니고 거의 30여 명이 되는 각 대학 학생들이 자신의 전공과 가르칠 수 있는 과목을 피켓에 써 놓았습니다. 저는 한 명씩 면담하면서 수업료를 문의했습니다.

2006년 기준으로 대학생의 수업료는 보통 시간당 20~30위안(약 3,600원) 정도였습니다. 2006년도 당시 환율은 1위안에 125배 정도였으나 지금은 170~180배 정도로 중국 화폐의 가치가 올랐습니다. 하지만 지금도 대학생의 수업료는 시간당 20~30위안 정도입니다.

대부분이 처음 한국 학생을 가르치는지라 좀 불안했습니다. 교과서로 삼아야 될 책도 없었지요. 만약 엄마나 가디언이 중국에 대한 상식만 있다면 교재로 삼을 책을 주면서 가르치는 것도 한 방법이 될 수 있었습니다. 하지만 이 또한 가르치는 실력을 믿을 수 없는 노릇이었죠. 내가 스스로 학원에 가서 직접 수업을 들어보기로 했습니다.

하지만 나와 수업 방식이 맞는다고 해서 아이들과 수업 방식이 맞는다고 확신할 수 없었습니다. 일단은 학원을 몇 군데 다니면서 3년 이상 한국인에게 중국어를 가르친 경험이 있는 학원 선생님을 위주로 섭외를 시작했습니다.

선생님과의 시간과 비용 조정도 필요했지요. 학원 선생님의 시간당 수업료는 40위안(현재 7,200원) 정도였습니다. 대학생보다 약 두 배의 수업료가 들어가는 셈이지요. 책을 선정하여 매일 배우고 단어 시험과 문장 시험을 보고, 그 결과를 엄마와 함께 의논하도록 했습니다. 최단 시간에 마칠 수 있도록 하고, 단어량과 문장량을 서로 의논하면서 공부하도록 했습니다. 언제나 공부할 땐 테이프를 손에서 놓지 않고 받아쓰기와 듣기를 병행했습니다. 공부하는 아이, 과외 선생님, 엄마가 함께 하는 공부였습니다.

푸다오(辅导, 과외) 선생님 구하기는 하늘의 별따기

보통 중국인 선생님은 착실하고 시간을 잘 지키며 아이들에게 성실하게 중국어를 가르칩니다. 그런데 경험이 없는 선생님은 아이들에게 무엇을 가르쳐야 되는지를 모릅니다. 우리가 외국인에게 한글을 가르치는 일도 처음에는 결코 쉽지 않듯이 말입니다. 경험 없는 대학생이나 대학원생들은 열정은 있으나, 한국 학생들이 처음 중국어를 배울 때 어떤 부분을 중점적으로 가르쳐야 하는지 모른 채 단순히 읽고 교정하는 방식으로 가르칩니다.

중국어는 처음 배울 때 발음의 강약과 성조의 기본 간격 같은 것이 매우 중요한데, 경험이 없는 사람은 그 중요성을 알지 못하지요. 아이들을 데리고 중국에 온 엄마들도 이것을 잘 모르기에 아이들에게 선생님만 구해주면 중국어를 배우게 된다고 생각하고 있습니다. 시간이 충분하면 시행착오를 겪더라도 괜찮겠지만, 되도록 빠른 시간 내 아이들의 중국어 실력을 향상시키고자 한다면 푸다오 선생님을 구하는 데 좀 더 신중할 필요가 있습니다.

현직 초·중등 교사들 같은 경우에도 외국인을 가르친 경험이 없을 경우에는 외국인에 대한 배려나 생각이 없으므로 처음 중국어를 배우는 학생에겐 별 도움이 되지 않는 것 같았습니다. 그래서 저는 어학원에서 3년 이상 한국인을 가르친 경험이 있는 노련한 선생님을 선택하여 아이들에게 중국어와 수학을 가르치게 했습니다. 효과는 일반 선생님의 2배 이상이었습니다.

경험 있는 선생님은 아이들의 문제점을 빨리 알아내고 정확하게 가르칩니다. 처음엔 발음과 성조를 확실하게 깨우치도록 합니다. 그리고 단어만 외우는 것이 아니라 문장 자체를 외워서 쓰도록 강조하면서 매일 받아쓰기를 합니다. 청취력과 작문능력을 함께 키워 나가도록 하는 것이죠. 작문도 처음에는 교과서 본문에서 단어 몇 개만 바꾸도록 하여 구문에 익숙하게 하고, 시간이 지나면 교과

엄마의 밀착코치

푸다오 선생님 구할 때 주의할 점

과외 선생님을 구할 때 몇 가지 조심해야 할 점이 있습니다.

① 표준화권 지역의 선생님을 구해야 합니다.
그래야 표준 발음을 정확하고 빠르게 배울 수 있습니다.

② 한 선생님에게 너무 오래 배우는 것은 좋지 않습니다.
3개월이나 6개월 단위로 끊어서 여러 사람에게 배우도록 하는 것이 좋습니다. 그것은 중국인의 발음이 개인마다 제각각이기 때문에 다양한 사람들의 목소리를 들어야 현지인과 의사소통하는 데에 저항감이 덜 생기기 때문입니다.

서 본문 자체를 조금씩 변형하게 합니다. 그리고 점점 어려운 단어와 고사성어를 사용하여 고급 문장을 만들도록 수업을 진행했습니다. 선생님이 돌아간 후 아이들은 선생님이 가르친 것을 테이프로 들으면서 다시 받아쓰기를 하였습니다.

영어의 경우에는 영화도 많고 공부할 교재의 가짓수도 많지만, 중국어의 경우에는 아직도 교육 자료로 사용할만한 영화나 교재가 많지 않아 선생님의 지도가 참 중요한 것 같습니다. 우리 아이들이 만난 선생님들은 풍부한 경험과 한국인에 대한 배려의 마음을 가졌기에 아이들이 좀 더 빨리 중국어를 배울 수 있게 되었습니다.

① 처음 중국어를 배울 때에는 발음과 듣기에 중점을 둡니다.

▶ 과외 경험이 있는 선생님은 한국인이 발음하기 어려운 권설음이나 움라우트 발음이 나오면 반복하면서 여러 가지 예를 들어줍니다. 하지만 처음 중국어를 가르치는 선생님은 어떤 발음을 어려워하는지 모르고, 성조 변화에 대해서도 민감하게 대처하지 못하는 경우가 많습니다.

② 발음과 듣기에 익숙해지면 문장을 가르치면서 간단한 어법을 배웁니다.

▶ 주로 회화 위주로 공부를 하며 쓰기 연습과 함께 계속 반복합니다.

③ 쓰기 연습에 본격 돌입하면 일기쓰기와 작문공부를 시작합니다.

▶ 여기서부터 문자를 외우면서 받아쓰기 요령을 익힙니다. 받아쓰기 요령을 익히려면 매일 30분 이상씩 테이프를 들으며 적어야 합니다. 처음에 테이프를 3분 듣고 난 뒤 그 내용을 보지 않은 채로 쓰기를 반복합니다. 이것은 자기와의 싸움입니다.

④ 듣고 쓰기를 반복하다가 마지막으로 책을 보면서 빨간 펜으로 점검합니다.

▶ 처음엔 붉은색 글자가 많지만 날이 갈수록 붉은색 글자가 적어집니다. 그만큼 잘 들리니까 말문이 트이고, 말문이 트이면서 쓰기 연습이 되니, 이후부터는 저절로 문장을 외워 작문이 자연스럽게 이뤄집니다. 짧

은 작문에서 시작하여 300자 작문 그리고 교과서 본문을 그대로 옮기는 작문 연습을 하다 보면, 문장이 한결 부드러워지며 중국식 문장이 되어 나옵니다. 점점 고급 단어가 나오고, 매끄러운 문장이 나오면서 HSK의 고급 작문 실력이 배양됩니다.

⑤ 듣고, 쓰고, 말하는 과정이 수월해지면 어법 문제도 자연스럽게 해결됩니다.

▶ 따라서 HSK의 어법, 듣기, 독해, 작문이 몸에 배게 됩니다. 9개월 정도 지나면 고급 단계인 작문과 말하기에도 자신이 생깁니다.

과외도 중요하지만 더 중요한 것은 스스로 공부할 수 있는 자세를 기르는 것입니다. 중국어 책을 가까이 하는 좋은 버릇을 들여 스스로 자신감을 기르게 되면, 외국어를 받아들이는 데 남들보다 우위를 차지할 수 있습니다.

눈치코치 고등학교 생활

"궁하면 통한다"고 하지만 중국어로 고등학교 수업을 듣는다는 것은 어려운 일입니다. 학교 입학 전 2개월 동안 열심히 중국어 공부를 했다고 해도, 고등학교 수준의 고문, 수학, 영어, 정치, 경제 등의 수업을 알아듣는 것은 거의 불가능했습니다. 중국 학생들이 우리 아이들을 도와줄 수도 없었고, 한국 친구도 없었기에 수업 교재나 준비물도 눈치껏 준비해야 했고, 때로는 먹는 것도 제대로 챙겨먹지 못하는 경우가 있었습니다. 어쩌면 청소년기의 중·고등학생을 언어도 아직 익숙하지 않은 상태에서 로컬학교에 보냈다는 것은 무모한 일일 수도 있었습니다.

칭다오 A중은 중국 산동성(山東省) 최고 명문학교 가운데 하나로, 이 학교 학생들의 97%가 기숙사에 머물며 학교에서만 생활하였습니다. 교과서를 외우는 것은 기본이고, 점심이나 저녁 먹는 시간까지 잠시도 쉬지 않고 공부에 매달린다고 하더군요.

아들은 그런 상황에서도 열린 마음으로, 또 항상 열심히 하는 태도로 생활했습니다. 그러자 어느 순간 반장 학생이 친절하게 다가와 친구가 되어주겠다고 했답니다. 그 학생은 아들이 학교생활할 때 중국어로 대화를 나눌 수 있는 유일한 통로였고, 10대 또래문화를 공유할 수 있는 절호의 찬스를 만들어주었지요. 반장 학생이 다른 학생들에게 소개해주고 학교 상황을 알려줘 적응하는 데 많은 도움을 주었다고 합니다. 물론 처음에는 영어와 몸짓으로 대화를 했고, 점차 중국어를 사용하여 의사소통을 할 수 있게 되었습니다. 자연스레 아들의 중국어 실력도 발전해갔습니다. 그 반장 친구는 1학년을 마친 뒤 캐나다로 유학을 가서 지금은 이메일로 가끔 안부를 전하고 있습니다.

딸의 경우 같은 반 친구 중 3~4명이 체육 특기생이었는데, 딸은 그 아이들과 아주 친하게 잘 지냈습니다. 농구 선수, 원반던지기 선수 등등. 이 친구들은 공부는 잘하지 못했지만 한국 친구에 대한 배려가 세심하여 학교생활을 즐겁게 할 수 있도록 해주는 샘물 같았다고 합니다.

다른 친구들은 공부하기에 너무 바빠 신경을 써주지 못했던 반면, 체육 특기생 학생들은 다소 여유가 있어 딸을 많이 챙겨 주었던 것 같습니다.

체육 특기생 가운데 딸을 좋아하는 아이가 있었습니다. 딸은 그 학생과 사귀면서 중국어로 많은 대화를 나누었으며, 그 때문에 아들보다 더 빨리 중국어 실력이 늘어 칭다오 생활에도 쉽게 적응하였습니다. 많은 친구들과 만나다 보니 표준어는 물론, 산동 말도 조금 익히게 되었습니다. 두루두루 잘 어울리는 성격 덕분에 딸의 중국어 실력은 날로 발전했습니다. 수개월이 지난 후에는 중국 학생들만큼이나 빨리 휴대폰 문자를 보내는 딸을 보며 놀라기도 했습니다.

딸의 위험한(?) 중국 친구

하루는 이런 일이 있었습니다. 아이들이 처음 중국에 갔던 그해 11월, 제가 급한 일로 서울에 가면서 아이들에게 은행카드를 주고 갔습니다. 약 10일 후에 칭다오에 왔더니 큰아이가 카드를 잃어버렸다고 했습니다. 은행에 갔더니 카드를 재발급 받는 데 2주가 걸린다고 하더군요. 제가 임대했던 집의 주인이 은행 지점장이라 빨리 발급해 달라고 부탁할 수도 있었지만 2주를 기다렸습니다.

12월 중순경, 새 카드를 발급 받아 잔고를 확인해보니 원래 입금되어 있던 잔고가 9,186위안에서 186위안으로 줄어 있었습니다. 깜짝 놀라 딸에게 물었더니 아이는 자신이 돈을 인출한 적이 없다고 대답했습니다.

카드 내역을 조회해보니 카드를 잃어버린 그날 9,000위안이 모두 인출되었습니다. 은행 지점장인 집주인과 상의했더니 공안(경찰)에 신고를 하면 폐쇄회로 화면을 통해 4시간 이내에 진상을 파악할 수 있다고 하더군요. 아이도, 친구 아빠가 공안인데 도와주겠다고 했다며 빨리 신고를 하라고 했지요. 제가 다니던 대학원의 같은 반 중국 친구들에게도 물어봤더니 공안에 신고하라고 했습니다.

하지만 이럴 때 지혜가 필요하더군요. 범인은 아이 주변의 친구일 가능성이 큰데, 공안에 신고를 해서 딸의 친구가 범인으로 밝혀질 경우를 생각하지 않을 수 없었습니다. 다행히 우리 집 2층에 한국 경찰대학 졸업 후 연수를 나오신 한국 분이 계셔서 먼저 상의를 했습니다. 그분께서는 우리나라에서도 만 16세가 넘어 도난 사건이 일어나면 조사도 받지만, 호적에 전과 기록이 생기면서 소년원에 보내진다고 하더군요.

심난한 가운데 잠이 들었습니다. 다음날 쾌청한 아침 날씨로 하루가 시작되었지만 마음은 착잡하였습니다. 아침 7시, 학교에서 아이가 전화로 경찰에 신고했느냐고 물으며 빨리 신고를 하지 않는다고 재촉하더군요. 잠잠히 듣고만 있었습니다. 9시경 딸아이의 담임

선생님으로부터 전화가 왔습니다. 돈을 잃어버렸다고 하던데 공안에 신고를 했느냐고 묻기에 신고하지 않았다고 말했습니다. 경찰 아저씨에게 들은 그대로, 한국에서는 만 16세가 넘는 아이가 절도를 하면 소년원에 가고 전과 기록이 남아 대학 갈 때나 취직할 때마다 문제가 생길 수 있기 때문이라고 말했습니다. 또 공안이 범인을 잡기 위해 신성한 학교를 다녀가는 것은 여러 친구들에게도 좋지 않은 분위기를 만들 수도 있을 뿐 아니라, 이 일이 외부에 알려지면 학교의 명예도 손상시킬 수 있을 것 같아 신고하지 않았다고 했습니다.

그러자 담임선생님께서 "신고하지 않아 줘서 고맙다"고 말씀하셨습니다. 너무나 솔직한 선생님의 답변이었습니다. 나중에 알고 보니 국립 고등학교에서 도난 사건이나 불미스러운 사건이 일어나 신고가 들어가면 담임선생님은 물론, 학년주임, 교장선생님까지 한 달 감봉 처분을 받고, 그 후에도 많은 불이익을 당한다고 하더군요.

그날 전 대학원 수업이 있어 바빴는데 오후 2시경 한 낯선 중국 남자로부터 전화가 걸려 왔습니다. 전혀 모르는 남자의 전화에 놀랐지만 그 사람은 딸 친구의 오빠라고 자신을 소개했습니다. 그러고서 자기 동생이 잘못을 저질렀다며 돈을 돌려주겠다는 것이었습니다. 혼자 나갈 수 있는 상황이 아닌 것 같아 저의 반 친구와 함께 그 학생 오빠를 만나러 갔지요. 차근차근 자초지종을 설명하고 동생의 잘못에 대해 용서를 빌면서 저에게 돈을 돌려주었습니다. 저는 다시 학교 담임선생님에게 돈을 찾았으니 걱정하지 말라고 전화를 했습니다. 그런데 오후 6시경 담임선생님께서 전화를 해 학교로

와달라고 했습니다. 이유는 이미 교장선생님께 상황이 보고되었기에 정황을 알려줘야 한다는 것이었지요. 저는 학교로 가서 담임선생님과 함께 교장실로 갔습니다. 저는 가장 먼저 그 아이에게 처벌을 하지 말아 달라고 부탁을 했습니다. 순간의 잘못으로 그 아이의 미래가 잘못되어서는 안 된다는 점을 말씀드리니 교장선생님께서도 수긍해 주었습니다. 상황을 상세히 설명해주고 카드인출 복사본을 보여준 뒤 집으로 돌아왔습니다. 그날 저녁 그 친구의 아빠가 전화를 걸어와, 자기 딸이 다시 태어난 것이나 다름없다며 공안에 신고하지 않고 처리해주어 정말 감사하다고 전해왔습니다.

그렇지만 그 후 그 친구는 결국 처벌을 받았습니다. 반에서 1개월 동안 15건의 도난 사건이 발생했는데 그 아이가 범인인 것으로 밝혀졌다고 합니다. 중국 학교의 교칙 상 절도 행위를 한 학생은 자신의 잘못을 자세히 작성하여 일주일 동안 학교 게시판에 게시한 후 학교에 계속 다니든지 아니면 다른 학교로 전학을 가게 되어 있습니다. 그 주 토요일 아이는 다시는 그 친구를 만나지 않겠노라고 얘기했습니다. 저는 아이에게, 카드를 학교에 가지고 간 점, 카드로 현금 인출 시 그 친구에게 비밀번호를 보여준 점 등 딸의 잘못에 대해 지적하며 친구 관계를 한 번 더 생각해 보라고 했습니다. 그리고 엄마가 공안에 신고하지 않은 이유는 경찰에 신고하면 돈은 돌려받겠지만, 그 친구의 미래가 걱정될 뿐 아니라 그 친구의 친구들이 모두 중국 아이들인데 원인 제공이 한국 아이였다고 하면 따돌릴 가능성이 우려되었기 때문이었다고 설명했습니다. 중국에 살면서 모든 면에서 조심해야 한다고 당부하였습니다. 그리고 친구가 잘못을 저지르도록 원인 제공한 것을 반성토록 하고 앞으로 그 친구에게 더 잘해주도록 얘기했습니다. 그 아이는 칭다오에서 학교를 다니지 못하고 산동성의 수도인 지난(濟南)으로 전학을 가서 학업을 마치고 칭다오 대학에 진학하였습니다. 지금은 딸의 좋은 친구로 지내고 있습니다. 그 사건을 계기로 딸에겐 중국 친구가 더 많이 생겼으며, 딸 역시 중국 학생들에게 멋진 한국 친구로 자리매김하게 되었습니다.

중국유학 + α 중국어는 물론 다른 과목도 푸다오를 이용하자

현지 로컬학교에 입학해 적응하기는 매우 어렵다고들 말합니다. 중국어 실력이 아직 완벽하게 갖춰지지 않은 상태에서 현지 아이들과 같이 고등학교 수업을 듣는다면 얼마나 곤욕일까요? 하지만 혹독하게 수업을 받더라도 포기하지 않고 공부를 계속할 수 있다면 어디서든 실력을 인정받을 수 있을 것입니다.

외국인에 대한 배려가 전혀 없는 학교생활에 적응하기 위해서는 중국어를 하루라도 빨리 마스터하는 것이 중요합니다. 하지만 중국어에만 집중하다가 수학, 과학, 화학, 생물, 역사 등 기타 과목을 공부하지 못하게 되는 경우가 있습니다. 중·고등학교 때 공부해야 할 것들을 중국어 공부 때문에 놓치게 되면 학습 불균형이 일어납니다. 결국 대학 입시에도 악영향을 미치게 될 수 있습니다. 또 수학, 과학, 생물, 화학 등의 과목을 중국말로 학습해두어야 중국 학교의 수업을 정상적으로 따라갈 수 있습니다. 따라서 한국 학생이나 조선족학생의 과외를 통해서라도 기타 과목을 꾸준히 공부해두어야 합니다.

2. 칭다오 A중의 난관 극복하기

외톨이 한국 유학생

중국 고등학교에 입학한 아이들은 중국 학생들과 똑같이 14과목의 수업을 들어야 했습니다. 하지만 2개월간 배운 중국어 실력으로는 수업을 알아듣기는커녕 영어 시험문제의 문항도 이해할 수 없었지요. 당연히 14과목 모두 부진할 수밖에 없었고, 이러한 성적 부진과 자신감 상실은 중국 친구들과 친하게 지내는 것조차 힘들게 만들었습니다. 물론 같은 반 친구들 가운데 가끔씩 아이들을 도와주는 경우가 없는 것은 아니었지만, 그냥 동정심에 의한 도움일 뿐이었지요. 다른 학교도 대체적으로 비슷할 것으로 생각했지만, 특히 칭다오 A중의 경우에는 우수한 학생들이 입학하자마자 대학 입시를 향해 달려가서, 자신에게만 충실해도 시간이 부족한 상태였지요.

하지만 중국유학생활을 성공적으로 끝마치려면 중국인 인맥을 쌓는 것은 필수입니다. 중국인 친구들과 폭넓은 인간관계를 형성했느냐의 여부가 곧 성공적인 유학생활을 했느냐, 하지 못했느냐를 결정할 정도니까요.

운동으로 중국 학생들과 친해져라

그렇게 말이 통하지 않는 상태에서 중국 학생들과 친해질 수 있는 가장 빠르고 좋은 방법은 스포츠 교류였습니다. 아이들은 남보다 더 열심히 뛰고, 다른 친구를 배려하는 깨끗한 매너로 경기를 이끌고, 경기에서 이기기 위해 최선을 다했습니다. 홍콩 국제학교에서 틈틈이 익혀둔 축구와 농구 실력이 진가를 발휘했습니다. 스포츠는 아이에게 자신감을 가져다주었고, 중국 학생들이 한국 학생을 다시 생각하고 인정하도록 만든 계기가 되었습니다. 중국 친구들은 우리 아이들이 비록 중국말을 잘하지는 못해도 결코 어리석지 않음을 알게 되었고, 이때부터 우리 아이를 가까이 하려는 친구가 늘어갔습니다.

같이 땀 흘리며 운동하는 즐거움

중국에 와서 동네 체육관에 갔던 적이 있었습니다. 중국 아이들이 농구를 하며 놀고 있더군요. 아들도 홍콩에서 열심히 농구를 하였기에 무척 호기심 어린 눈으로 보고 있더니 어느덧 뛰어들어 그들과 함께 농구를 했습니다. 말이 필요 없는 것이지요. 땀을 흠뻑 흘리면서 경기를 한 후 중국 아이들이 놀라더군요. 한국인이라는 것을 알고……. 운동을 할 때에는 말을 하지 못해도 전혀 상관이 없습니다. 하지만 함께 땀을 흘린 것이 계기가 되어 친구가 되고 다시 만나게 되는 것이지요.

중국 친구를 사귀는 데 멀리 가지 않아도 됩니다. 동네에서 아이들이 공을 던지고 놀 때 함께 하면 됩니다. 어려운 일도 아니고 말을 하지 못해도 전혀 문제가 되지 않습니다. 처음엔 이름만 부르다가 점점 다른 대화로 넘어가고, 함께 식사도 하게 되고, 다시 만날 약속을 하며 운동을 하게 되는 것이지요.

영어를 활용해라

아이들이 중국 친구들을 사귄 또 한 가지 비결은 영어였습니다. 처음에는 중국어 실력이 부족하여 중국어로 된 시험 문항을 이해하지 못해 답을 쓰지 못하고, 영어를 중국어로 해석하는 문제도 중국어 작문 실력이 없어 답을 알아도 풀지 못하는 우스꽝스러운 상황이 계속되었지요. 그렇지만 2개월 정도가 지난 뒤 중국어가 조금씩 늘면서 영어시험에서만큼은 꼴찌를 면함은 물론, 뛰어난 성적을 거두게 되었습니다. 또 반별 영어 스피치 대회에 출전하여 반의 위상을 높이면서 중국 친구들의 인정을 받게 되었지요.

아이들이 구사하는 영어가 매우 자연스럽고 발음도 괜찮다는 것을 알게 된 중국 친구들은 영어를 배우고 싶어서 우리 아이 곁으로 모여들었습니다. 우리 아이는 중국 친구들의 발음을 교정해주고 대화도 자연스레 나누면서, 서로 가르치기도 하고 배우기도 했습니다. 중국 친구들 가운데는 영어를 말로는 하지 못해도 어휘력이나 문법에 있어서는 우리 아이보다 뛰어난 학생들도 많았습니다. 영어는 그렇게 우리 아이에게 친구를 만들어 주었습니다.

무엇이든 주어진 상황에서 최대한 열심히 노력할 때 그 효과는 당장 나타나지 않더라도 결국 자신의 능력이 되어 큰 힘을 발휘하는 것 같습니다. 홍콩에 있을 때에는 아이가 운동에 너무 많은 시간을 할애하는 것 같아 공부하라고 보채기도 했지만, 중국에 와서는 친구를 사귀는 밑거름이 될 수 있었으니 고맙게 생각했습니다.

중국 역사는 중국 친구도 멀어지게 한다?

중국에서 유학생활을 하면서 여러 가지 어려움이 있겠지만 한국인과 중국인 사이에 가로놓인 또 한 가지 큰 강은 역사입니다. 우리에게는 우리의 역사가 있고, 중국인에게는 중국인이 주장하는 역사가 있지요. 학자들처럼 고증자료를 가지고 역사를 논할 수 없고 배운 것만 가지고 자신의 입장을 주장하는 어린 학생들 사이에서의 역사 논쟁은 자칫 서로의 마음에 상처를 주기도 합니다.

중국 학생들은 고구려사를 중국의 역사라고 얘기합니다. 우리 아이들이 비록 한국에서 역사 공부를 하지는 않았지만 나름대로 우리 역사에 대한 기본 지식을 가지고 있었기에 처음에는 어눌한 중국어로 아니라고 주장을 했지요. 하지만 중국 아이들은 결코 이에 동의해 주지 않았습니다. 중국 학생들이 알고 있는 고구려는 중국의 변방국가 중 하나였으니까요.

우리 아이들은 역사적 사실을 인정하지 않는 중국 학생들이 답답하였지만 더 이상 논쟁할 수는 없었습니다. 중국어가 그만큼 능통하지도 못했거니와 반 전체에서 유일한 한국 학생이 60명의 중국 학생을 상대로 논쟁을 벌인다 한들 해답은 나오지 않았지요. 모든 것은 다 때가 있는 법이라고 생각하는 수밖에 없었습니다. 겉으로는 웃음을 지으며 나중을 기약하는 마음의 여유를 갖고, 고교생의 현실적인 문제로 화제를 바꾸는 지혜를 발휘해야 했습니다.

스스로 중국을 얼마나 이해하고 있는지 생각해보면 중국 친구들이 한국에 대한 이해의 폭이 좁은 것에 대해 나무랄 수만은 없는 것이지요. 우리 자신부터 먼저 중화사상을 알고, 중국 민족에 대해 이해하는 과정을 거치기를 바라는 마음으로 가정에서 미리 아이들과 얘기를 나누었습니다. 이러한 충돌의 위험을 지혜롭게 넘기도록 하기 위해서였지요.

하지만 중국에 대한 이해가 아무리 깊고 넓어도 자신의 근본을 알지 못하면 아무런 쓸모가 없는 것입니다. 그래서 저는 한국에 갈 때마다 우리 역사와 중국 역사 서적을 구입해 놓고, 공휴일이 되면 그 책을 읽으며 먼 훗날 진정한 승리자가 되길 기원하곤 했습니다.

제3장

이젠
중국 대학을 향해
달려라

1. 왜 중국 대학인가?

미국을 능가하는 미래 중국의 무한한 가능성

세계에는 우수한 대학이 많습니다. 하버드를 비롯한 미국의 아이비리그, 그 외에도 무수히 많은 유명 대학들, 영국 옥스퍼드, 케임브리지를 비롯하여 독일, 프랑스 등지에도 많은 사람들이 선망하는 대학들이 있습니다. 아시아에도 동경대, 싱가포르 국립대, 홍콩대, 홍콩 과기대 등 유수의 대학들이 즐비합니다. 이렇게 좋은 대학에 들어갈 수 있는 실력을 갖추고, 부모의 경제적 능력이 뒷받침된다면 이상적이라고 할 수 있을 것입니다.

지금으로부터 25년 전 제가 처음 중국어를 배울 때 많은 사람들이 중국어 배워서 무엇을 할 것이냐며 자기 일인 양 걱정해주었습니다. 25년 전 중국과 지금 중국 그리고 25년 후의 중국을 생각해봅니다. 25년 전의 중국은 이제 막 기지개를 켠 듯했지만 여전히 불

확실성이 높은 상태였습니다. 25년이 지난 지금 중국은 우리에게 가능성을 보여주었고, 앞으로도 계속 발전할 수 있을 것이라는 예상을 가능하게 해주고 믿음을 주었습니다. 현재의 발전 속도가 지속된다면 25년 이후의 중국은 최소한 미국과 어깨를 견주는 초강대국이 되어 있을 것입니다.

우리에게 있어서도 중국은 이미 떼려야 뗄 수 없는 밀접한 관계를 가진 나라입니다. 대미·대일무역 적자를 메우는 것이 대중무역이다 보니 어떤 분석가들은 중국과 3년 정도만 빨리 수교를 했더라면 우리나라는 IMF를 겪지 않을 수도 있었을 것이라고 말합니다. 그리고 우리가 빠른 시간 내 IMF를 극복할 수 있었던 것은 대중무역 때문이라고 말합니다. 정치적으로도 한중관계는 점점 긴밀해지고 있습니다. 이명박 대통령께서 중국을 방문하셨을 때 한중관계는 전략적 협력 동반자 관계라는 수준 높은 협력 수준에 도달했습니다.

우리 아이들이 미국 대학이나 영국 대학에 뜻이 없었던 것은 아닙니다. 하지만 가족회의 끝에 중국 대학에 진학하기로 결정한 것입니다. 중국의 가능성, 가정의 경제적 여건 등 여러 가지 요소가 고려되었지만, 무엇보다도 영어 이외에 세계적 외국어인 중국어를 한 살이라도 더 빨리 접하는 것이 유리하겠다는 마음이 있었습니다.

진로를 정하고 난 뒤 북경대학과 청화대학을 목표로 하되 재수는 하지 않는다는 생각을 굳게 가졌습니다. 특히 북경대학을 목표로 하도록 아이들을 독려하면서 북경대의 우수성과 북경대 진학 시 진로와 발전 가능성을 지속적으로 강조했습니다. 중국에서 가장 좋

청화대

은 대학임에 틀림없을 뿐만 아니라 세계적으로도 다양한 대학들과 많은 교류를 하고 있어 아이들이 원했던 미국, 영국과 연결될 수 있는 길도 있을 것이라고 기대감을 불어 넣어 주었습니다. 그리고 우리나라를 이끈 인재들이 60~70년대에는 일본 유학파였고, 80~90년대를 거쳐 지금까지는 미국 유학파이지만, 21세기에는 중국유학파가 될 것이라는 비전을 제시하기도 하였습니다. 이러한 비전을 뒷받침해 줄 수 있는 자료를 많이 보여주었지요. 아이들도 엄마 아빠의 뜻에 동의했습니다.

외국인 특별전형제도 이해하기

우리나라도 대학에 진학할 때 외국인 특별전형제도가 있고, 3년 이상 주재원 생활을 마치고 한국에 귀국하면 재외국민 특별전형의 혜택을 볼 수 있지요. 중국 대학에도 외국인 특별전형이 있으며, 대만인이나 홍콩인들의 경우에는 무시험 전형으로 입학하기도 합니다. 외국인이 중국 대학에 입학하고자 할 경우 여러 가지 다양한 외국인 특별전형제도가 있으므로 본인에 맞는 전형제도를 이용하여 대학에 진학하면 됩니다.

중국의 위상이 높아지고, 중국어에 대한 수요가 많아지면서 이제 중국 대학에 가기도 점점 힘들어집니다. 많은 한국 학생들이 중국 대학을 가기 위해 공부하고 있습니다. 중국 최고의 대학인 북경대와 청화대에 가기 위해서는 점점 치열해지는 경쟁률을 뚫어야 합니다. 중국 명문대 입학은 한국의 대학 입시 못지않습니다. 한중수교 초기에는 HSK에서 6~7급만 받으면 북경대나 청화대는 쉽게 들어갈 수 있었습니다. 하지만 2005년 북경대 경쟁률은 10:1이었습니다. 그 경쟁률은 점점 올라가고 있지요.

북경대가 한국인의 인원수를 줄이려고 하는 점도 입학을 어렵게 하는 요인입니다. 매년 800여 명이 입시를 치르면 합격생은 130명 내외인데, 한국인 합격자 수를 50% 내외로 조정하고 있습니다. 청화대학은 예과나 다른 제도가 없고 오직 입시만을 치르고 있습니다.

그리고 미국 등 세계 각국에 살고 있는 화교 학생들도 북경대와 청화대에 진학하기 위해 각축전을 벌이고 있습니다. 이제 한국 학생들만의 경쟁이 아닌 것입니다. 화교는 외국인과 경쟁을 하도록 되어 있어 중국의 대학을 가기 위해서는 화교 학생들과 경쟁해야 합니다. 미국 국적을 가지고 중국에서 초, 중, 고를 다닌 화교 학생들은 중국어뿐 아니라 영어도 잘합니다. 참 힘든 경쟁 상대가 많아진다는 것을 명심해야 할 시기가 온 것 같습니다.

엄마의 밀착코치

중국의 외국인 특별전형 시험 종류

예과제도

본과 입학 시험

중국에서 외국인 전형으로 선발하는 시험은 아래와 같이 두 가지 방법이 있습니다.

첫 번째 방법은 각 대학마다 개설하고 있는 예과제도입니다. 북경에서는 약 10여 개 대학에 예과반제도가 있습니다. 그중에서 북경대가 가장 오래되었습니다. 고등학교를 졸업한 후 북경대학에 입학하기 위하여 북경대에서 어문과 듣기, 쓰기, 말하기를 배우며 예과 자체 내의 내신성적으로 북경대에 입학합니다. 광화관리학원이나 경제학원을 가기 위해서는 수학을 치르고 나머지 학과는 시험을 보지 않고 오직 내신으로만 본과를 입학합니다.

최근에는 자유학부(원배학원)도 유학생이 입학할 수 있어 대학 입학 이후 전공을 결정할 수 있습니다. 예과 입학 시 분반시험을 치러 커리큘럼은 수준별로 다르게 되어 있으며 중국어를 배우기에 좋은 방법이라 할 수 있습니다. 요즘은 외국 학생들의 비율도 조금씩 늘고 있고, 한국에서 재수하는 학생들도 여기로 와서 터닝포인트를 하는 경우도 있습니다.

두 번째 방법은 바로 본과생(유학생)으로 시험을 치르는 것입니다.

문이과 모두 어문, 영어, 수학을 치르며. 경희대 예과 제도가 사라짐으로 인해 시험을 치러 입학하는 학생도 이전보다 조금 많아졌습니다. 최근에는 자유학부(원배학원)도 유학생이 입학할 수 있어 대학 입학 이후 전공을 결정할 수 있습니다. 대부분 학생들이 이 방법을 통해 입학을 하고 있기 때문에 경쟁률이 높습니다. 2008년 외국인 입학생의 20% 정도가 화교였다고 하며 수석을 차지한 외국인도 미국 국적을 가진 화교라고 합니다.

저는 아이들에게 두 번째 방법인 본과생으로 바로 시험을 치는 방법을 선택하도록 했습니다. 아이들에게 맞는 대학 입시전형을 분석한 결과, 시험에 빨리 적응하기 위해서는 더 이상 칭다오 A중을 다닐 수가 없다는 결론에 이르렀습니다. 칭다오 A중의 수업 수준이 낮은 것이 아니라 북경대 외국인 특별전형과는 상관없이 수업이 진행되므로 시험에 도움이 될 수 없기 때문이지요. 칭다오에도 북경대를 목표로 하는 입시학원이 있었지만 그래도 북경대 시험을 치르기 위해서는 오랜 기간 북경대 입시 준비 경험을 갖춘 학원을 찾을 필요가 있었습니다. 우리 가족은 곧 북경으로 이사를 했습니다.

북경대 예과반

북경대에서는 97년도부터 외국인 유학생 본과 선발제도의 일환으로 예과 제도를 신설했습니다. 보통 이 제도가 있는지를 몰라 이용하지 못하는 사람들이 많았습니다. 하지만 요즘은 이 제도를 이용하는 사람이 많아 경쟁률이 날이 갈수록 높아지고 있는 추세입니다. 공식적인 통계가 없어 정확하게 알 수는 없지만 09년도 같은 경우만 해도 경쟁률이 5:1 정도라고 합니다.

① 신청자격 : 만 18~25세 이하로 외국 고등학교 졸업자(검정고시 불가)

② 신청서류

- 예과 신청표, 신체검사서
- 고등학교 졸업증명서 영문(국문공증가능)
- 고등학교 3년 성적증명서(국문공증가능)
- 고등학교 (영문)추천서(중국어 교수님이나 선생님의 추천서가 필요함)
- 여권 복사본 및 비자 사본
- HSK 원본 및 복사본 1부(HSK 3급 이상 증명서나 이것이 없을 시 중국에서 어학연수 1년 이상 수료증이 필요함)
- 사진 4장
- 경제 담보인의 증명자료(담보인의 직업, 전화번호, 주소)

• 중국에 거주하는 사무 담보인의 자료(내용에 성명, 직장, 전화번호, 주소 포함)

③ 신청기간 : 매년 3월 초부터 말까지(인터넷 접수)

④ 모집인원 : 130~170명 내외

⑤ 신청비 : 400위안

⑥ 1년 학비 : 26,000위안

⑦ 예과 기간 : 9월 첫 주부터 다음해 6월 20일경까지

⑧ 기숙사 비용 : 일시불로 일 년 18,000위안 (예과 기간 동안 반드시 기숙사 생활을 해야 함)

⑨ 교과과정 : 주당 20시간 정도로, 교학내용은 주로 말하기, 듣기, 쓰기, 읽기 내용이다.

⑩ 시험 : 1, 2학기 분반고사, 월말고사, 중간고사, 기말고사, 11월, 4월 HSK 시험(4월 본과시험 중 수학을 치고, 5월에 작문시험을 치름)

⑪ 분반시험 : 9월 초에 분반시험이 있어 1~11반까지 나뉘며 8반의 성적이 가장 좋습니다. 각 반은 15명 내외이며, HSK 유형의 문제와 작문이 있는데, 5~6개 그림을 보고 400자 정도를 쓰면 됩니다.

⑫ 커리큘럼

• 필수과목 : 회화, 듣기, 독해, 작문

• 보충수업(개인공부) : 중국어, 영어, 역사, 수학

대학과 전공 결정하기

중국 대학 입시 준비를 시작하면서 대학의 문과·이과 구분이 한국과 다르고, 각 학과마다 시험 과목도 일부 다르다는 것을 알게 되었습니다. 중국에서는 심리학과가 이과 계통이며, 경영·경제학과 등은 문과 지망생과 이과 지망생이 모두 지원할 수 있었습니다. 특히 수학 성적이 우수해야 입학도 할 수 있고, 입학 후 수준 높은 강의를 수강할 수 있습니다.

외국인은 북경대든 청화대든 개설된 학과에 진학하는 데 있어 제한이 있습니다. 외국인이 갈 수 있는 학과의 수는 그렇게 많지 않습니다. 어느 대학을 갈 것인가도 중요하지만 그 대학에 아이들이 원하는 학과가 있는지 먼저 확인을 해야 합니다.

학과를 선택한 후엔 입학도 중요하지만 입학 후 전공 필수과목이나 선택과목 수강 능력을 고려해야 합니다. 향후 진로에 대해서도 생각해야 합니다. 중국에는 모두 1,900개 이상의 대학이 있으며 그중 북경에 80여 개 대학이 몰려 있습니다. 북경대, 청화대도 있지만, 외교학원, 우전대학, 정법대학, 경제무역대학, 석유대학, 농업대학, 공업대학 등 특성화되어 있는 대학도 많이 있습니다.

다행히 중국유학을 시작하면서 진학하고자 마음먹었던 북경대에 우리 아이들이 원하는 학과(북경대 국제관계학원)가 있었습니다. 그래서 아이들과 의논하여 북경대에 도전하기로 결정을 내렸습니다. 그리고 아이들이 문과 적성을 가지고 있었고, 수학 과목에 너무 많은 부담을 느껴 두 아이 모두 문과를 선택하였습니다.

목표에 도달하기 위해서는 많은 어려움에 봉착하게 될 것이므로 가능한 많은 정보가 필요하였습니다. 그래서 북경대와 청화대에 다니고 있던 한국 학생들을 수소문해서 입시 준비의 비결도 듣고, 입학 후 공부 방법도 듣는 등 많은 정보를 수집했습니다. 그리고 어려움이 클수록 이를 극복한 이후의 보람도 크다는 마음으로, 중국 최고의 대학 입학이라는 목표를 이룰 수 있다는 마음으로 매일매일 자기 암시와 긍정적 마인드를 키우며 북경대를 향한 노력이 시작되었습니다.

2. 중국에는 어떤 좋은 대학이 있나?

중국 대학 평가 순위

학부모님들의 좀 더 빠른 이해를 돕기 위해 2013년 중국 대학 평가 순위표를 첨부합니다. 대학 순위는 인재 배양(석박사 배양, 대학생 배양)과 과학연구(자연과학연구와 사회과학연구)로 점수를 주며, 학교 유형에 따라 이공, 종합, 사범대학으로 나뉘어 있습니다.

2012년 50대 중국 대학 순위

계급	학교 이름	종합적인 강도 (20%)	외국어 교육 능력 (15%)	학생 서비스 (10%)	국제 영향 (20%)	학생 평가 (20%)	직업 전망 (15%)	합계 (100)
1	Peking University 북경 대학	19.6	14.8	9.6	19.5	19.6	15	98.1
2	Tsing Hua University 청화대학	19.4	14.5	9.8	19.6	19.5	14.8	97.6
3	Wuhan University 무한 대학교	19.5	14.6	9.6	19.4	19.4	14.6	97.1
4	Zhejiang University 절강 대학	19.4	14.7	9.5	19.5	19.2	14.3	96.6
5	Fudan University 복단대학	19.1	14.7	9.4	19.2	19.4	14.7	96.5
6	Sun Yat-sen University 중산대학교	19.1	14.6	9.3	19.1	19.2	14.6	95.9
7	Renmin University of China 중국 인민 대학	18.6	15.3	9.1	18.9	19.9	14.1	95.9
8	Nankai University 난카이 대학교	18.9	14.8	9.2	18.8	19.2	14.5	95.4
9	Huazhong University of Science & Technology 화중과학기술대학교	18.8	14.5	9.4	18.8	19.3	14.1	94.9
10	Harbin Institute of Technology 하얼빈산업기술대학	18.7	15.6	9	18.8	18.4	14.3	94.8
11	Nanjing University 난징 대학	18.5	14.4	9.2	18.8	19.8	14	94.7
12	Center South University 중앙 남부 대학교	18.4	14.5	9.1	18.5	19.6	14.4	94.5
13	China University of Political Science and Law 정치학 중국 대학	18.3	14.1	8.9	19	19.4	14.7	94.4
14	Tongji University 톤제대학교	18.2	14.3	8.8	18.8	19.3	14.5	93.9
15	Hunan University 호남 대학교	18.1	14.3	8.6	18.7	19.7	14.3	93.7
16	Beijing Foreign Studies University 북경 외국어 대학교	18	14.7	8.9	18.7	19.7	13.2	93.2
17	University of International Business and Economics 대외 경제 무역 대학교	17.9	14.7	9.3	18.5	19.5	13.2	93.1
18	Central University of Finance and Economics 재무 중앙 대학교	17.8	14.6	9.1	18	19	13.7	92.2

계급	학교 이름	종합적인 강도 (20%)	외국어 교육 능력 (15%)	학생 서비스 (10%)	국제 영향 (20%)	학생 평가 (20%)	직업 전망 (15%)	합계 (100)
19	Southeast University 동남 대학	17.6	14.7	8.3	19.2	18.1	14.2	92.1
20	Xi'an Jiaotong University 서안 교통 대학	17.6	15.4	8	18.1	18.1	14.4	91.6
21	Sichuan University 사천 대학	17.5	14.5	8	18.6	18.7	12.8	90.1
22	Tianjin Medical University 천진 의과 대학	17.4	14.3	8.1	18.8	18.7	12.6	89.9
23	North China University of Technology 하이난 대학교	17.3	14.8	8.2	18.5	18.5	12.2	89.5
24	Tianjin University 천진 대학	17.2	14.3	8.7	18.3	18.4	12.2	89.1
25	Central China Normal University 중앙 중국 사범 대학	17.1	13.8	8.6	18.7	18.4	12.4	89
26	Beijing University of Posts and Telecommunications 게시물과 통신의 베이징 대학	17	14.3	7.2	18.7	18.8	12.3	88.3
27	South China University of Technology 화남기술대학	16.9	14.2	8.3	18.4	18	12.2	88
28	East China Normal University 동쪽 중국 사범 대학	16.8	14.2	8.1	18.2	17.5	13.1	87.9
29	China University of Geosciences 중국지질대학교	16.8	14.3	7.8	16.9	17.1	14.8	87.7
30	Shandong University 산동 대학	16.7	12.5	8.3	18.7	18.8	12.7	87.7
31	Beijing Jiaotong University 북경 교통 대학	16.6	12.2	8	18.5	18.6	12.6	86.5
32	Dalian Medical University 대련 의과 대학	16.5	12.6	8.3	18.3	18.4	12	86.1
33	Xiamen University 하문 대학	16.4	12	7.4	18.3	19.4	12.1	85.6
34	Guangdong University of Foreign Studies 광동 외국어 대학	16.3	12.5	7.4	18	18.1	12.6	84.9

계급	학교 이름	종합적인 강도 (20%)	외국어 교육능력 (15%)	학생 서비스 (10%)	국제 영향 (20%)	학생 평가 (20%)	직업 전망 (15%)	합계 (100)
35	Nanjing University of Aeronautics and Astronautics 항공 우주 항행학의 난징 대학	16.2	11.8	6.8	18.9	19	12.1	84.8
36	Shanghai University of Finance & Economics 재무 상해 대학	16.1	12.1	7.2	19.4	18.5	11.2	84.5
37	Lanzhou University 난중 대학교	16	12.5	7.1	19.2	18.3	11.2	84.3
38	Huazhong Agricultural University 화중농업 대학	15.9	11.5	7.3	19.5	18.6	11.4	84.2
39	Jiangsu University 강소 대학	15.8	10.7	8.6	18.9	18.8	11.3	84.1
40	East China University of Sience & Technology 화동기술대학	15.7	12.1	8	18.1	18.2	11.4	83.5
41	Beijing Language and Culture University 북경 언어 문화 대학	15.6	12	7.9	17.9	18.1	11.3	82.8
42	Dalian Maritime University 대련 해양 대학교	15.5	12.5	8.6	15.9	17.6	12.2	82.3
43	Wuhan University of Technology 기술의 무한 대학	15.4	12.3	8.6	15.7	17.5	12.2	81.7
44	Hebei Medical University 허베이 의과 대학	15.3	11.8	7.2	17.6	17.5	12.2	81.6
45	South China Normal University 남쪽 중국 사범 대학	15.2	12	7.3	17.5	17.6	11.3	80.9
46	Beijing University of Chemical Technology 화학 기술의 북경 대학	15.1	12.2	7	17.1	17.2	11.6	80.2
47	Ocean University of China 중국 해양 대학	15	11.7	8	17	16.2	12	79.9
48	Nanjing University of Science & Technology 과학의 난징 대학	14.9	11.6	7.8	16.7	16.8	11.6	79.4
49	China University of Petroleum 중국 석유 대학	14.8	10.4	8.6	17.1	17.2	11.2	79.3
50	China Pharmaceutical University 중국 약과 대학	14.7	10.8	7.2	17	17.1	11.9	78.7

학과와 지역 특성에 따른 대학 선택

중국은 현재 한 개 나라에 2개국 체제로 운영되고 있습니다. 2000년 이상의 역사를 가지고 있고, 23개성의 역사가 모두 달라 수많은 방언이 존재하여 텔레비전 연속극을 보면 표준어가 자막으로 따로 나올 만큼 각 지방 특유의 관습이 존재합니다.

따라서 유학을 어느 지방에서 하느냐에 따라 대학이나 학과, 진로 선택의 기준이 달라질 수 있습니다. 만약 중국 차에 대한 공부를 한다면 운남성이나 절강성의 절강대학을 생각할 수 있고, 수정에 관한 공부를 한다면 강소성을 선택할 수 있으며, 금융에 관한 것을 공부한다면 상해가 좋을 것입니다. 건축공학과를 예로 든다면 청화대학에는 중국 어느 대학에도 없는 파괴공학과가 있으므로 이를 고려하는 것도 좋은 방법이 될 수 있습니다. 일일이 열거할 수는 없겠지만 1,900개 대학 가운데 위에 열거한 50대 대학의 전공을 찾아보고 본인이 원하는 전공을 찾는 것이 좋을 듯합니다.

10위 안에 있는 대학은 대부분 유학생이 선택할 수 있는 전공을 정해 놓았습니다. 북경대, 청화대도 유학생이 전공할 수 있는 학과를 제한하여 학생을 입학시키고 있습니다. 특히 북경대의 경우 아직 어문대학 쪽은 중문과를 제외하고는 외국인이 진학할 수 없게 되어 있습니다. 모집 당시는 계열별이며, 3학년이 되어서야 세부 전공을 찾아갈 수 있게 되어 있습니다.

그 외 대학은 유학생도 세부 전공을 찾을 수 있는 대학이니, 유학생 본인의 특성, 중국 지방의 특성, 앞으로의 전망 등을 방송이나 인터넷을 통해 미리 알아보는 것이 좋습니다.

3. 북경대 입학 정보

북경대 지원가능학과

학과 및 단과대		세부 전공
문과	광화관리학원	금융학, 회계학, 마케팅
	경제학원	경제학, 금융학, 국제경제무역학, 벤처관리보험학, 재정학, 환경자원발전 경제학
	정부관리학원	국제정치행정학, 공공정책학, 도시관리학
	국제관계학원	국제정치, 외교학, 국제정치경제학
	사회학원	사회학, 사회공작학
	법학원	법학
	신문전파학원	신문학, 광고학, 편집출판학, 방송tv신문학
	중어중문학과	중국문학, 한어언학, 고전문헌학, 응용어언학
	예술학원	예술학
	역사학과	역사학, 세계역사학
	고고문학학원	고고학, 박물관학, 문물보호
	철학과	철학, 종교학
	원배학원	자유전공학

학과 및 단과대		세부 전공
이과	**정보관리학과**	정보관리정보시스템학, 도서관학
	정보과학기술학원	컴퓨터과학기술, 전자정보과학기술, 마이크로전자학, 지능과학기술
	생명과학학원	생물과학, 생물기술학
	수학과학학원	응용수학통계학, 과학공정계산정보과학, 금융수학
	물리학원	물리학, 대기과학, 전문학
	공학원	이론응용역학, 종정구조분석학, 에너지자원공정학
	환경학원	환경과학, 환경공정학, 지리과학, 도시기획학, 자원환경도시계획학, 도시구역계획학, 생태학
	심리학원	심리학
	지구, 공간과학학원	지질학, 지구화학, 지구물리, 공간과학기술학, 지리정보시스템학
	화학, 분자공정학원	화학, 재료화학, 응용화학

굵은 표시를 한 학과는 선호학과입니다.

*자료 제공 : 북경고려입시학원

2008년 문과 합격자 통계

학과	08년도 모집인원(명)	08년도 커트라인(점)	09년도 예상 커트라인(점)	특이사항
광화관리학원	12	410	310	08년 문 : 이=3 : 9
경제학원	8	400	300	08년 문 : 이=3 : 5 모집인원 감소
법학원	11	390	290	매년 인원미달에서 08년도 모집 급증
정부관리학원	4	380	280	모집인원 감소
국제관계학원	20	370	270	모집인원 최다
신문방송학원	12	360	260	모집예상인원 초과
예술학원	4	350	250	소수지원, 소수모집
사회학과	10	350	250	모집인원 증가
중문학과	21	350	250	모집인원 최다
역사학과	10	350	250	모집예상인원 초과

학과	08년도 모집인원(명)	08년도 커트라인(점)	09년도 예상 커트라인(점)	특이사항
철학과	3	350	250	매년 1명 모집에서 처음으로 3명 모집
고고학원	1	350	250	소수모집

2008년 이과 합격자 통계

학과	08년도 모집인원(명)
수학과학학원	2
물리학원	1
역학공정과학학과	0
정보관리학과	2
정보과학기술학원	2

학과 및 적성, 진로 소개

▶ 광화관리학원

분야	금융학/ 회계학/ 마케팅
학과소개	현대 경제 사회의 중심 조직인 기업과 그 관리를 연구 대상으로 하며, 산업 사회 및 정보사회의 다양한 조직이 필요로 하는 고급 인력을 양성함을 목적으로 하고 있다. 본 학과는 금융, 재무, 보험, 세무, 회계 등에 관한 제반이론과 실제적인 응용방법을 연구하는 학문으로 경제학, 경영학, 법학, 사회학, 수학 등이 종합적으로 응용된 학제 간 학문이기도 하다. 연구 분야는 자금배분 원리, 자본시장의 기능 및 투자 원리, 기업의 자금조달과 운영, 보험의 금융적·법적 원리 및 경제주체의 위험관리, 금융기관의 경영 등 금융 전반과 금융 보험 경영이론, 재무회계, 관리회계, 세무회계, 회계정보시스템, 회계감사, 비영리회계, 국제회계 등이 있다.
전공과목	★ 학생자율선택으로 전공 선택의 폭이 넓어짐 경제학, 고등수학, 국제금융, 금융시장과 금융기구, 증권투자학, 경영정보시스템, 기초회계, 재무회계, 경영회계, 회계감사, 회사재무관리, 통계학원리, 마케팅, 국제마케팅, 보험학, 시장연구, 소비자행위, 인력자원관리, 시장분석과 예측, 민상법 등
적성	진취적 사고와 함께 문과, 이과의 속성을 겸비하고 있다. 사회과학에 대한 관심과 외국어와 수학에 흥미를 가지고 있다. 윤리의식이 강하며, 현실 적응력과 합리적 사고, 수리력을 갖춘 학생이 적합하다.
졸업 후 진로	국제통화기금(IMF), 세계은행(IBRD), 세계무역기구(WTO), 경제개발협력기구(OECD), 아시아개발은행(ADB), 국제금융공사(IFC) 등과 같은 국제기구, 금융감독원, 금융결제원 등과 같은 공기업, 은행, 증권사, 투신사, 보험회사, 언론사, 회계 컨설팅회사 KDI(한국개발연구원), 대외경제정책연구원, 한국경제연구원, 기업의 경제연구소(삼성경제연구소, LG경제연구소, 현대경제연구소), 공인회계사 사무실, 세무사 사무실, 변리사 사무실 등
학과규정 및 제도	다른 과와 공통되는 퇴학 규정 1. 연속해서 2학기 신청과목 중 평점이 2.0 이하일 때, 2학기 중 10학점이 F일 때 2. F학점 누적이 20학점을 초과할 때 ★ 본 학부만의 규정 1. 광화관리학원 유학생에게만 있는 규정이 《北京大学大学英语四级证书》를 따야 된다는 것입니다. 2. 대학영어는 필수과목으로 대학영어(包括基础课和专题科) 《北京大学大学英语四级证书》 시험 2학점을 포함하여, 총 8학점으로 되어 있습니다. 3. 영어반은 입학 후에 있는 분반시험으로 나뉘게 되는데, 각 점수에 따라 대학영어 1, 2, 3으로 나뉘고, 1급 수준에 못 미치는 학생은 대학 영어 ABC를 듣게 됩니다. 대학영어 ABC도 1~4급으로 나뉘며 분반 후 그 수업이 어렵다고 느껴지면 수업을 바꿀 수 있습니다.

과사 위치 및 연락처	• 위치 : 北京大学 光华楼一层112室 光华管理学院 本科生办公室 • 연락처 : 6275-9113(赵老师)/ 6275-7782(孙老师) • 홈페이지 : http://www.gsm.pku.edu.cn/ • 다음카페 : http://cafe.daum.net/guanghua

▶ 경제학원

분야	경제학/ 금융학/ 국제경제와 무역학/ 벤처관리와 보험학/ 재정학/ 환경자원 및 발전 경제학
학과소개	경제학은 우리가 살아가면서 매순간 직면하고 있는 선택이라는 문제를 다루는 학문이며 이 점에서 무엇보다 우리 일상과 가장 밀접한 학문이다. 넓게는 실업 문제, 환경 문제, 소득불균형 문제 등에서 좁게는 우리가 먹고 사는 가장 본질적인 문제를 다루는 것이 경제학이다. 경제학은 크게 미시경제, 거시경제, 계량경제 등의 '이론경제학' 분야와 경제 현상을 역사적으로 고찰하는 '경제사' 분야, 경제 현상에 대한 가치판단의 문제를 다루는 '경제사상사' 분야, 기본이론을 바탕으로 현실의 다양한 경제 현상을 분석·설명하는 '응용경제학' 분야로 나눌 수 있다.
전공과목	정치·발전·산업·노동경제학, 회계학, 통계학, 재정학, 투자학, 국제금융, 국제무역, 컴퓨터원리와 응용, 자본론, 중국경제사, 외국경제사상사, 화폐은행학, 서방재정학, 회사재무 등
적성	수학과 통계 등을 많이 활용하기 때문에 분석적이고 수학적인 두뇌가 많이 요구되는 편이다. 평소 경제 현상에 관심이 있는 학생에게 유리하다. 주어진 사실의 관계를 논리적으로 판단할 수 있는 논리성과 주어진 사실이나 이론이 왜 이렇게 도출되었는지에 대해 파고 들 수 있는 호기심이 필요하다.
졸업 후 진로	국제통화기금(IMF), 세계은행(IBRD), 세계무역기구(WTO), 경제개발협력기구(OECD), 아시아 개발은행(ADB), 국제금융공사(IFC) 등과 같은 국제기구, 금융감독원, 금융결제원과 같은 공기업, 은행, 증권사, 보험회사, 투신사, 언론사, 경영컨설턴트, 경제학연구원, 관세사, 구매인(바이어), 금융관련관리자, 마케팅전문가, 물류관리 전문가, 보험계리사, 보험관련관리자, 부동산 투자신탁 운용가, 세무사, 손해사정사, 스포츠마케터, 신용분석가, 영업 및 판매관리자, 외환딜러, 재무 및 회계관리자, 전문비서, 증권중개인, 채권관리원, 투자분석가(애널리스트), 투자인수심사원(투자언더라이터), 편이점수퍼바이저, 해외영업원, 호텔관리자, 회계사, 회의기획자, M&A전문가(기업인수합병원) 등
학과규정 및 제도	1. 4년간 총 140학점(졸업논문 3학점 포함) 2. 한 학기 최대 20학점. 전 학기 평점 3.0 초과 시 다음 학기 25학점 수강 가능. 3. 퇴학 처리 조건(교양과목과 필수) • 필수과목 8과목 불합격 시 • 전체 학점(교양과목 필수 포함) 20점 불합격 시 • 한 학기에 필수과목 신청한 것 중 60% 이상 합격 못할 시 4. 2008년에 새로 추가된 규정 : 연속으로 두 학기 평균학점이 2.0 이하 일시 퇴학

과사 위치 및 연락처	• 위치 : 北京大學 法學樓 4層 5433号 經濟學院 本科生辦公室 • 연락처 : 6275-1465/ 6275-5707 • 홈페이지 : http://econ.pku.edu.cn/ • 한국 유학생회 홈페이지 : www.peconomics.net

▶ 법학원

분야	법학
학과소개	중국 사회가 복잡해지고 사회구조가 변화함에 따라 법 지식의 필요성이 더 커지고 있다. 또한 정부의 행정수행, 정치활동, 기업운영 등 각 활동분야에서 전문적인 법 지식이 요구됨에 따라 법학 연구의 필요성은 점점 더 높아져 가고 있다. 법학에서는 헌법, 민법, 형법 등의 실정법(우리가 살고 있는 사회에 실제로 적용되고 있는 법)을 연구할 뿐만 아니라 실정법 이면의 기초이론과 철학 등을 연구하여 변화하는 사회의 요구에 부응할 수 있도록 법 전문가를 양성한다. 따라서 법학은 순수학문적 성격과 응용학문적 성격을 모두 갖는 학문이다.
전공과목	법학원리, 중국법제사, 헌법학, 민법총론, 형법총론, 물권법, 형사소송법학, 경제법학, 민사소송법학, 법리학, 채권법, 국제공법, 국제사법, 상법총론, 행정법, 국제경제법, 지식산권법학(지적재산권) 등
적성	법학은 실생활에 적용되는 응용학문의 성격이 강하므로 추어진 상황을 잘 분석하고 정리할 수 있는 능력, 논리적으로 합당한 결론을 끌어낼 수 있는 사고방식, 공정한 판단력 등이 요구된다. 자기의 생각과 주장을 말이나 글로 정확하고 사리에 맞게 표현할 수 있는 능력이 필요하다.
졸업 후 진로	국제변호사, 관세사, 노무사, 법률행정사무원, 법무사, 법학연구원, 변리사, 부동산 중개인, 세무사, 입법공무원, 행정고위공무원, 회계사, M&A전문가(기업인수합병원), 일반기업 법무팀, 언론사, 형사정책연구원, 한국법제연구원, 판사, 검사, 검찰수사관 등
학과규정 및 제도	1. 퇴학 처리 조건 • 필수과목 8(5)과목 불합격 시(05, 06학번 해당사항 없음) (학사학위 취소, 퇴학×) • 한 학기에 신청한 필수+학과 과목 학점 중 60% 이상 합격 못할 시(교양과목과 필수) • 전체 학점(교양과목 필수 포함) 20점 불합격 시 2. 4년간 총 140학점 이수(졸업논문 3학점 포함) 3. 한 학기 최대 20학점, 전 학기 평점 3.0 초과 시 다음 학기 25학점 수강 가능 4. 이번에 새로 추가된 규정 : 연속으로 두 학기 평균학점이 2.0 이하일 시 동시에 두 학기 불합격 합산 10학점인 경우 퇴학 조치(05학번과 06학번 규정이 일치)
과사 위치 및 연락처	• 위치 : 北京大學 法學樓 1層 法學院 本科辦公室 • 연락처 : 6275-7184 • 홈페이지 : http://www1.law.pku.edu.cn/ • 다음카페 : http://daum.net/cafe/puls

▶ 국제관계학원

분야	국제정치학/ 외교학과/ 국제정치경제학
학과소개	국제관계는 정치학의 한 부문으로, 여러 나라 사이의 외교 관계와 세계적인 문제에 대한 연구를 말한다. 정치학 일반 및 국제 정치와 관련하여 사상, 이론, 제도, 역사, 기구, 조직상의 제반 분야를 연구 개발하며, 정치학 전반 및 세계정치 문제에 관하여 포괄적으로 학습함으로써 전문통상외교관을 길러내는 곳이다.
전공과목	외교학, 외교예의, 외사문서, 국제정치개론, 중국정부개론, 중국대외경제관계, 근대국제관계사, 국제정치경제학, 세계경제개론, 동북아 정치경제와 외교, 냉전 후 국제관계, 국제관계와 국제법 등
적성	국제사회 전반에 대한 관심과 흥미를 가지고 있으며 사고가 유연하고 도전적인 학생, 폭넓은 지식과 소양을 갖추고 있으며 인간관계가 원만하고 협상능력이 강한 학생, 창조적인 추리와 논리적인 분석력을 갖추고 있으며 언어적성이 높은 학생
졸업 후 진로	외교관(외무고시에 합격하거나 특별채용) ★ 특별채용 : 특수 분야와 특수 언어를 전공하거나 경력을 쌓은 사람을 비정기적으로 채용 한국 외교통상부의 각 부처, 행정자치부, 대사관, 총영사관, 정치학교수, 중고교 사회과목 교사, 기업 기획실과 총무부 및 해외담당 부서, 기자 등
학과규정 및 제도	★ 학위가 취소되는 경우 1. 한 학기 필수 과목 중 2/3의 과목이 불합격일 경우 2. 두 학기 연속으로 평점이 2.0 미만일 경우 3. 불합격을 받은 과목을 2번의 중복 기회에서 합격을 못 할 경우. 4. 학기 중간 및 기말 리포트, 논문 제출 시 내용이 인터넷이나 다른 사람의 논문을 내는 경우 5. 시험 부정행위 적발 경우
과사 위치 및 연락처	• 위치 : **北京大學 國際關系樓** • 연락처 : 6275-1631 / 6275-1634 / 6275-9008 / 6275-1636 • 홈페이지 : http://www.sis.pku.edu.cn • 다음카페 : http://cafe.daum.net/sispku

▶ 신문방송학원

분야	신문학/ 광고학/ 편집출판학/ 방송TV신문학
학과소개	현대사회에서 커뮤니케이션(의사소통)은 한 사회를 형성, 유지, 발전시키는 근본 메커니즘으로 우리 삶에 꼭 필요한 요소로 자리 잡고 있다. 신문방송학에서는 작게는 개인과 개인 사이의 의사소통에서 크게는 신문·방송·영화·잡지 등의 대중매체에 이르기까지 커뮤니케이션 과정상의 여러 이론과 기술을 배우게 된다.
전공과목	신문학, 신문전파이론, 신문편집, 국제신문, 광고학, 광고매체연구, 광고관리, 편집출판학, 대중매체, 인터넷전보, 공공관계, 미디어경영관리, 시장경영과 매출원리, 방송신문, 세계방송사업 등

적성	대중매체를 공부하기 위해서는 우리말과 글에 남다른 감각과 능력이 있어야 한다. 말과 글의 기능, 효과에 관심을 가지고 있는 학생에게 적합한 전공이다. 자료분석을 위해 통계도 많이 다루기 때문에 수리에 대한 자질도 요구된다. 대중매체로 매개되는 예술현상을 이해하기 위해서는 예술적 감수성도 필요하다.
졸업 후 진로	광고 및 홍보전문가, 광고제작감독, 마케팅전문가, 방송기자, 방송대본작가, 방송제작관리자, 사진기자, 사회계열 교수, 사회단체활동가, 사회복지관련관리자, 사회학연구원, 시장 및 여론조사 관련 사무원, 시장 및 여론조사 전문가, 신문기자, 신문제작관리자, 아나운서, 잡지기자, 정치학연구원, 지방의회의원, 촬영기사, 촬영기자, 카피라이터, 편집기자, 행사기획자, 행정부고위공무원, 헤드헌터, 홍보부서관리자 등
학과규정 및 제도	1. 졸업이수학점 : 139학점(졸업논문 4학점, 실습 4학점 포함) 2. 필수과목 : 83학점(컴퓨터, 체육 등의 전교생 필수과목을 비롯한 학원필수, 전공필수 등) 3. 선택과목 : 48학점(5분야의 교양과목과 본인이 선택전공 이외의 전공수업으로 채움) ★ 학위가 취소되는 경우 1. 한 학기 필수 과목 중 2/3의 과목이 불합격일 경우 2. 두 학기 연속으로 평점이 2.0 미만일 경우 3. 불합격을 받은 과목을 2번의 중복 기회에서 합격을 못 할 경우. 4. 학기 중간 및 기말 리포트, 논문 제출 시 내용이 인터넷이나 다른 사람의 논문을 내는 경우 5. 시험 부정행위 적발 경우
과사 위치 및 연락처	• 위치 : **北京大學 遙感樓** 103**室 新聞与傳播學院 教務辦公室** • 연락처 : 6275-4683 • 홈페이지 : http://sjc.pku.edu.cn/ • 다음카페 : http://cafe.daum.net/pkujournalism

▶ 정부관리학원

분야	국제정치 및 행정학/ 공공정책학/ 도시관리학
학과소개	정부관리학과는 정치학적인 기초를 바탕으로 갖가지 정치현상들에 대해 체계적이고 논리적으로 사고하는 방법을 배우고 국가의 살림살이를 연구하는 학문분야다. 국가운영을 효율적으로 관리하고 국가 = 사회 부문 간의 균형적 발전을 총체적으로 디자인하는 응용 사회과학이다. 이론중심의 협소한 전문성을 뛰어넘은 종합학문, 실천학문, 변화관리 학문으로 포괄적인 전문성을 지니고 있는 학과다.
전공과목	정치학이론, 중외 정치행정사상, 중국정부와 정치, 정부경제학 방향, 중외 정치제도, 행정학이론, 인사행정관리, 공공정책 분석방향, 구역경제학, 현대부동산, 지방제정관리 등

적성	정부의 역할과 기능에 관심이 있고 공공문제의 해결과 공공 서비스의 질을 향상 시키려는 문제의식을 지닌 사람에게 적합하다. 따라서 어떠한 문제를 해결하는 있어 요구되는 논리적, 합리적 사고방식이 필요하다. 사회 전반에 흥미와 관심이 있는 학생에게 적합하며 학문의 성격이 추상적 개념의 이해를 바탕으로 하므로 추리력과 논리적인 분석력을 갖추면 더욱 유리하다.
졸업 후 진로	외교관, 정치학연구원, 교육행정사무원, 국회의원, 기회사무원, 도로운송사무원, 문리학원강사, 법률행정사무원, 비서, 사회계열교수, 사회교사, 사회복지관련관리자, 시장 및 여론조사 사업운영관리자, 시장 및 여론조사 전문가, 아나운서, 공무원, 전문비서, 정치학연구원, 지방의회의원, 철도운송사무원, 행정학연구원, 한국전력공사, 농어촌개발공사, 수자원공사, 한국통신공사 등과 같은 공기업, 금융기관, 방송사 신문사, 대학 및 전문대학 행정실 등
학과규정 및 제도	★ 학위가 취소되는 경우 1. 한 학기 필수 과목 중 2/3의 과목이 불합격일 경우 2. 두 학기 연속으로 평점이 2.0 미만일 경우 3. 불합격을 받은 과목을 2번의 중복기회에서 합격을 못 할 경우 4. 학기 중간 및 기말 리포트, 논문 제출 시 내용이 인터넷이나 다른 사람의 논문을 내는 경우 5. 시험 부정행위 적발 경우
과사 위치 및 연락처	• 위치 : 北京大學 法學樓 三層 • 연락처 : 6275-1641 • 홈페이지 : http://www.sg.pku.edu.cn/index.asp • 다음카페 : http://cafe.daum.net/sgpku

▶ 사회학원

분야	사회학/ 사회공작학
학과소개	사회는 여러 가지 다양한 현상과 문제들을 내포하고 있다. 사회학은 이러한 다양한 특성을 지닌 여러 개인들이 사회라는 집단에서 살아가는 방식을 이해하고, 사회적 현상을 설명하며 보다 나은 사회를 모색하는 학문이다. 사회학은 사회 전체에 대한 종합적 이해를 목적으로 하느냐, 또는 특정 부분의 분석을 목적으로 하느냐에 따라 '종합사회학'과 '특수사회학'의 두 영역으로 구분된다. '종합사회학'에서는 사회전체의 시각에서 사회사상, 사회변동, 사회발전론 등을 배우며, '특수사회학'에서는 정치·경제·종교·문화 등 사회의 특정 부분을 집중적으로 공부한다. 그리고 각 이론의 증명을 위한 조사, 통계 등의 방법론이 한 분야를 이루고 있다.
전공과목	사회학개론, 사회통계학, 사회조사와 연구방법, 사회통계 소프트웨어와 응용(SPSS), 고등수학, 국외사회학학설, 마르크스레닌 고전작품선집, 중국사회사상사, 사회심리학, 사회인류학, 경제사회학, 중국사회, 사회직업개론, 농촌·도시·인구 사회학 등

적성	사회학은 학문의 성격상 어느 한 영역보다는 여러 분야에 걸친 포괄적인 관심과 흥미가 요구된다. 따라서 폭넓은 독서를 통해 사회의 전반적 현상을 논리적으로 분석하는 힘과 사회의 구체적인 문제에 늘 관심을 갖는 세심함을 지닌 학생들에게 유리하다. 한편 사회학은 여러 사회현상에 대한 조사와 분석 활동이 많으므로 통계분석을 위한 기본적인 수리력이 요구된다.
졸업 후 진로	광고 및 홍보전문가, 교도관리자, 방송기자, 방송대본작가, 방송제작관리자, 사진기자, 사회계열교수, 사회교사, 사회단체활동가, 사회복지관련관리자, 사회복지사, 사회복지시설종사원, 사회학연구원, 시장 및 여론조사 사업운영관리자, 시장 및 여론조사관련 사무원, 시장 및 여론조사전문가, 신문기자, 신문제작관리자, 심리학연구원, 아나운서, 외교관, 유치원 원장 및 원감, 잡지기자, 정치학연구원, 지방의회의원, 직업상담원, 촬영기사, 촬영기자, 카피라이터, 편집기자, 평론가, 행사기획자, 행정부고위공무원, 행정학연구원, 헤드헌터, 홍보부서관리자 등
학과규정 및 제도	학교 규칙을 준수하며 타 학과와 다른 별도 규정은 없습니다.
과사 위치 및 연락처	• 위치 : 北京大學 逸夫一樓 二層 5210 (左間)社會學系本科生教務辦公室 • 연락처 : 6275-2840(吳老師) • 홈페이지 : http://www.disa.pku.edu.cn/ http://www.pkukorea.net/

▶ 중문학과

분야	중국문학/ 한어언학/ 고전문헌학/ 응용어언학
학과소개	중국어는 세계에서 가장 많은 사람들이 사용하는 언어다. 최근 중국의 달라진 위상으로 중국어를 배우려는 사람들이 증가하고 있다. 특히 오래된 문화를 자랑하는 중국은 예로부터 우리나라에 많은 영향을 미쳤고 1992년 수교 이후에는 더욱 활발한 교류와 협력이 이루어지고 있다. 중국어문학 영역은 크게 '중국어학', '중국문학'으로 나누어진다. '중국어학'은 단순히 말하고 쓰는 능력이 아니라 중국어가 어떻게 형성, 발달해왔는지, 다른 언어와는 어떤 차이점이 있는지에 대하여 학문적·이론적으로 공부하는 영역이다. '중국문학' 은 다양한 장르의 중국 고전문학, 현대문학 작품과 작가를 분석하여 중국인과 중국문화를 이해하기 위한 영역이다.
전공과목	현대중국어, 고대중국어, 중국고대문학사, 어학개론, 중국현대문학, 중국당대문학, 문학원리, 중국고대문화 등
적성	우리나라, 일본, 중국 등 동양문화에 관심이 있고, 특히 중국의 역사와 급변하고 있는 중국의 현실에 대해 남다른 애정과 호기심이 있는 학생이라면 재미있게 공부할 수 있다. 중국어는 한자로 이루어져 있기 때문에 인내심을 가지고 공부하는 자세가 필요하다. 그러므로 한자공부를 싫어하는 학생에게는 다소 어렵고 따분하게 느껴질 수 있다.
졸업 후 진로	중국과 무역 및 투자 교류를 하는 일반기업, 대한무역진흥공사와 같은 정부투자기관, 한/중 합작회사, 호텔, 여행사, 항공사, 무역사무원, 번역가, 서예가, 언어학연구원, 외국어교사, 외국어학원강사, 중국어학원, 인문계열교수, 카지노딜러, 통역가, 항공기객실승무원, 해외영업원, 행사기획자, 호텔 및 콘도접객원, 회의기획자 등

학과규정 및 제도	1. 중문과에서 4년 동안 이수해야 할 학점은 총 140점입니다. • 중문과 필수 76학점 • 전교공공필수 10학점-컴퓨터 6학점(상, 하 각각 3학점) • 선택과목 46학점-교양과목 14학점, 기타 전공 선택과목 32학점을 이수해야 합니다. 2. 그중 교양과목에서는 5가지 유형으로 나뉘어 그 조건에 맞게 수업을 선택해야 합니다. A. 수학과 자연과학 계열-최소 4학점 B. 사회과학 계열-최소 2학점 C. 철학과 심리학 계열-최소 2학점 D. 역사학 계열-최소 2학점, E. 언어문학과 예술 계열-최소 4학점을 이수 • 졸업논문 8학점으로 이루어집니다. • 06학번부터는 선택과목 중 중국예술, 철학, 경제와 법률 계열에서 최소 10학점 이상만 이수하면 됩니다. • 학과 규정과 제도는 매 학번마다 다르므로 과 사무실에 직접 가서 정확히 확인해야 합니다.
과사 위치 및 연락처	• 위치 : 테니스 코트와 제2체육관의 북쪽에 위치해 있는 **五院**119 • 연락처 : 6275-1602/ 6275-3045 • 홈페이지 : http://chinese.pku.edu.cn/ • 북대 중문과 싸이클럽 : http://pku.cyworld.com

▶ 철학과

분야	철학/ 종교학/ 과학기술철학과 논리학
학과소개	철학은 대학에 진학하여 여러 분야의 교양과목을 공부하게 될 때 빠지지 않는 학문으로, 단순히 교양 쌓기에 그치지 않고 여러 학문적 토대를 마련하는 데 기본이 된다. 철학은 논리적으로 생각할 수 있는 능력을 기르고 인간과 사회에 대한 거시적 안목을 키우며 인간의 기본적 태도와 인선을 함께 기르는 학문이라고 할 수 있다. 삶이 힘겹고 지칠 때, 많은 사람들이 종교를 통해 위안을 얻고자 한다. 종교학에서는 종교현상에 대한 연구를 통해 다양한 문화를 이해하고 세계 각국의 다양한 종교의 역사, 철학 그리고 사회적 기능, 사회와의 상호작용 등을 탐구한다.
전공과목	철학도론, 수리논리, 고대한어, 논리학도론, 미학원리, 과학통사, 과학철학, 논리사, 논리철학, 종교학, 종교현황과 종교사무, 기독교사, 중국기독교사, 이슬람교사, 인도불교사, 중국불교사, 도교사 등

적성	다른 사람의 주장을 분석하고 비판할 수 있는 능력, 자신의 의견을 논리적으로 설명할 수 있는 능력이 필요하며, 또한 편협하지 않으며 깊고 합리적인 사고를 할 수 있어야 한다. 동양철학을 위해서는 한문에, 서양철학을 위해서는 영어 등 외국어에 대한 흥미가 필요하다. 종교도 한 국가의 사회문화의 일부에 속하므로 역사, 경제, 예술 등 다양한 분야에 대해 관심을 가지는 것이 좋다. 서로 다른 문화와 종교를 존중하고 이해할 줄 아는 열린 마음을 가져야 하며, 남을 위해 봉사하고 희생할 수 있는 마음가짐이 필요하다. 신학은 원전을 읽기 위해 영어, 라틴어 등 외국어에도 소질이 있어야 하며, 불교학의 경우 한문을 잘 아는 것도 도움이 된다. 불교학, 기독교학 등 특정 종교를 중심으로 공부하는 경우 대부분 해당 종교 신앙을 가진 학생들이 진학한다.
졸업 후 진로	언론사, 출판사, 광고회사, 문화예술 관련 분야, 시민사회단체, 윤리위원회, 환경단체, 연구소 연구원, 언론기관, 방송사, 공무원 그리고 기업의 윤리문화관련 부문의 진출, 윤리관련 전문가, 교무(원불교), 목사, 문화재감정평가사, 문화재보존가, 사서, 수녀, 승려, 신부, 전도사, 철학연구원 등
학과규정 및 제도	1. 4년간 총 140점 이수(학년논문 1학점, 졸업논문 5학점 포함) 2. 한 학기 최대 20학점 3. 퇴학 처리 조건 • 필수과목 8과목 불합격 시(교양과목과 필수) • 전체 학점(교양과목 필수 포함) 20점 불합격 시 • 한 학기에 필수과목 신청한 것 중 60% 이상 합격 못할 시 • 이번에 새로 추가된 규정 : 연속으로 두 학기 평균학점이 2.0 이하일 시 퇴학 처리합니다(05학번과 06학번 규정이 일치).
과사 위치 및 연락처	• 위치 : **北京大學 四院 哲學系** • 연락처 : 6275-1672 • 홈페이지 : http://web5.pku.edu.cn/history/

▶ 고고학원

분야	• 고고학/ 박물관학/ 문물보호학
학과소개	고고학이란 유적과 유물을 통하여 지난 시대의 인류활동과 문화를 연구하는 학문이다. 문자기록이 없는 선사시대가 주 대상이 되지만, 역사시대에 들어와서도 무덤·건물 터를 비롯한 여러 가지 유물·유적의 연구를 통하여 문헌만으로 밝힐 수 없는 역사문제를 해결할 수 있으므로, 학문의 시간적인 폭과 영역이 대단히 넓다.
전공과목	중국고대사, 고고학도론, 박물관학도론, 문화재보호개론, 고건축도론, 고고학, 역사문헌, 소묘, 세계고대사, 고고기술 등
적성	사료를 꾸준히 읽어낼 수 있는 인내력, 역사·정치·경제·철학에 관한 폭넓은 지식이 필요하다. 한문은 물론 영어·일본어·중국어 등 외국어에 대하 소양이 필요하므로 꾸준한 면학 태도가 요구된다. 재학 중 고적지 답사 및 유물 발굴 등의 학술답사가 실시되므로 건강한 체력을 지닌 학생에게 적합하다.

졸업 후 진로	대학원 진학 후 전문 연구원(학예사) 또는 교직, 국·공립 박물관, 문화재 연구소, 행정관서의 문화재 관리부서 등
학과규정 및 제도	1. 4년 동안 이수해야 할 학점은 140점입니다. 2. 전교공공필수는 최소 10학점 이상, 고고학 필수 58학점, 교양과목 16학점 그리고 기타 전공 선택과목은 최소 20학점을 이수해야 합니다. 3. 그중 교양과목에서는 5가지 유형으로 나뉘어 그 조건에 맞게 수업을 선택해야 합니다. • 수학과 자연과학계열 최소 2학점 • 사회과학계열 최소 2학점 • 철학과 심리학계열 최소 2학점 • 역사학계열 최소 2학점 • 언어문학과 계술 계열 최소 4학점을 이수해야 합니다. 4. 고고학과에서는 **公選課, 公共英語課**에 대한 특별한 요구사항은 없습니다.
과사 위치 및 연락처	• 연락처 : 6276-5797 • 홈페이지 : http://archaeology.pku.edu.cn/

▶ 역사학과

분야	역사학/ 세계역사학
학과소개	역사학은 과거로부터 현재에 이르는 인간사회의 변화를 연구하는 학문이다. 또한 인류의 변천 과정을 고찰하고, 당대사회와 인간을 분석하여 인간과 사회에 있어서 각각의 특수성과 보편성을 인식하고, 나아가 앞으로의 인간행위와 사회발전의 지표와 방향을 모색하는 학문이다. 역사학에서 연구하는 영역은 '중국사', '세계사'로 나눌 수 있다. 이들 영역은 고대, 중세, 근대, 현대 등 시대별로 분류하여 연구할 수도 있고, 정치, 경제, 예술 등 분야별로 연구할 수도 있다.
전공과목	중국고대사·근대사·민국사·인민공화국사, 세계상고사·중고사·현대사·당대사, 구미근대사, 아시아, 아프리카근대사, 사학개론, 중국사학사, 외국사학사 등
적성	인류 문명의 변천사를 비롯해 동서양 고금의 역사에 대해 지적 호기심이 많은 학생에게 유리한 전공이다. 각종 문헌자료를 통해 역사를 탐구하므로, 영어, 한문, 일본어 등에 소질이 있으면 좋다. 다양한 국가의 역사를 공부하므로, 정치, 경제, 철학, 문학 등 인문학과 사회과학 전반에 걸친 흥미가 필요하다.
졸업 후 진로	세계 각국의 문화에 대한 이해를 바탕으로 해외교류가 있는 기업체, 유네스코 한국위원회와 같은 국제기구, 한국문화재보호재단, 방송사, 언론사, 출판사, 중앙정부 및 지방자치단체(문화관광부, 행정자치부 등), 박물관(국립중앙박물관, 국립 민속박물관, 시/도립 박물관, 대학 박물관 등), 문화재청, 지역문화원, 국가기록원, 문화재 및 관련 문화 연구소(국립문화재연구소, 국립경주문화재연구소, 민족문제 연구소, 한국정신문화연구원, 역사학연구원, 중·고등학교교사, 감정평가사, 기록물관리사, 도서관장, 문리학원강사, 문화재감정평가사, 문화재보존가, 박물관장, 사서, 역사학연구원 등

학과규정 및 제도	★ 학위가 취소되는 경우 1. 한 학기 필수 과목 중 2/3의 과목이 불합격일 경우 2. 두 학기 연속으로 평점이 2.0 미만일 경우 3. 불합격을 받은 과목을 2번의 중복기회에서 합격을 못할 경우 4. 학기 중간 및 기말 리포트, 논문 제출 시 내용이 인터넷이나 다른 사람의 논문을 내는 경우 5. 시험 부정행위 적발 경우
과사 위치 및 연락처	• 위치 : **北京大學 校內二院** • 연락처 : 6275-7444 • 홈페이지 : http://web5.pku.edu.cn/history/ • 다음카페 : http://cafe.daum.net/pkuhistory/

▶ 예술학원

분야	예술학(방송제작 및 편집)
학과소개	연극·영화는 음악, 미술, 무용 등 예술의 다양한 분야를 포괄하여 대중적으로 재생산하는 '종합예술'이다. 또한 누구나 손쉽게 접근할 수 있는 우리 생활 속의 한 부분이라고 할 수 있다. 점차 일상생활 속에서 문화를 즐기려는 사람들이 늘어가고 문화예술에 대한 욕구가 증가하면서 연극·영화분야는 최근 상당한 관심을 끌고 있다. 공연예술로서 미래지향적인 연극과, 비디오 예술의 차원까지 포함한 여화에 대하여 연구함으로써 극예술 분야의 발전에 이바지한다.
전공과목	중국영화사, 희극예술개론, 중국당대문학, 영화분석, 영화와 TV개론, 세계영화사, 오디오와 비디오 언어, 중국고대문학, 외국문학 등
적성	무엇보다 공연 및 영상 예술에 관심이 많고, 연극·영화 분야에서 활동하고자 하는 열의가 있는 학생에게 적합한 전공이다. 개성이 강하고 창의력, 미적 감각, 예술적 감수성, 영상적 조형감각, 풍부한 표현력 등이 있으면 더욱 좋다. 각자의 독특한 개성을 집단에 잘 조화시키는 융화력과 인간과 사회 전반에 대한 깊은 이해력 및 폭넓은 교양을 요구한다. 재학중에 실습을 통하여 작품 연구에 할애하는 시간이 많기 때문에 학과수업 이외의 시간을 투자하여 노력할 수 있는 끈기와 인내심도 필요하다.
졸업 후 진로	공중파 방송국, 케이블TV방송국, 광고사, 영화제작사, 극단, 멀티미디어물 제작사, 기업체의 홍보실, 이벤트사업체, 오락 및 연예기획사, 극장 및 극단, 개그맨 및 코미디언, 공연제작관리자, 레크리에이션 진행자, 리포터, 메이크업아티스트, 모델, 방송연출가(프로듀서), 비디오자키(VJ), 스턴트맨(대역배우), 연극배우, 연극연출가, 연예인매니저, 연예프로그램진행자, 영상·녹화 및 편집기사, 영화감독, 영화배우 및 탤런트, 영화제작자, 예체능계열 교수, 이미지컨설턴트 등
과사 위치 및 연락처	• 홈페이지 : http://www.art.pku.edu.cn/ • 다음카페 : http://cafe.daum.net/pekingart

▶ 심리학원

분야	심리학
학과소개	심리학은 인간의 감정, 사고를 연구하지만 그것에서 그치는 것이 아니라 심리학은 인간의 행동까지도 연구하는 학문이다. 심리학에서는 눈에 보이지 않는 인간의 마음을 직관이 아닌 과학적인 연구방법을 통해 분석하며 우리가 밖으로 표현하는 행동을 연구하여 개인의 삶의 질을 높이고 보다 건강한 사회를 가꾸기 위한 공부를 한다.
전공과목	실험심리학, 인지심리학, 인지정신과학, 생리심리학, 심리통계와 측량, 발전심리학, 인격과 사회심리학, 정서심리학, 동물심리학, 임상심리학, 의학심리학, 소비와 광고심리학, 인력자원관리, 공정심리학 등
적성	사람들의 성격, 사고, 행동과 다양한 사회현상에 대한 지적 호기심과 탐구정신, 다른 사람을 배려하고 이해할 수 있는 성격이면 좋다. 심리현상에 대한 각종 조사 및 실험결과를 논리적으로 분석할 수 있어야 하며 사소한 것도 놓치지 않는 세밀한 관찰력이 있는 학생에게 적합하다.
졸업 후 진로	교도직 공부원(교도소, 소년원 등), 지방자치단체, 법무부, 중·고등학교 상담교사 광고대행사, 컨설팅업체, 리서치 회사, 병원, 심리검사기관, 각종 상담기관, 문화관광부 산하 각종 상담소, 놀이치료사, 미술치료사, 상담전문가(심리상담사), 심리학연구원, 아로마테라피스트(향기치료사), 언어치료사, 음악치료사, 이미지컨설턴트, 인사관리자, 임상심리사(심리치료사), 작업치료사, 직업상담원 등
과사 위치 및 연락처	**北京大學 韓國留學生會** 다음카페 : http://cafe.daum.net/pekinguni

▶ 생명과학학원

분야	생물과학 / 생물기술학
학과소개	생명과학은 모든 생명현상을 분자 수준에서 미시적으로 분석하여 생명현상이나 생물의 기능을 밝히는 분야다. 의학, 약학, 농학, 수산학, 식품영양학, 유전공학, 에너지, 환경, 화장품 등 다양한 응용분야의 기초가 되며 최근에는 DNA 기술 및 조작을 통한 새로운 생물기법의 응용이 학문적 주류를 이루고 있다.
전공과목	유기화학실험, 식물생물학, 식물생물학실험, 동물 생물학, 동물생물학실험, 미생물학, 미생물학실험, 생물화학, 유기화학, 세포생물학, 유전학 등
적성	자연법칙과 과학적 연구방법을 이해하고 이를 적용할 수 있는 추론적 판단력 및 생명현상을 정확하고 객관적으로 보는 관찰능력과 논리적 사고, 도전정신, 분석력 등을 두루 갖춘 학생에게 적합하다.
졸업 후 진로	생명과학연구원, 변리사 생명공학연구소, 화학연구소, 한국과학기술연구소, 식품의약품안전청, 한국식품개발원, 독성연구소, 도핑컨트롤센터, 식품위생연구원, 농업진흥청연구소, 국립보건원연구소, 종합병원연구소 생물화학 제분야, 의약품 및 의공학 분야, 중/고등학교 교사, 식품·주류·음료산업·식량산업 분야, 환경보존 개선분야, 대체에너지 개발분야 기업체 등

과사 위치 및 연락처	地址 : 北京市海淀区颐和园路5号金光生命科学大楼 电话 : 010-62751840

▶ 수학과학학원

분야	기초수학 및 응용수학/ 통계학/ 과학 및 공정계산학/ 정보과학/ 금융수학
학과소개	모든 자연의 사물과 자연현상을 자연적인 언어로 가장 정확하고 세련되게 표현해 주는 것이 수학이다. 특히 요즘은 사물의 모임을 일반적으로 논하는 집합론으로부터 사회 현상의 수학적 접근을 논하는 게임이론, 더 나아가 이 세계 자체를 연구대상으로 하는 위상수학 등 경제, 경영, 심리, 언어학 등 사회 분야에까지 수학의 범위가 확장되어 가고 있다.
전공과목	대수, 위치기하학, 기학, 미분방정식, 동력계통, 함수론, 응용수학 등
적성	높은 추리력과 논리적인 사고력이 요구되며, 자연현상을 주관성보다 객관성에 의해 판단할 수 있는 능력이 필요하다. 침착성과 끈기가 있으며 수학문제풀기를 좋아하는 학생에 적합하다.
졸업 후 진로	은행, 보험회사, 기업체 전산실, 교직, 연구기관 등
과사 위치 및 연락처	地址 : 北京市海淀区北京大学理科1号楼 电话 : 010-62751804

▶ 지구공간과학학원

분야	지질학/ 지구화학/ 지구물리학/ 공간과학 및 기술학/ 지리정보시스템학
학과소개	우리가 살고 있는 지구를 연구하는 학문이다. 지구 구성물질의 생성과 순환, 지구의 구조 그리고 지구의 활동을 이해함으로써 대자연의 질서와 법칙을 밝히고 나아가 지구의 미래를 예견한다. 물리학, 화학, 생물학을 기초로 지각의 조성, 성질, 구조, 역사, 형성원인 등을 다루며, 인간생활에 도움이 되는 지하자원의 개발, 국토개발, 지구 환경보전 등을 연구한다.
전공과목	지구환경시스템 및 실험, 지도학, 지리통계 및 실습, 대기과학의 기초, 암석지질학, 도시와 국토, 지리적 사고와 방법론, 수문학, 교통지리학, 환경지리학, 기후와 환경, 인구와 자원, 도시지리학, 관광지리학 등
적성	자연과 친숙하고 지구의 신비를 밝히고자 하는 진취성, 개척정신 그리고 폭넓은 사고와 추리력, 지시탐구에 대한 열정, 나아가 생물학, 물리학, 화학, 통계학 등에 대한 기초적인 소양이 요구되므로, 자연과학 분야에 관심이 있는 학생에게 적합하다.

졸업 후 진로	지질학연구원, 지질 및 토목공학기술자, 지질전문용역회사(토목 및 건축공사의 기초조사 및 시공업체, 지하수개발업체), 건설회사 설계 및 감리회사(토목, 건설, 환경분야), 시멘트제조업체, 비료제조업체, 광산회사, 석유회사, 광업진흥공사, 도로공사, 농업기반공사, 한국전력, 석유개발공사, 수자원공사, 한국지질자원연구원, 한국해양연구원, 한국에너지기술연구원, 한국원자력연구소, 한국건설기술연구원, 서울시정개발연구원, 한국환경정책평가연구원, 수자원 연구소 등
과사 위치 및 연락처	北京大学东门逸夫贰楼(新地学楼) 电话 : 86-10-62751150

▶ 화학분자공정학원

분야	화학/ 재료화학/ 응용화학
학과소개	화학은 물질의 성질 및 변화를 분자수준에서 이해하고 연구하는 자연과학의 중심학문이며 첨단과학기술의 연구, 개발의 기초가 되는 학문이다. 또한 우리의 일상생활과 가장 밀접히 연관된 기초과학이다. 21세기 국가적인 차원에서 신소재, 대체에너지, 신약개발 및 환경 분야의 산업 등에 집중적인 투자와 육성이 예상되어 앞으로 전망이 대단히 밝다.
전공과목	이론화학, 물리화학, 조직화학, 유기화학, 무기화학, 분석화학
적성	평소 주위의 자연현상들에 남다른 호기심과 관찰력, 궁금증을 풀기 위해 적극적으로 행동하는 추진력, 실험을 통해 탐구하는 것을 즐기고 실험의 결과를 논리적으로 분석할 수 있는 합리적인 사고방식, 꾸준함과 성실함, 끊임없는 새로운 현상에 관심을 기울이고 실험하는 도전정신, 탐구력, 창의력 등을 갖춘 학생에게 적합하다.
졸업 후 진로	화학연구원, 의약학연구원, 석유화학공학기술자, 도료페인트화학공학기술자, 비누화장품화학공학기술자, 재료공학기술자, 화학분석원, 교사, 교수 등 염료업체, 화장품 제조업체, 제약회사, 정밀화학업체, 반도체업체, 석유화학업체, 특허청, 한국 정밀화학공업진흥회, 산업기술진흥협회, 한국화학연구원, 과학기술정책연구소, 환경부, 국립환경연구원 등
과사 위치 및 연락처	北京大学化学院 电话 : 010-62751710

▶ 정보과학기술학원

분야	컴퓨터과학기술/ 전자정보과학기술/ 마이크로전자학/ 지능과학기술
학과소개	정보과학기술 즉 전산학·컴퓨터공학은 컴퓨터 시스템의 주요 구성요소인 하드웨어와 소프트웨어를 포괄적으로 다루는 학문이다. 즉 컴퓨터 내부구조가 어떻게 구성되어 있는지, 하드웨어를 어떻게 설계하여 구축할지, 어떤 원리에 의해 컴퓨터가 작동하는지, 필요한 소프트웨어를 개발할 때 어떤 프로그래밍 언어로 작성하는 것이 좋은지 등을 배우는 분야다.

전공과목	고등수학, 역학, 전자학, 프로그램설계실습, 정보과학기술개론, 소프트웨어, 전로기초, 마이크로컴퓨터 원리 등
적성	기계에 대한 흥미와 능력, 특히 컴퓨터에 관심이 필요하다. 공학 및 과학에 기초한 논리적 추리력과 창의력이 요구된다. 학문의 발전 정도가 타 학문에 비해 빠르기 때문에 항상 탐구하고 학습하는 학생에게 적합하다.
졸업 후 진로	게임기획자, 게임시나리오 작가, 게임프로그래머, 공학계열교수, 기술지원 전문가, 네트워크관리자, 네트워크엔지니어, 데이터베이스관리자, 디지털영상처리전문가, 모바일콘텐츠개발자, 선박교통관제사, 시스템관리자, 시스템소프트웨어엔지니어, 시스템엔지니어, 시스템컨설턴트, 웹마스터, 웹엔지니어, 웹프로그래머, 음성처리전문가, 응용 소프트웨어엔지니어, 정보보호전문가, 정보시스템감리사, 정보제공자, 정보통신관련 관리자, 정보통신기술영업원, 컴퓨터프로그래머, 컴퓨터하드웨어엔지니어, 통신기기장비기술자(엔지니어), 통신망설계운영기술자(엔지니어), IT강사 등
과사 위치 및 연락처	**北京大学理科2号楼** **电话** : 86-010-62751760

▶ 정보관리학과

분야	정보관리 및 정보시스템학 / 도서관학
학과소개	정보 분야는 전자계산학 전반에 관한 폭넓은 이론을 연구하고 컴퓨터 응용기술을 개발하는 학문이다. 이 영역은 정보문제의 극복과 관련된 사회과학적 측면, 지식의 조직과 내용 및 정보의 유형 분석을 위한 인문학적 측면, 그리고 디지털도서관과 데이터베이스 구축에 관한 공학적 측면을 다룬다. 따라서 이 학과는 학제간의 복합체적 특성을 지닌 학문이라고 할 수 있다.
전공과목	계산개론, 데이터구조, 정보관리개론, 프로그램 설계언어, 데이터계통, 정보조직, 조사와 통계방법, 정보저장과 검색, 정보정책과 법규, 정보분석과 결책, 정보서비스, 컴퓨터네트워크, 디지털 도서관, 정보계통분석과 설계, 관리정보계통, 정보경제학, 시장마케팅학, 네트워크관리, 디지털도서관, 도서관관리, 문헌목록, 도서관자동화 등
적성	공학적, 과학적, 논리적인 학습능력, 과학 및 사무 용어, 컴퓨터 전문용어에 대한 이해능력 및 수리능력, 미세한 부분에도 집중하는 세심한 주의력과 창조력, 영어, 한문을 비롯한 외국어에 대한 관심과 소질, 독서를 좋아하고 평소 신문, 잡지, 서적 등 다양한 분야의 신간도서 및 자료에 관심, 전산·통계 등에 대한 흥미, 방대한 양의 지식과 정보를 체계화할 수 있는 분석력이 요구된다.
졸업 후 진로	가상현실전문가, 게임기획자, 게임프로그래머, 공하계열교수, 네트워크관리자, 네트워크엔지니어, 데이터베이스관리자, 디지털영상처리전문가, 모바일콘텐츠개발자, 시스템관리자·엔지니어·컨설턴트, 웹디자이너·마스터·방송전문가·엔지니어·프로그래머, 음성처리 전문가, 응용소프트웨어엔지니어, 정보보호전문가, 정보시스템감리사, 정보통신기술자·관리자·영업원, 컴퓨터프로그래머, 컴퓨터하드웨어엔지니어, IT강사, IT컨설턴트, 기록물관리사, 도서관장, 문화재감정평가사, 문화재보존가, 박물관장, 사서 등

과사 위치 및 연락처	www.im.pku.edu.cn.

▶ 공학원

분야	이론 및 응용역학/ 공정구조분석학/ 에너지와 자원공정학
학과소개	공학 분야는 물리학을 기초로 하는 응용과학으로, 연구분야로 전자 정보 관련 분야, 광통신 분야, 반도체와 관련된 광소자 분야, 광정보처리 분야, 레이저 및 계측 분야 등이 있다. 에너지공학은 원자핵으로부터 방출되는 방사선이나 핵반응으로 얻게 되는 막대한 에너지를 이용하기 위한 공학으로 공업, 농업, 의학적 이용은 물론 원자력 발전 등을 연구하는 학문이다. 또한 위험분석과 관리, 복잡한 사상의 모의기술, 대체에너지, 플라즈마와 같은 고에너지 응용기술 및 방사선 이용기술을 다룬다.
전공과목	수학분석, 선형대수와 기하, 미분방정식, 이론역학, 재료역학, 역학실험, 역학과 기구공정개론, 열학, 전자학, 광학, 근대물리, 보통물리실험 등
적성	공학은 다양한 분야로 나누어져 있기 때문에 각 분야에 대한 관심과 흥미가 있는 학생들에게 유리하다. 논리적이고 과학적인 사고방식과 이론지식을 실생활에 응용하는데 관심이 있어야 하고 물리, 화학, 수학과 같은 자연계열 과목에 대한 흥미와 기본 지식이 요구된다. 수리적 사고력, 자연 현상에 대한 세밀한 관찰력, 기계, 전자공학, 기술 및 기타 전자 분야에 흥미가 필요하다.
졸업 후 진로	중앙정부 및 지방자치단체(전송기술직, 전산직), 공학계열교수, 에너지공학기술자(엔지니어), 원자력공학기술자, 광학기기생산업체, 반도체제조업체, 광섬유제조업체, 안경테제조업체, 렌즈가공업체, 카메라 및 광학렌즈 제조업체, 한국전력공사, 한국원자력연료주식회사, 한국전력 기술주식회사, 한국에너지연구소, 한국기초과학지원 연구원, 한국원자력연구소, 한국원자력안전기술원
과사 위치 및 연락처	北京大学燕南园60号楼 电话 : 010-62757545

▶ 물리학원

분야	물리학/ 대기과학/ 천문학
학과소개	모든 자연과학의 기초가 되는 물리학을 탐구하고 전반적인 물리학의 이론과 실험을 습득 하며, 이공계의 기초적 학문체계를 구축 하여 유능한 과학인을 양성·배출한다. 이를 위해 학부에서는 물리학적인 개념을 토대로 광범위한 지식을 제·배여 응용과학이나 산업의 기초 지식으로 활용할 수 있게 하며 전문적인 과정을 깊이 있게 다룬다.

전공과목	근대물리(+실험), 종합물리 실험, 대기과학도론, 우주개론, 천체물리도론, 대기물리학기초, 대기탐측원리, 대기동력학기초, 물체역학, 양자역학, 천체물리관측기술과 방법, 천문도산처리, 물리 우주학 기초 등
적성	논리적인 사고와 수리력, 과학에 대한 호기심, 눈에 보이지 않는 세계를 이해할 수 있는 창의적인 사고, 주위 현상에 대한 남다른 호기심과 관찰력, 궁금증을 풀기 위한 적극적인 추진력, 실험을 많이 해야 하므로 꾸준한 인내력과 꼼꼼한 관찰력이 필요하다. 체계적인 업무를 정확히 수행할 수 있는 학생에게 적합하다.
졸업 후 진로	반도체를 비롯한 신소재 관련업체, 전자공학 관련업체, 항공 관련업체, 컴퓨터 관련업체, 정보통신 관련업체, 한국전력공사 등 반도체, 신소재, 전기 및 전자, 통신, 컴퓨터, 정보처리, 관전자, 기계, 광학, 재료, 중공업, 우주항공, 물리학연구원, 자연과학연구원, 반도체공학기술자, 전자공학기술자, 재료공학기술자, 에너지공학연구원, 기술영업원 등 다양한 분야에 취업가능
과사 위치 및 연락처	北京大学物理楼 电话 : 010-62751732

북경대 입시요강

신청자격	신청시기	시험일자	합격발표일
13세~30세 고등학교 졸업 외국인 여권 소지 HSK 6등급 이상	3월 초순경	4월 초순~ 중순경	5월 하순

신청서류	시험과목
북경대학 외국유학생본과생 입학 신청서 고등학교졸업장(졸업예정증서, 중문 또는 영문) 고등학교 전 학년(6학기) 성적증명서(중문 또는 영문) 여권, 비자 사본 1부 여권용 사진 3장 추천서 2통(학교장 추천서) 접수비 800원	* 문과, 이과 동일 • 1차 필기시험 : 어문, 영어, 수학 • 2차 면접시험 : 역사, 개황, 물리, 화학, 생물 포함
성적발표 : 5월 초순경(예상), 면접 : 성적발표일로부터 5~6일 후(예상) 최종발표 : 면접일로부터 9~10일 후(예상)	

▶ **입시경향**(2009년부터)

① 역사, 개황 과목이 빠지고 수학에서 50점이 추가 되면서 상대적으로 수학 비중이 높아짐

② 역사, 개황 과목 등 면접에 추가되고, 면접 비중이 더욱 커질 것으로 예상됨

③ Cut line은 285점으로 예상

④ 다년간의 난이도 조정으로, 시험 난이도는 어느 정도 안정을 찾음

⑤ 문과, 이과 시험과목 통일로 문과생이 이과로, 이과생이 문과로의 다소 교차지원이 예상

중국유학 + α 중국에서 뜨고 있는 유망학과

현재 중국의 패션이나 보석 산업 분야에서 중국에서 1위가 세계 1위로 가는 추세입니다. 세계 명품이 가장 잘 팔리는 곳으로 중국을 꼽을 수 있어, 앞으로 중국식 패션이나 액세서리 그리고 중국인이 좋아하는 일상용품의 디자인 등이 눈여겨봐야 할 사항인 것 같습니다.
중국에서 뜨는 유망학과는,

- 지질대학의 보석디자인
- 복장대학의 복장디자인
- 절강대학의 중국차학과
- 조경학과
- 물류학과
- 중국인을 위한 공상관리학과(마케팅, 경영학과)
- 중국의 외교관을 만드는 정치외교학과
- 자동차 관련학과
- 항공비행학
- 미술학원
- 언론방송학원
- 중국법학

등 중국을 이해하고 중국적인 특징을 배울 수 있는 학과가 유망하리라 봅니다.

중국유학 + α 기타 HSK 관련 정보

Q HSK란 무엇인가요?

A HSK(汉语水平考试, 중국어 능력검정시험)는 한어 수준 시험으로, 2년에 한 번씩 시험을 쳐야 중국어 능력을 검증받습니다. 요즘은 학교를 진학하는 데는 HSK를 치르지만 취직을 하는 데는 bct(business chines test)도 치르는 회사가 있습니다. 영어를 예로 들자면 토플과 토익의 차이라고 할 수 있습니다.

Q HSK는 정해진 시험유형이 있다고 하는데요, 시험 요령이 있다면 알려주세요.

A 많은 사람들이 중국어를 배우기 시작하면서 HSK를 준비하는데 이것은 잘못된 것입니다. HSK를 치려면 적어도 중국어 단어를 3,000개 정도는 알고 있어야 시험을 치를 수 있는데 어휘력이 뒷받침 되지 않은 상태로 HSK 시험유형을 배운다는 것은 어불성설이라고 할 수 있습니다. 이제 HSK는 2010년에 새로 개정되어 어법보다는 듣기, 독해, 작문에 중점을 두어 문제가 출제됩니다. 따라서 기본적인 중국어 기초가 잡혀있지 않으면 매번 바뀌는 시험유형에 적응하기 어렵습니다.

Q HSK 공부는 어떻게 시작하는 게 좋을까요?

A 중국어 회화 책이나 초·중급 책을 볼 수 있게 되면 HSK 문제유형을 연습합니다. 우리 아이들 같은 경우에는 고등학교 수업을 하면서 집에서 한 달 정도 하루에 2시간씩 연습을 하니 무난히 중급은 받을 수 있게 되었습니다. 이 모든 기초가 받아쓰기였다라고 해도 과언이 아닐 만큼 들으면서 받아쓰기 하는 것은 중요합니다. 고급은 여기에 말하기와 작문이 더 들어갑니다.

Q HSK의 과외 선생님은 어떻게 선택하나요?

A HSK의 과외 선생님을 선택하는 데도 전문가가 필요했습니다. 어떤 선생님은 어법과 독해 위주였고, 어떤 선생님은 듣기와 종합 위주였습니다. 일단은 선생님께 무엇을 제일 잘 가르칠 수 있냐고 문의를 하고 난 뒤 아이들과 수업을 시작하였습니다. 수업 시작 이후 아이들이 선생님을 더 잘 알며 선생님의 특징도 더 잘 꼬집어 내었습니다.

Q HSK 수업료는 어느 정도인가요?

A HSK 수업료는 일반 수업료보다 조금 높았습니다. 일반 학원에서 주 5일 두 시간씩 수업 받는 데 500위안이라면 HSK는 800위안이었습니다. 그러니 일반 과외에서도 시간당 20~40위안 정도가 더 높았습니다. 현재도 일반 학원비부터 시작하여 자격증을 획득하는 것으로 HSK의 수업료는 비싸므로 기초를 충분히 다진 다음 시험을 준비하는 것이 좋을 것으로 생각됩니다.

일반 중·고등학교 수업을 따라갈 수 있다면 굳이 HSK학원은 다니지 않아도 좋을 것 같습니다.

4. 같은 길을 가는 선배를 찾아라

현실적 인물을 통한 배움의 시간을 갖자

아이들에게 공부에만 전력질주하게 하면 지칠 수 있습니다. 아이들의 상황에 맞추어 꿈을 현실화시키기 위해 칭다오에 머무는 동안 이곳저곳을 수소문하여 북경대, 청화대에 입학한 한국 학생들을 찾아내었습니다. 그리고 아이들과 함께 만나 식사를 하면서 입시공부의 경험담과 대학생활의 낭만도 듣도록 해 주었습니다. 아이들은 선배들을 부러워하였고 그 선배와 같은 자리에 서기 위해 어떻게 해야 하는지 스스로 느끼게 되었습니다. 북경대, 청화대 등 중국 최고의 대학을 졸업하고 우리나라에서 그리고 중국에서 자리매김을 톡톡히 하고 있는 선배들을 만났을 때 아이들의 눈은 빛났고 또 그렇게 되기 위해 노력하는 것 같았습니다.

좋은 스승을 만나서 길을 걸을 때 가고자 하는 길을 좀 더 정확하고 빨리 갈 수 있다고 하지요. 좋은 스승을 만나기란 너무 힘이 들고, 또 찾기도 힘들고, 만난다고 하더라도 인연을 맺는 것도 힘듭니다. 하지만 어렵더라도 그 좋은 스승을 찾아 나선 이유는 꿈의 시각화, 즉 아이들이 원하는 인물을 만나 더 꿈을 이루는 데 더 간절해지도록 하기 위함이었습니다. 그러한 사람을 만나기 위해 아침마다 기도하며 인터넷 서핑을 통해 멘토 찾기에 온 힘을 쏟았습니다. 존경하는 인물은 영원히 마음속으로 따를 수 있는 훌륭한 인물이라서 변함이 없지만, 멘토는 내가 원하는 어떤 일을 이루는 데 있어 길을 인도할 수 있는 사람이므로 내가 어떤 일을 원하느냐에 따라 많아질 수도 있다고 생각합니다.

결국 북경대를 졸업하고 현재 사회생활을 하고 있는 실존 인물을 찾아 만나게 해주는 것이 가장 좋은 답안이 될 것이라고 생각하고 멘토를 찾았습니다.

87년생 강 모라는 북경대 중문과 졸업생을 찾았습니다. 이 학생은 중학교를 졸업하고 바로 북경대학에 입학하여 우수한 성적으로 졸업했습니다. 현재는 국내에서 어학병으로 근무하다가 3월에 제대를 하고 미국대학원 준비 중입니다. 영어 어학병은 오래 전부터 있었으나 중국어 어학병을 선발한 것은 얼마 되지 않았는데, 별도의 시험을 보아 선발한다고 합니다.

군 복무 중 학생을 만났는데 그 학생은 이렇게 말하더군요. "연꽃이 깨끗한 곳에서 피나요? 의지가 있다면 어디서나 꽃을 피울 수 있습니다. 하지만 그 꽃을 피우기는 쉽지 않습니다." 너무 어린 나이에 대학에 입학하려 하자 처음부터 어려움이 많았던 모양입니다.

북경대에서 몇몇 교수님들이 입학을 반대했는데 성적이 일정 수준에 이르지 못하면 퇴학 조치한다는 전제 하에 입학을 시키기로 하였답니다. 대학 입학 후 중국어를 남보다 잘하기 위해 고문(古文)을 두루 섭렵하고, 많은 시간 동안 중국어 공부에 매달렸다고 합니다. 그 결과 어려운 어학병 시험도 가뿐하게 통과할 수 있었다고 합니다.

또한 어린 나이에 다른 친구들보다 빨리 대학을 진학하다 보니 동갑내기 문화를 갖지 못한 데 대한 아쉬움도 큰 듯했습니다. 새로운 길을 가기 위해서는 역경이 따르기 마련이지요. 누구나 똑같은 경험으로 살아갈 수는 없으며 동갑내기 친구가 부족하다고 앞을 향해 나아가는 데는 문제가 없을 것이라고 생각했던 것 같습니다. 아무튼 앞으로 군복무를 마친 후 미국으로 건너가 부족했던 영어공부를 하면서 석사과정을 마친 후 한국에 돌아와 외무고시시험에 합격하여 멋진 대한민국 외교관이 되겠다고 포부를 말하는 그 학생의 눈빛이 얼마나 선명하고 멋있었는지 모릅니다.

그 학생을 만나고 와서 아들의 눈은 빛나기 시작했고, 먼저 경험한 사람을 직접 만남으로써 자신도 할 수 있을 것이라는 자신감을 갖게 되는 것 같았습니다. 강 모 학생에게 감사의 마음을 갖고 있습니다. 서울에 가면 꼭 만나고 싶은 사람 중 한 사람이고, 계속해서 연락을 주고받으며 서로에게 힘이 되는 사람으로 기억하고 싶습니다.

아이들이 북경대 시험을 준비하던 그 해에 아이들에게 북경대, 청화대에 합격한 학생들을 가능한 한 많이 만나게 해 주려고 이곳저곳을 수소문하여 찾아다녔습니다. 그 학생들과 함께 식사하며 어떤 식으로 공부를 했는지, 힘이 들 때에는 어떻게 보냈는지를 하나하나씩 문의했던 것이 우리 아이들에게 많은 도움을 주었을 것으로 믿습니다.

딸아이의 선배로는 청화대 영어과를 다니고 있는 학생이었는데, 그 학생과의 만남과 대화는 딸아이의 진로에 많은 영향을 주었다고 생각이 듭니다. 지금 우리 아이들이 북경대, 청화대에 입학하였으니 선배의 영향이 얼마나 큰지 새삼 느끼게 됩니다.

오기와 인내심을 가지고 매년 성공담을 찾아서 꿈을 키워라

서울에 있지 않고 청도나 북경에 있어서 멘토를 찾을 때에는 주로 인터넷이나 서점을 이용하였습니다. 대개는 성공학 서적과 긍정적 사고방식이 담긴 책을 가까이 하면서 아이들에게 맞는 성공자를 만날 수가 있습니다. 저는 아침저녁으로 성공자들이 강의하는 오디오북을 듣습니다. 오디오북에서도 많은 멘토를 만날 수 있었습니다.

모든 성공자의 위치가 특수한 케이스였고 그 케이스를 하나가 아닌 한 달에 몇 명씩을 찾아서 아이들에게 비전을 제시하는 것으로 준비하였습니다. 아이들의 꿈이 무엇인지를 알고 그 꿈에 맞게 현실화 되어 있는 인물을 찾기란 쉽지 않은 작업이었지만 포기하지 않고 매일매일 인터넷 서핑하는 시간을 늘려서라도 찾으려고 애를 썼습니다.

혹시라도 대학 선배나 인생 선배들을 만나 얘기를 나눌 때 아이들에게 전해줄 만한 사람들의 이야기가 나오면 체크하고 만나게 해

달라고 서슴없이 부탁하여 그 선배들과의 만남의 정도 돈독히 하였지요.

가끔씩은 한국 신문을 한꺼번에 보며 시사와 인물란에 중점을 두고 스크랩하기도 하였습니다. 위의 강 모 군이나 토익, 토플 시험을 치르지 않고 유엔에 입성한 여학생 등이 소개된 신문기사도 아주 좋은 자료들이었습니다.

세상을 살면서 역경을 이겨내는 인내심이 없으면 그 어떤 것도 이루어 낼 수 없다고 생각합니다. 설사 이루어 내는 것이 있다 한들 그 열매는 역경 속에서 거둔 것보다 달콤하지 않겠지요.

인내란 끝까지 포기하지 않는 것이라고 생각합니다. 저와 아이들은 중국으로 가서 공부를 하려 한다고 하니 어떤 분은 애들이 고등학생인데 지금 중국에 가서 좋은 대학에 갈 수 있을까라고 의문을 제기했습니다. 모든 분들이 가보지 않은 길에 대한 불안감으로 가득 차 있었지요. 우리 아이들의 앞날을 걱정해 주신 것임을 모르는 것은 아니지만 제 마음 한구석에는 오기심이 발동했습니다. 나니까 할 수 있고 우리 아들과 딸이니 이루어낼 것이라고…….

막상 시작은 했지만 중도에서 포기하지 않을까 노심초사한 적도 있었습니다. 그래도 그 오기를 가지고 잘할 수 있다는 자신감과 이루어낼 수 있을 것이라는 희망을 가지고 중국유학 생활에 임했습니다. 중국에 온 이후 하루 한시라도 그 생각을 잊은 적이 없었습니다.

특히 아이들의 중국어 선생님을 선정하면서 최대한 좋은 선생님을 찾기 위해 노력했습니다. 훌륭한 선생님은 결코 한 가지만 가르치지 않습니다. 훌륭한 선생님들의 경험과 열정은 아이들에게 삶의 지혜가 되고 아이들은 그 지혜를 통해 더 나은 공부 방법을 찾고, 더 알찬 인생을 설계할 줄도 알게 된다고 생각합니다.

그리고 아이들에게 말로써 자극을 주는 것도 중요하지만 항상 정신이 깨어 있을 수 있도록 집 벽면 곳곳에 옛 선인들의 명언들을 붙여두고 보고 또 보게 했습니다. 아래는 아들이 직접 써서 천장과 벽에 붙여둔 명언 가운데 일부입니다.

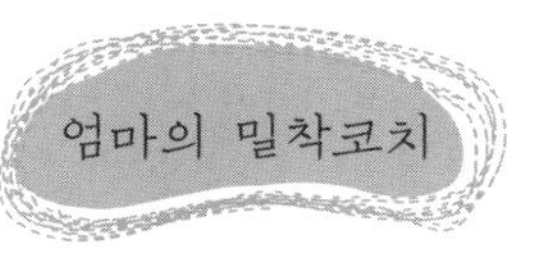

동기를 부여해 준 명언

해야 할 임무를 다하기 위해 일어나야만 한다. 〈아우렐리우스〉
피할 수 없다면 즐겨라.
오늘 걸으면 내일은 뛰어야 한다.
잠을 자면 꿈을 꿀 수 있지만 공부하고 노력하면 꿈을 이룰 수 있다.

5. 엄마가 최고의 매니저로

자식을 믿어주는 엄마가 되자

아이들이 칭다오 A중을 다닐 때와 베이징에서 입시학원에 다닐 때 저는 하루에 두 번 이상 아이들에게 칭찬을 해주려고 했습니다. 항상 너를 믿는다, 그리고 네가 내 자식인 것이 자랑스럽다는 엄마의 마음을 전달하려고 노력했습니다. 아이들은 자신을 가장 잘 알고 가까이에서 지켜보는 부모로부터 신뢰를 받을 때 가장 행복해하지 않을까 생각합니다.

칭찬이라는 것도 하다 보면 점점 칭찬할 것이 많아지고, 시기적절하게 칭찬하는 기술도 늘게 마련입니다. 『칭찬은 고래도 춤추게 한다』는 책도 있듯이 칭찬을 먹고 자란 아이가 성공할 확률이 훨씬 높습니다. 하지만 그런 것을 잘 알면서도 자신의 자식에게는 칭찬에 인색한 것이 부모인 것 같습니다. 욕심이 있기 때문이지요. 자기의 자식이 더 잘되기를 바라는 욕심 말입니다. 나무라는 것이 순간적 효과는 있을지 모르지만 칭찬은 아이들 마음속에서 성공의 밑거름이 됩니다. 아이들이 학교생활을 항상 잘해주어 언제나 칭찬하려 노력했지만, 학교를 다닐 때나 학원을 다닐 때 한시도 마음 편한 날이 없었습니다. 노심초사하는 마음으로 학교 선생님을 만나 학습태도 묻는 것을 게을리 하지 않았습니다. 학원 선생님도 마찬가지로 자주 만나 어떻게 하면 학습을 빨리 따라갈 수 있느냐고 수시로 문의를 하며 아이들에게 조금이라도 보탬이 될 수 있는 방법이 있는지 찾아다녔습니다.

수업은 선생님과 학생이 하지만 엄마는 항상 뒤에서 체크하고 숙제관리를 잘할 때 더 큰 효과가 나타난다는 것을 알고 있기에 때로는 귀찮은 생각도 있었지만 끝까지 그 방식을 고수했습니다.

아이가 뭔가를 하고 싶다고 말할 때 처음부터 거절하지 않으려고 노력하며 가능한 끝까지 아이의 말을 듣고자 노력했습니다. 아이의 요구가 잘못된 것이면 거절할 수밖에 없지만 아이에게 상처가 덜 하도록 한 번 더 생각을 했습니다. 어떤 때에는 정말 아닐 때도 있었지만 네가 선택했으니 엄마는 믿고 따라준다고 얘기하고, 다음번엔 한 번 더 생각해보고 하도록 유도를 했지요.

말을 잘하려면 우선 말을 잘 들어줘야 하고, 아이가 원하는 것에 최대한 가깝도록 이해를 해줘야 되겠지요. 많은 책 속에서 아이들과의 대화법을 배웠지만 결코 쉬운 일은 아니었습니다. 그러나 가장 중요한 것은 아이들이 엄마의 신뢰를 믿을 때 어긋난 길로 나가지 않고 더 열심히 노력하게 된다는 것입니다.

해이해지면 자기암시를 걸어라

수험생들이 겪는 스트레스와 좌절, 이에 따라 모든 것을 내팽개쳐 버리고 싶은 자포자기의 유혹은 한국이든 중국이든 마찬가지인 것 같습니다. 아이들은 매일매일 다람쥐 쳇바퀴 돌 듯 아침 일찍 일어나 학원에 갑니다. 매일 같은 과목에 배웠던 내용을 반복해서 배우고, 저녁 때 집에 돌아오면 녹초가 되지요. 이렇게 반복되는 생활 속에서 아이들이 겪는 갈등과 스트레스는 매우 심한 것 같습니다. 유학생들은 한국에서 공부하는 학생들과 달리 또 한 가지 커다란 스트레스를 더 겪어야 하는데, 바로 자신의 뜻을 자신의 언어로 자유롭게 표현할 수 없는 데 따른 스트레스지요.

저희 아이들도 예외는 아니었습니다. 밤늦게 집으로 돌아와서도 책을 보다 잠이 들면 아침에 일찍 일어나기란 정말 힘들지요. 그냥 계속 잠자고 싶은 유혹을 떨치고 일어나는 데는 의지가 필요합니다. 잠에 대한 유혹뿐만이 아니지요. 남들처럼 마음껏 하고 싶은 것에 빠지고 싶은 유혹, 컴퓨터 게임에 대한 욕구, 친구들과 한없이 대화하며 웃고 싶은 유혹 등. 특히 모의시험을 치르기 전이나 시험 성적이 예상보다 오르지 못했을 때 그러한 유혹은 더 큰 것 같았습니다. 아이들을 깨우면서 때로는 마음 아프고 때로는 화가 나기도 하지만 아침부터 아이들 마음을 상하게 할 수는 없는 것이니 엄마로서는 인내가 필요했습니다. 물론 엄마가 없었다면 아이들 스스로 일어났을 것으로 생각합니다. 그러나 엄마에게 투정 부릴 수 있도록 엄마가 옆에서 살펴주는 것이 아이들에게 조금이나마 스트레스를 줄여줄 수 있었던 것이 아닐까 생각합니다.

제4장

대학 입학이 최종 목표는 아니다

1. 대학 합격 이후에도 긴장을 늦추지 말자

대학 합격의 기쁨도 잠시

북경대는 어문, 영어, 수학, 역사, 개황 500점 만점 중 350점이 커트라인이었으며, 800여 명이 시험을 치러 130등 이상이 되어야 합격을 합니다. 우리나라와는 다르게 그중에서 학과 선택이 이루어집니다.

2008년 4월 둘째 토요일은 날씨가 쌀쌀하고 추웠습니다. 북경대 시험장은 응달이라 수험생도 추웠고 학부모님과 학원 관계자 역시 추위를 견디기 어려웠습니다. 점심은 학원에서 준비한 김밥도시락으로 해결했습니다. 우리나라와 달리 시험 마친 뒤 점심 먹으러 온 학생들과 얘기도 할 수 있고 다시 오후 시험을 치릅니다. 아이들은 힘이 들지만 다음날 시험을 위해서 귀가를 하든지 도서관에서 다음날 시험 준비를 합니다.

이제 아이들이 그 모든 고비를 넘기고 대학에 입학했습니다. 그렇게 할 수 있었던 것은 아이들 스스로의 노력이 가장 중요했다고 봅니다. 왜 대학에 가야 하는지, 대학에 가기 위해서는 어떻게 해야 하는지, 스스로 그 가치를 깨우치지 못하면 결코 그 수많은 고비를 넘지 못합니다. 아이들에게 미래의 꿈을 이야기하며 어려움을 극복해야 하는 이유를 스스로 깨닫도록 유도했습니다. 물론 학원 선생님들도 아이들의 나태함과 탈선을 막기 위해 부모처럼 아이들과 함께 노력하는 마음을 가져 주셨던 것 같습니다.

한 송이 국화꽃을 피우기 위해서는 많은 조건이 맞아야 가능한 것이지요. 아이들 스스로의 노력 그리고 옆에서 지켜주는 선생님과 부모의 마음이 합쳐졌기 때문에 아이들의 대학 입학이 가능했다고 믿습니다.

1년 반 동안을 전심전력으로 달려 두 아이가 한꺼번에 대학에 입학하는 기쁨을 가졌습니다. 짧지 않은 기간이었지만 지금 생각하면 저 스스로가 무모했다는 생각이 들고, 또 아이들이 힘든 과정임에도 불구하고 엄마의 희망대로 따르고 성취해 주었다는 데 고마움을 느낍니다.

그러나 대학 입학이 결코 끝일 수는 없습니다. 대학은 아이들이 미래의 꿈을 실현시켜 가는 과정에 있어 매우 중요한 전환점의 하나일 뿐이지요. 꿈의 실현을 좌우할 수 있는 결정적 시기입니다.

대학 합격 발표가 나고 아이들과 함께 남편이 있는 한국으로 갔습니다. 아이들에게 잠시 쉴 수 있는 시간이었습니다. 그러나 놀아도 놀아도 그 재미에서 벗어나지 못하는 것이 아이들이기에 한없이 놀도록 내버려 둘 수는 없었습니다. 그래서 영어학원에 등록하여 문법을 공부하면서 공식시험인 IBT의 시험을 준비하도록 했습니다. 그리고 서점으로 가서 아이들과 함께 읽고 싶은 책들을 구입했습니다.

입학하기까지 두 달여 기간 동안 아이들은 영어 IBT시험을 준비했습니다. 그리고 틈틈이 한국 역사와 문화에 대한 책도 읽었습니다. 아이들이 무엇을 해야 하는지 깨닫도록 해주면 힘들고 어려워도 스스로 그 길을 헤쳐 나가게 되는 것 같습니다. 자기들의 영어 실력이 어느 정도인지, 한국에 대한 이해도가 얼마나 부족한지 느끼고 더욱 열심히 해야겠다는 생각을 하게 되는 것 같았습니다.

그렇게 3개월여 한국생활을 보내고, 우리는 성공적인 중국에서의 대학생활을 기약하며 다시 중국으로 왔습니다.

한국인의 경쟁력을 갖추라

한국 학생이 북경대, 청화대를 다니는 것은 중국 학생들만큼 큰 메리트가 되지 못한다고 생각합니다. 한국 학생들은 외국인 특별전형으로 입학을 했기 때문에 입학의 조건에 있어 혜택을 받았다고 할 수 있습니다. 그래서 대학을 졸업하더라도 중국 학생들처럼 인정을 받지 못합니다. 중국어에 있어서도 한국어와 중국어를 자유롭게 구사하는 180만 조선동포와의 경쟁에서 이기는 것이 쉽지 않다고 생각합니다.

그래서 중국에서 공부하는 유학생들이 경쟁력을 갖추기 위해서는 타 지역 유학생들보다 더욱더 많은 노력을 해야 한다고 봅니다.

중국의 정치, 경제, 문화는 물론, 중국인의 일상생활, 중국의 역사까지 중국의 모든 면에 대해 깊은 이해를 해야 합니다. 중국인보다도 더 깊게 중국을 연구하고 중국인들이 보지 못하는 중국을 볼 수 있는 통찰력을 길러야 합니다. 그러한 객관적 시각을 가질 수 있다는 것이 외국인의 장점이 될 수 있습니다.

중국에 대한 책을 읽되 책을 통해 중국을 이해하려고 해서는 절대 안 되며, 열심히 뛰면서 직접 부딪치는 노력을 해야 합니다. 우선 수도인 북경부터 중국 학생들보다 더 자세히 알도록 노력해야 합니다. 하지만 그래도 아직 길은 멀기만 합니다. 그래서 아이들에게 북경에 대해 누구보다 깊이 있고 상세한 설명을 할 수 있는 가이드가 될 수 있도록 노력하라고 했습니다. 마찬가지로 북경 시내에 대해서도 가이드 이상의 지식과 경험을 가지고 있어야 한다고 생각합니다. 명승지에 대한 설명에서부터, 어디에 가면 어떤 중국의 특성을 볼 수 있는지, 중국 사람은 어떠한지, 북경 사람의 특성은 타지역 사람과 어떻게 다른지 등등 알아야 할 것은 무척 많고 그러한 것들을 알기 위해서는 참 바빠야 한다고 생각합니다.

하지만 중국을 아는 것만으로는 부족합니다. 대학에 입학한 만큼 학과목에서 최소한 중국 학생들과 대등한 성적을 거두어야 합니다. 특히 전공 관련 전문서적을 영어로 중국어로 이해하고 설명할 수 있는 실력을 갖추는 것이 좋습니다. 어학 능력에 있어서 중국인을 능가하는 영어실력과 조선동포를 능가하는 중국어 실력을 갖추어야 합니다. 적어도 그렇게 되도록 최선의 노력을 다해야 합니다. 또한 한국 역사와 지리, 문화를 제대로 알지 못하는 어정쩡한 한국인이 되어서는 안 됩니다. 한국 역사와 문화, 지리를 공부하고 틈틈이 한국 뉴스도 들으면서 한국에 대한 끈을 놓지 말아야 합니다.

대학은 인생의 미래를 준비하는 기간입니다. 그래서 내가 앞으로 살아갈 길을 그리며 그 길을 가기 위해 필요한 것들을 최선을 다해 준비해야 합니다. 중국어와 영어 실력을 객관적으로 평가해주는 평가시험들에서 우수한 성적을 받아 두어야 하고, 가능하다면 국제 학술지에 나의 생각과 노력의 결실을 올려보기도 하고, 시간을 내어 NGO단체에서 봉사활동도 하고, 자신에게 필요한 국제 자격증도 취득해 봐야 합니다.

대학은 낭만만이 있는 시기가 아닙니다. 할 일이 많은 시기입니다. 최선을 다해 자신이 할 일을 챙기며 해 나갈 때 진정한 낭만을 만끽할 수 있습니다.

이러한 노력은 결코 하고자 하는 마음만으로는 부족합니다. 미래에 대한 굳은 신념과 비전이 없으면 언제든 허물어질 수 있는 모래성 같은 것이지요. 한국인으로서 자존심을 지키고자 스스로를 부단히 질책하는 노력도 필요합니다. 그렇게 할 때만이 중국유학생으로서 진정한 자리를 찾게 될 것이라고 생각합니다.

자기관리가 꿈을 실현하는 기초가 된다

아이들은 대학에 들어가면 공부는 끝이 아닐까 하는 환상을 가지고 있는 것 같습니다. 저 자신도 그 옛날 그런 생각으로 대학에 입학했던 기억이 있습니다. 대학에 들어가면 입시의 지옥에서 벗어나는 것은 사실이나 공부는 죽을 때까지 하는 것이라는 사실을 아이들이 이해하는 데는 시간이 좀 필요할 것입니다. 하지만 적어도 대학 입학이 공부의 끝이 아니라는 것은 입학 즉시 깨닫게 되며 대학 공부도 결코 만만하지 않다는 것을 알게 됩니다. 이제까지는 학교 선생님이 이끌어 주는 대로 공부하면 되었지만 이제부터는 스스로 찾아서 공부도 하고 교양도 쌓고 체력도 길러야 한다는 것을 느끼게 됩니다. 아이들이 대학 생활을 시작하면서부터는 이제까지와 같이 학교와 집을 반복적으로 오가는 입시 준비 때와는 달리 엄마가 아이들을 위해 해줄 수 있는 것도 매우 적어지는 것 같습니다.

그래서 아이들은 길을 찾지 못해 우왕좌왕 하다가 잠시 방황을 하기도 합니다. 입학 초기 선배들로부터 신고식을 치르며 입시 학원에서 느끼지 못했던 자유와 낭만을 만끽하면서 어디로 가야할지, 무엇을 해야 할지 생각할 시간도 없이 허송세월을 보내게 되기도 합니다. 그러한 생활에 빠지게 되면 대학생활에 제대로 적응치 못하고 뼈저린 아픔을 겪을 수밖에 없게 될 것입니다.

대학생활에서는 무엇보다 자기 관리가 중요합니다. 그러기 위해서는 정신적 건강과 육체적 건강을 함께 관리해야 합니다. 정신적 건강은 긍정적 사고방식을 통해 가능합니다. 비타민과 같은 생각, 꿈을 이룰 가능성을 꿈꾸며 꿈이 현실화될 수 있다는 신념을 가져야 합니다.

모든 것은 마음에 기초합니다. 스스로 긍정적 사고를 하게 되면 모든 일은 긍정적 방향으로 이루어집니다. 긍정적 사고는 자신감이 있을 때 나오게 됩니다. 아이들이 매사에 열심히 임하고 스스로 만족하면서 자신의 길을 향해 끊임없이 노력하기를 바란다면 언제나 긍정적 사고와 기운을 갖도록 해주는 것이 필요하다고 봅니다.

대학생활 4년을 풍성하게 할 독서

우리의 인생은 유한합니다. 유한한 기간 동안 인간이 직접 경험할 수 있는 것은 너무나 적습니다. 혼자서 모든 것을 경험할 수 있다면 선생님도 필요 없고 책도 필요 없을 것입니다. 우리는 대부분의 지식을 책을 통해서 얻게 됩니다. 책을 통해 우리는 아득한 옛날로 갈 수도, 아무도 가본 적이 없는 미지의 미래 세계에 갈 수도 있습니다. 또한 책을 통해 우리는 옛 선각자들이 남긴 지혜를 얻을 수도 있으며 스스로 미처 생각지 못한 삶의 등불을 찾아내기도 합니다.

독서에 대해서는 어릴 때 버릇을 들이는 것이 중요합니다. 그러나 어릴 때 버릇되지 않았다고 하여 내버려둘 수 없는 것이 독서 습관입니다. 독서는 하라고 한다고 해서 아이들이 따라주지 않는 것 같습니다. 스스로 그 필요성을 느끼도록 해야 한다고 생각합니다. 책을 많이 읽고 난 이후가 되어야 책의 필요성을 느끼게 되지요. 책을 보면 볼수록 더 많이 궁금한 것이 생기고, 그래서 또 새로운 책을 찾게 되고, 자신의 부족함을 느끼고 무한히 새로운 책을 찾아다니게 되는 것이라고 봅니다. 다행히 우리 아이들의 경우 나름대로 자신들이 좋아하는 분야의 책들이 있고, 어릴 때 익혀둔 속독법이 도움을 주어 책을 읽는데 재미를 느끼고 있어 다행스럽게 생각합니다. 어찌 되었든 아이들에게 독서를 권장하는 최선의 방법은 독서에 재미를 느끼게 만드는 것입니다. 그렇게 되면 자연히 책을 많이 읽게 되니까요. 저는 아이들에게 만화책이든 소설책이든 많이 읽도록 했습니다. 그리고 가끔씩 만화책을 읽는 대가로 다소 재미가 덜한 책을 한 권씩 읽도록 하는 것도 좋은 방법일 것입니다. 특히 딸은 소설을 통해 영어에 더 큰 재미를 느끼고 중국어 배우는 데도 도움이 되었던 것 같습니다. 소설에 재미를 느껴 한국어든 영어든 중국어든 어떤 언어로 된 것이든 소설이라면 재미를 느꼈으니까요.

독서에 재미를 느끼고 습관화가 된 이후에는 책을 읽는 데도 선택이 있어야 하고 중요도에 따라 집중하는 정도도 달라야 합니다. 아무런 책이나 닥치는 대로 모두 읽는 데는 한계가 있습니다. 아직 경험이 부족하고 사고의 체계가 제대로 형성되는 못한 대학 초년생 때에는 스스로 책을 선택하는 것 자체가 쉽지 않은 일이지요. 그럴 때에는 교수님을 찾아뵙고 책을 추천받기도 하고, 인터넷 등을 통해 지혜로운 사람들의 추천을 받기도 해야 합니다.

또한 책을 읽는 데는 한 자 한 자 정독을 해야 할 책이 있고, 대각선으로 한 번 훑어보며 대강의 뜻을 이해하는 정도로 읽을 책도 있습니다. 현대인들은 인쇄 매체와 정보기술의 발달로 엄청난 양의 정보에 노출되어 있습니다. 내가 듣고 읽는 정보가 올바른 것인지, 나에게 유용한 것인지를 판단하는 데 정독을 할 필요는 없는 것이겠지요. 일단 빠른 속도로 읽고 나에게 유용한 올바른 정보라고 판단될 때 세밀히 읽고, 반복해서 읽어 나의 것으로 만들어야 되는 것입니다. 그래서 아이들은 속독을 배울 필요가 있다고 봅니다. 이미 배웠다면 계속 속도가 향상되도록 스스로 노력하고 아직 배우지 않았다면 하루라도 빨리 시작하는 것이 좋다고 생각합니다.

대학생활 4년 동안 전공서적이든 수필집이든 역사서든 전기든 시사평론이든 읽는 만큼 더 풍부해진다는 것을 마음 깊이 새기고 생활해야 한다고 봅니다. 책을 읽은 만큼 세계를 보는 안목도 커지고, 사고의 깊이도 깊어질 수 있으니까요.

그렇다고 무조건 많이 읽는 것만이 중요한 것은 아닙니다. 그냥 책을 읽는 데 만족해서는 안 되는 것이지요. 책을 읽으면서는 책 속의 내용을 음미하는 습관을 가져야 합니다. 책을 읽되 글로써만 읽는 것이 아니라 뜻으로 읽어야 합니다. 그리고 한 번 속독하는 것으로 다시 볼 필요가 없는 책이 있는 반면, 영원히 곁에 두고 읽고 또 읽어야 할 책도 있습니다. 전 아이들이 대학생활을 하면서 영원한 친구로 자신의 곁에 둘 책을 가능한 한 많이 찾아낼 수 있길 원합니다.

좋은 책을 읽고 사색을 통해 나의 것으로 체화된 지혜는 일생 동안 자신을 바른길로 인도하는 흔들리지 않는 길잡이가 되어 줄 것입니다.

대학생활 동안 만난 친구는 인생의 자산이다

아이들은 초등학교에서부터 중학교, 고등학교를 거쳐 오면서 많은 친구를 사귀었습니다. 물론 대학생활에서도 많은 친구를 사귀게 됩니다. 친구란 긴 인생을 외롭지 않게 해주는 소금과 같은 존재지요. 그러기에 많으면 많을수록 좋은 것이 친구라고 합니다. 그리고 친구는 오래되면 오래될수록 좋다고도 합니다. 모두 맞는 말입니다. 전 우리 아이들이 대학생활을 하는 동안 많은 친구를 오래오래 사귀기를 바랍니다.

그러나 진정한 친구를 사귀는 것이 결코 쉬운 일이 아닙니다. 우리들이 알고 있는 많은 친구는 그냥 친구일 뿐이지요. 진정 내가 어려울 때 나를 위해 최선의 노력을 다할 친구를 한 명만이라도 가질 수 있다면 참 행복한 삶이라고 말하는 분도 있습니다. 부정하고 싶지만 한평생을 살면서 그런 친구를 가지는 사람이 생각만큼 많지 않은 듯합니다. 아이들에게 진정한 친구를 사귀려면 먼저 나 자신이 그 친구의 진정한 친구가 되어야 한다고 말해 줍니다. 운세를 보러 가보면 어느 시기에 어느 방향에서 오는 귀인을 만날 것이라는 얘기를 듣곤 하지요. 귀인이란 나에게 꼭 필요한 것을 가져다주는 사람입니다. 귀인인 만큼 절대 나에게 해를 끼치지 않습니다. 그래서 우리는 점쟁이가 귀인을 만날 것이라고 얘기하면 반갑게 생각하고 희망을 갖게 되지요.

진정한 친구는 귀인과 같은 것이라고 생각합니다. 내가 상대의 귀인이 될 때 상대도 나의 귀인이 될 것입니다. 때로는 나의 진심이 받아들여지지 않고 믿음이 불신으로 되돌아오는 경우도 빈번합니다. 상대가 나에게 요구만 하고 힘들게만 할 수도 있습니다. 나는 상대의 귀인이 되고 싶은데 상대는 언제나 나에게 악인으로만 다가오는 경우도 있지요. 그럴 땐 그 사람의 진심을 관찰해 보기도 하고 멀리 떨어져 바라보기도 하면서 진정 내가 원하는 친구인지 평가를 해봐야겠지요. 진정한 친구 한 명을 사귀는 것이 얼마나 어려운 것인지 스스로 느끼며 진정한 친구를 찾기 위한 노력을 계속할 수밖에 없는 것이지요. 그러한 과정에서 우리는 많은 친구들을 갖게 될 수 있는 것이 아닐까 생각합니다. 내가 아는 친구들이 많으면 많을수록 보다 용이하게 진정한 친구를 찾을 수 있지 않을까 기대해 봅니다.

저는 아이들에게 중국에 유학하는 동안 한국 친구도 필요하지만 중국 친구를 많이 사귀도록 강조합니다. 주어진 환경을 최대한 활용할 필요가 있으니까요. 우리가 중국에서 공부하는 유학생인 이상 중국은 미래 우리의 인생에서 떼려야 뗄 수 없는 존재가 될 것입니다. 아이들이 한국에서 중국에서 멀리 미국에서 일을 하든 학창시절에 사귄 친구는 영원한 자산입니다. 청화대, 북경대는 중국에서 최고의 대학임은 자타가 공인하는 것이며, 그곳에 입학한 중국 학생들은 중국 최고의 인재임은 두말할 나위가 없지요. 아이들이 청화대와 북경대에 입학한 것은 중국 최고의 영재들과 친구가 될 수 있는 절호의 기회를 가진 데 더 큰 의의가 있다고 생각합니다.

친구로서의 사귐은 결코 저절로 되는 것은 아니라고 봅니다. 앞서 얘기했듯이 내가 먼저 상대의 귀인이 될 수 있을 때 그 친구도 나에게 다가와 귀인이 되는 것이지요. 내 마음이 닫혀 있으면 친구의 마음을 열 수 없는 것이지요. 교실에서건 교정에서건 도서관에서건 내가 만나는 한 사람 한 사람에게 정성을 다하고 그 사람이 필요로 하는 부분에 작은 도움이라도 줄 수 있을 때 친구의 만남은 시작되는 것이 아닐까 생각됩니다. 사람의 인연이란 작은 것에서부터 시작이 됩니다. 그 작은 인연이 시간이 지나면서 점점 커지고 마음 깊은 곳에 기억으로 남게 되는 것이지요.

대학보다는 중·고교 친구가 더 정답고, 중·고교 친구보다는 초등학교 친구가 더 반가운 것은 친구란 오래 될수록 좋은 것이기 때문이지요. 하지만 대학 친구도 결코 늦은 것이 아닙니다. 어쩌면 대학 친구는 같은 분야에서 일할 가능성이 가장 많은 친구들이지요. 지금 깊은 친구가 될 수 없더라도 지금 만나는 모든 친구들에게 깊은 인상을 남겨 두길 바랍니다. 인생을 살면서 다시는 만나지 못하는 사람도 참 많습니다. 그렇다면 그 사람에게 나의 인상을 편하게 심어 두어 기억을 남게 한다면 얼마나 좋을까요. 그리고 그 언젠가 그 사람을 다시 만날 인연을 갖게 된다면 그는 나의 귀인이 되어 줄 것으로 믿습니다.

요즘은 인터넷이 발달하여 지리적으로 가까이 있지 못한다고 하여 친구와의 대화가 단절되지 않습니다. 내가 조금 부지런하게 움직이면 나의 친구는 계속 내 곁에 남아 있을 것입니다. 저는 인터넷이나 책 속에서 좋은 글을 만나면 그동안 제가 만났던 사람이나, 아니면 이름만 들었던 사람에 상관없이 제가 아는 모든 이들과 그 글을 공유하기 위해 메일을 띄웁니다. 그 메일에 답신을 주시는 분은 결코 많지 않습니다. 그러나 섭섭하지 않습니다. 언젠가 그분들을 만났을 때 제 이름과 제 글을 기억해 주실 때 저는 너무도 큰 기쁨과 보람을 느끼게 됩니다. 친구는 관리를 해야 합니다. 제가 아는 어떤 분은 친구를 관리하지 못해 마음은 있으나 생일날 전화 한 번 할 줄을 모릅니다. 얼마간은 그렇게 해도 관계가 유지될 수 있습니다. 그러나 세월이 지나면서 그 친구들은 한 사람 한 사람 그 사람 곁을 떠나게 되지요. 물론 그 사람 역시 그 친구들에 대한 기억을 한 사람 한 사람 잊어 가게 되는 것이고요. 안타까운 일이 아닐 수 없습니다.

어렵게 사귄 내 친구를 관리하지 못해 잃는 것은 눈에 보이는 재산 보다 더 큰 손실입니다. 저는 우리 아이들이 대학생활을 하면서 많은 친구를 만나고 그 만남 하나하나를 고귀하게 생각하면서 나의 것으로 관리해 나가길 바랍니다. 온·오프라인의 모임을 잘 살려서 계속 인적 네트워크를 쌓아 가길 바랍니다. 진정한 친구를 사귀는 데는 많은 노력이 필요한 것 같습니다. 그 많은 노력은 언젠가 한순간에 자신에게 엄청난 기쁨으로 보답해 줄 것이라는 진실을 믿습니다.

중국어, 영어 그리고 제3외국어

현대는 국제화 시대입니다. 우리 아이들이 중국에서 공부하는 가장 큰 이유도 미래의 세계에 뒤쳐지지 않고 적응하고 성공하는 삶을 살도록 하기 위한 것이지요. 저는 아이들이 한국에서 공부하는 것보다 중국에서 공부하는 것이 최소한 한 가지 측면에서는 매우 유리한 조건을 갖는다고 생각합니다. 바로 중국어를 배울 수 있다는 것이지요. 중국어는 세계 최다수의 인구가 사용하는 언어입니다. 13억 중국 땅에 사는 중국 인민은 물론, 동남아 각국을 비롯해 세계 어디를 가나 중국인은 없는 곳이 없습니다. 중국어는 미래 우리 아이들의 인생에 커다란 힘이 되어 줄 것이라는 강한 믿음을 갖고 있습니다.

문제는 중국에서 공부하면서도 중국어를 제대로 익히지 못하는 것입니다. 대학 입시를 위해 중국어를 배워 HSK를 치르고, 대학에 입학해서는 적당히 중국어 구사하는 데 만족하면서 한국 친구들과 만 사귀고 놀다 보면 4년 후 남는 것은 아무것도 없을 것입니다. 중국에는 우리나라 유학생만 6만 명이 넘게 중국어를 공부하고 있습니다. 그리고 한국에도 5만 명이나 되는 중국유학생들이 한국어를 배우고 있습니다. 이들은 모두 중국에서 공부하는 유학생들의 잠재적 경쟁자들이지요. 경쟁력은 스스로 노력할 때 생기게 되는 것입니다. 많은 중국 친구와 사귀며 나의 생각과 철학을 자유자재로 표현해 낼 수 있도록 하고, 각종 국제회의, 세미나를 찾아다니며 전문 중국어를 익히고, 학술지에 나의 글을 발표도 해봐야 합니다. 중국어 고전을 읽고 당시(唐詩)를 외우고 송사(宋辭)도 읽으면서 일상적이고 현대적인 중국어를 뛰어 넘어 보다 고급스럽고 우아한 표현도 할 줄 알아야 경쟁에서 이길 수 있습니다.

어학은 자신감이 매우 중요합니다. 지금은 비록 서투르지만 자신 있게 자신을 표현하면서 잘못된 부분을 바로잡아 나가야 합니다. 가만히 있으면 자신의 부족한 부분도 찾지 못하는 것이 어학이지요. 여러 아이들이 함께 모여 있으면 그중에서 중국어를 가장 잘하는 아이가 가장 많은 이야기를 하게 됩니다. 잘하는 아이는 계속 발전을 하고 못하는 아이는 계속 제자리에 머물게 되는 것이지요. 부끄러워 말하기가 겁이 나면 집에서라도 부단히 연습을 해야 합니다. 라디오를 틀어 놓고 한 자 한 자 듣고 빠짐없이 써 보기도 하고, 그렇게 기록한 원고를 큰소리로 읽고 외워 나의 것으로 만들어 나가면, 많은 친구들이 함께 하는 자리에서 자신이 가장 유창하게 중국어를 하게 될 날이 오게 될 것이라도 믿습니다.

국제화 시대에서는 중국어 하나만으로는 절대 부족합니다. 지금의 만국 공통어라고 할 수 있는 영어가 필수입니다. 영어는 모국어만큼 잘할 수 있어야 합니다. 그래야 친구도 많이 사귈 수 있고, 좋은 책도 가장 먼저 읽을 수 있는 것이 아닐까요. 미국, 영국 등 영어권은 물론이고 어느 국가든 우수한 인재들과 영어로 교감할 수 있습니다. 그리고 세계의 유수한 학술지와 서적들을 번역본이 나올 때까지 기다릴 수는 없습니다. 그러면 그만큼 뒤쳐지는 것일 테니까요.

중국에서 공부하는 우리 아이들에게 영어와 중국어는 모두 중요합니다. 하지만 두 언어 중 어느 것이 더 중요하냐는 우문(愚問)에 답해야 한다면 지금 그리고 우리 아이들이 살아가야 할 세계에선 영어가 더 중요하다고 감히 말할 수 있을 것입니다. 중국어를 공부하면서도 영어에 소홀하지 않는 아이들이 되어 주길 바랍니다.

영어, 중국어 능력을 평가하는 데 있어 말하고 듣고 글을 쓰는 능력이 참으로 중요합니다. 그러나 그것만으로는 공신력을 얻지 못합니다. 최소한 대학을 졸업하고 취직을 하든지 대학원을 진학하려고 하면 말입니다. 그래서 저는 아이들에게 대학생활을 하면서 IBT, HSK 등 영어와 중국어 능력시험에서 우수한 성적을 받아 두는 것도 소홀히 해서는 안 된다고 강조합니다. 대학은 우리 인생의 항해를 위해 여러 가지 다방면으로 준비를 해야 하는 가장 중요한 시기입니다.

제가 욕심이 많은 탓도 있지만 인생을 풍부하게 살기 위해서는 영어, 중국어 이외 최소한 또 하나의 외국어를 더 배울 필요가 있다고 생각합니다. 영어와 중국어는 생존을 위해 하는 것이라면, 또 하나 배우는 외국어는 자신이 가장 흥미를 느끼는 그곳의 언어를 추천하고 싶습니다. 프랑스어, 독일어, 스페인어, 아랍어 중 딸은 스페인어와 일본어를, 아들은 아랍어와 일본어를 배우고 싶어 합니다. 아이들이 원한다면 아이들에게 외국어를 배울 수 있는 나라에 가서 그 언어를 배우도록 해주고 싶습니다. 외국어는 한 살이라도 어릴 때 배워야 조금이라도 더 유리할 수 있으리라 생각합니다. 그래서 우리 아이들이 가능한 대학생활을 보내는 동안 새로운 외국어를 하나쯤 더 배울 수 있는 기회를 가질 수 있길 바랍니다.

여기서 간과하지 말아야 할 것. 그것은 한국어입니다. 아무리 영어와 중국어가 능통해도 한국어를 제대로 하지 못한다면 그것은 뿌리가 부실하여 크게 성장할 수 없는 나무와 같습니다. 물론 영원히 외국에서 그 나라 언어만 사용하면서 살 수 있다면 한국어를 양보할 수도 있겠지요. 그러나 우리 아이들이 그렇게 살기란 결코 쉬운 일이 아니며, 설사 외국에서 일을 하더라도 모국어를 할 수 없는 사람이라면 결코 운신의 폭이 클 수 없으리라는 게 제 생각입니다. 그리고 이제까지 제가 경험한 바로는 한국어 능력이 뛰어난 사람이 진정 외국어에도 뛰어난 역량을 발휘할 수 있다고 자신 있게 말할 수 있습니다.

대학생활 중 봉사활동은 필수!

가능하다면 대학생활을 하는 동안 우리 아이들이 국제 NGO 단체나 구호기구 등에서 고통을 당하는 사람들과 함께 하면서 그 고통을 함께 하며 같이 울고 웃는 기회를 많이 가질 수 있길 바랍니다. 인간은 봉사함으로써 성장하고 영혼이 풍부해질 수 있다고 생각합니다. 아이들이 자신의 이익만을 위해 달려가는 사람이 되지 않기를 바라는 마음입니다.

대학생활은 비전을 실현시키기 위해 열정을 가지고 살아야 할 시기입니다. 아이들이 젊고 뜨거운 자신의 열정을 맘껏 발휘하는 시기로 만들어가길 바랍니다. 봉사활동은 자신을 가꾸는 좋은 경험을 가져다 줄 것으로 확신합니다.

저는 가능하다면 우리 아이들이 최소한 4번의 여름방학은 봉사활동을 하면 좋겠다는 생각을 하고 있습니다. 첫 번째 가장 가까운 곳인 연변의 머시코(미국NGO)에 한 달 정도 봉사를 다녀오고, 두 번째 사천성 지진 피해 현장도 다녀오고, 세 번째 여름방학 때에는 인도네시아 쓰나미가 어떻게 복구되고 있는지 가보고, 네 번째는 아프리카에 있는 구호단체로 보내고 싶습니다. 그리고 4번의 겨울방학은 2주나 3주 정도 기간 동안 배낭여행을 다녀왔으면 좋겠습니다. 대학을 졸업하고 나면 장기간 여행을 할 기회가 적기 때문에 가능한 먼 곳을 생각 중입니다. 오세아니아 주와 남미를 추천하고 싶습니다. 아프리카는 봉사활동과 함께 경험을 하면 좋겠습니다.

강연 내용 요약

세계 어디서나 미국 대학을 가려고 하면 중·고등학교 시절 미국 대학이 원하는 이력이 무엇인가를 찾아서 준비해야 한다. 일반적으로 미국 대학에 가기 위한 필수사항은 SAT, GPA, 추천서, 자기소개 에세이를 대표적으로 들 수 있다.

한국 학생들의 경우 SAT 점수는 높으나 방과 후 활동 상황(체육 특기로 대회에 참가한 경력이 있는가? 음악 활동이라면 입상 경력이 있는가? 미술이라면 전시회 참가나 상을 받은 경력이 있는가?)과 추천서가 문제가 될 수 있다. 특히 한국 소재 학교나 해외 한국 학교의 경우 선생님이나 교장 선생님의 추천서가 미국 대학의 신뢰를 받지 못하는 실정(추천서라 함은 학생의 단점도 솔직히 서술하고 난 후 그 학생의 학업 성취도나 인품 등을 언급하고 미래 사회에 어떤 기여를 할 것인가를 언급해야 하는데 대부분 미사여구와 솔직하지 못한 표현들로 채워진 경우들이 많다고). 정말 진정한 추천서는 하루아침에 되는 것이 아니라 적십자 단체, 양로원, 고아원 등을 정기적이고 꾸준히 다녀 그곳의 원장님께 인정받아 적어주는 추천서 등을 실제적으로 인정한다고. 또한 봉사를 하려면 한 우물을 파며 남들이 안 하는 특이한 것을 해야 한다. 가령 소방서에서 봉사를 하면 그 봉사를 통해 무엇을 배웠는지를 사회 현상과 대비해 문제의식을 가지고 봉사 경험을 기록해둔다.

인도 쓰나미가 일어난 곳은 처음에 많은 사람들이 가지만 그 이후에 살아

남은 사람들이 정상적인 생활을 하기까지 살아가는 과정을 보면서 경험을 기록해 보는 것도 자기소개서 작성에 큰 도움이 될 수 있다.

자기소개서를 작성할 때에도 마찬가지. 중국에 살면서 좋은 곳만 여행 다니지 말고 빈민 지역(간소성, 윈난 성 등)에 자녀를 데리고 가서 어려운 사람들을 만나고 봉사를 통해 겪은 경험을 적는 것도 좋은 예라 할 수 있다. 가령 예를 들면 윈난성 등은 마약이나 에이즈 문제가 심각한데 이곳을 방문하면서 에이즈 문제에 관심을 갖게 되었고 이것을 계기로 에이즈를 치료하는 전문의를 결심했다고 지원 동기를 구체적으로 적으면 시험관의 이목을 끌 수 있다. 또한 에세이 작성이나 인터뷰 시 지원 동기를 구체적으로 제시한다. '우리 대학을 왜 지원했냐고 할 때 구체적인 이유가 없으면 탈락 대상 1순위. 예를 들면 당신 대학의 모 교수는 자신이 배우고자 하는 분야의 전문가라서 선택했다고 하면 감독관의 이목을 끌 수 있다. 그러려면 그 교수의 논문이나 자료를 공부하는 노력은 기본.

모든 부모들이 자녀들이 일류 대학 가기를 원하지만 성급하게 좋은 학부를 생각하기보다는 자녀의 미래를 먼저 생각해야 한다. 해마다 명문대 학부생의 자살률이 늘고 있다. 하버드대 학부에서 하버드 의대 대학원을 가는 것도 좋겠지만 지명도가 떨어지는 학부라도 성실하게 공부를 준비하면 장학금도 받고 좋은 성적으로 명문 대학원에 진입할 수 있다. 미국에서는 학부가 좋으면 물론 좋겠지만 최종 학력을 가장 중시한다.

마지막으로 당부하고 싶은 것은 자녀를 미국 대학에 보내고 싶으면 자녀와 직접 학교를 가보라.

가기 전에 미리 이메일로 입학 담당자와 미팅을 예약하라. 관계자와 만나서 해당 학교 교수와 관련 논문, 학생의 motivation을 인터뷰하면 서류만 우편으로 보내는 것보다 학생의 가능성을 파악할 수 있는 좋은 기회가 될 수 있다.

www.interaction.org는 전 세계 국제 NGO의 연합회로, 150개 NGO가 등록되어 있어 이곳을 클릭하면 웬만한 단체는 검색 가능합니다. 인턴십을 하고 싶으면 이곳을 통해 신청이 가능합니다.

NGO 단체는 학벌이나 지연 따위는 따지지 않고 현장에 바로 투입이 가능한 훈련된 사람을 원합니다. 무보수 자원봉사이므로 기본적인 생활 보조를 받고 싶으면 '인터 액션'을 통해 신청하면 됩니다(연 1만 불에서 1만 5천 불 정도의 지원이 나오는데 그 금액은 해당 NGO를 통해 전달됨).

유엔이나 NGO가 원하는 인재상은 크게 두 가지로 분류되는데 그중 첫째가 Local Capacity Building이며, 나머지는 Substantiality입니다.

Local Capacity Building란 지역 사회가 건강하게 크도록 키워주는 능력을 의미합니다. 즉 투입된 지역에 직접 봉사하기보다는 그 지역을 자생적으로 성장하게 그 지역 인재들을 교육시키는 것입니다. 예를 들면 NGO에서는 주사를 잘 놓는 간호사보다는 그 지역에 많은 간호사를 양성시킬 능력을 갖춘 인재가 필요한 것입니다.

Substantiality란 임무를 완성해 철수한 후에도 바로 그 지역이 정착할 수 있도록 도와주는 능력을 말합니다. 결국 NGO는 해당 지역에 재정적으로 직접 지원하기보다는 그 지역 부자들이 가난한 사람들을 돕도록 중재 역할을 해야 하며, NGO는 그 일을 감당할 능력과 자질을 갖춘 사람이 필요한 것입니다. NGO 활동은 그 자체로도 충분히 좋은 경험이 되고 전문 NGO인이 되면 보수도 안정적입니다(최저 연봉이 약 미화 6만 불부터 시작).

뿐만 아니라 이런 경험은 의과, 법과대학원 및 MBA 지원에 높은 점수로 작용할 수도 있습니다. 참고로 이 박사가 참여하는 Mercycorps는 크리스천 NGO로 출발, 지금은 종교적 성격을 배제한 NGO입니다. 직원 3,600명 정도이며 주요 사업은 빈민 구제 사업과 Emergency Care입니다.
빈민 구제 사업의 주요 내용은 전 세계 40~50여 개국의 빈민국에 소액 금융대출이며, Emergency Care란 재난 구호 관련 활동입니다. 이것의 일환으로 현재 연변지역에서도 이러한 활동을 펼치고 있습니다. 이곳에는 주로 교육이나 금융, 농민 전문가를 찾고 있지요(www.mercycorps.org).

제5장

중국유학을 꿈꾸는 아이들에게

1. 중국유학은 고생길이다

제가 처음 아이들을 데리고 중국에 오면서 참 궁금했지만 막상 누구와도 상담할 수 없었던 아픈 경험이 있기에 유학생활을 시작하는 분들에게 한 발 먼저 시작한 사람으로서 제가 가진 팁을 드리고 싶습니다.

중국에서 유학을 하려면 많은 고민을 하게 됩니다. 중국이 가까운 곳이며 중국에 대해 많은 것을 알고 있다고 생각했는데, 막상 중국유학을 시작하려고 나서면서 과연 내가 중국에 대해 얼마나 알고 있는가 묻게 되면 너무도 아는 게 없다는 데 놀라게 됩니다. 저 역시 아이들을 중국으로 데려오면서 많이 부끄러움을 느꼈습니다.

유학을 시작하려면 먼저 유학을 하려는 뚜렷한 목적의식을 가질 필요가 있습니다. 내가 과연 왜 유학을 하려는 것인지, 도대체 유학의 목적이 무엇인지? 굳이 남의 나라에까지 와서 공부를 해야 하는지? 유학생활에서 목적을 잃게 되면 아무것도 남는 것이 없는 이방인이 되어 버립니다.

유학생도 학생입니다. 사람의 도리도 알아야 하고, 선후배 관계만 따지지 말고 함께 하는 선후배에게 무엇을 해 줄 것인지를 고민하고, 선생님께 잘해야 될 것입니다. 이러한 것들은 기본이지요.

그리고 특히 중국유학을 한다면서 중국인을 무시하면 안 됩니다. 당장 눈앞에 보이는 일부분의 모습으로 그들을 평가하지 말고 그들의 삶 속에 녹아 있는 중화사상에 대해 깊이 생각해 봐야 합니다. 우리는 한 발 앞서 발전한 선진국 국민으로서의 수준에 맞게 행동하고 책잡힐 행동은 하지 말아야 합니다. 중·고등학생들이 길거리에서 침 뱉고, 담배 피우고, 술을 마시는 등 바람직하지 못한 일들은 스스로 자제해야 합니다. 예의 없이 수업시간에 MP3를 듣는다든지 휴대폰으로 문자메시지를 주고받는 것도 하지 말아야 합니다. 중국어와 역사를 배우는 시간이 정말 소중한 시간인 만큼 집중을 하고 시간을 낭비해서는 안 됩니다. 외화를 쓰면서 공부를 하고 있는 이상 스스로 부끄럽지 않도록 노력해야 되지 않을까 생각합니다.

외국에 나와 공부하면서 한국 친구들과도 잘 지내야 합니다. 내가 친구를 힘들게 하지 않는지, 공부를 하지 못하도록 유혹하는 것은 아닌지, 공부하는 친구를 왕따 시키는 어리석은 행동에 동참하고 있는 것은 아닌지, 항상 스스로를 돌아보고 엉뚱한 행동을 하지 않도록 해야 합니다. 한국인끼리 서로 노력하고 신선한 자극을 주는 관계가 되어야 하고, 꿈을 위해서 지금의 어려움을 헤쳐 나가는 그런 좋은 친구가 되기를 바랍니다.

2. 아는 사람의 말을 믿지 말고 전문가와 상담하라

전 세계에 퍼져 있는 우리나라 유학생이 약 15만 명 정도 된다고 들었습니다. 중국만 6만 명이 넘는다고 하지요. 유학을 온 동기나 과정의 얘기를 듣다 보면 아는 사람이 있어서 그 지역으로 유학을 간다고 하시는 분들이 의외로 많습니다. 아는 사람이란 대부분 저처럼 자신들의 자녀만 키운 아마추어들입니다. 그런데 그런 '아는 사람'의 말만 믿고 외국으로 떠나는 것은 너무 경솔한 것이 아닐까 생각이 듭니다. 그것이 내 아이들의 미래와 직결되는 것입니다. 부모가 한 번도 현장에 방문하지 않고 유학을 보내는 경우도 왕왕 보았습니다.

저의 경우에는 중국유학을 위하여 상담했던 유학원이 20개 이상이 되며 이곳저곳 상담을 하다 보니 유학에 대한 시각이 넓어지고 방향이 나왔습니다. 각 분야의 전문가와 상담을 통해서 내 아이의 경우에 합당하는 레이아웃을 정하고, 그 레이아웃을 가지고 다시 상담을 할 때 아이의 미래에 대한 길을 제대로 찾을 수 있지 않을까 생각합니다.

유학원 그리고 입시 전문가들, 홈스테이 담당자들은 우리가 유학을 하고 있는 동안에 불가근, 불가원한 사람들이라고 생각합니다. 언제든지 조언을 받아들여야 된다고 생각하며 항상 그들의 방향을 주시하여 우리 아이에게 도움 줄 만한 것들을 찾아야 된다고 생각합니다.

현재 중국에 있는 유학생들은 전문가의 상담을 얼마나 많이 하고 있나요? 앞으로 상담을 어떻게 받을 것인가에 대해서 질문을 해봅니다. 유학을 떠나기 전에는 아시는 분들의 얘기만 듣고 경솔하게 결정하지 않기를 바랍니다. 중국에서, 한국에서 그리고 인터넷을 통하여 많은 상담을 하고 경험 있는 분들의 얘기를 듣고 난 이후에 유학을 떠날 것인지를 결정하기 바랍니다.

아이에게 맞는 기디언을 정하는 것도 하나의 방법이지요. 미국, 캐나다, 호주유학을 하면 의무적으로 가디언을 두지만 아직 중국은 가디언 제도가 없습니다. 학교제도, 과외활동에 대해서 상담할 수 있는 유학원보다 가디언을 정하는 것도 좋은 방법이라 생각합니다.

가디언은 조기유학생들에게 부모의 역할을 대신합니다. 다른 점이라면 부모는 자녀를 사랑으로 돌보지만 가디언은 학생을 의무로 돌본다는 것입니다. 좋은 가디언의 조건은 의무감을 가지고 자신의 일을 성실하게 수행하는 데 있습니다. 그 안에서 학생과 가디언 간의 신뢰도 형성되고 사랑도 싹트는 것입니다.

처음부터 사랑이나 신뢰를 기대한다는 것은 무리입니다. 많은 현직 가디언들이 그런 점 때문에 부모나 학생들과 오해가 생기기도 합니다. 어떤 부모님들은 하는 일도 없이 가디언 비용만 받는 가디언들을 원망하기도 합니다. 가디언과 학생 간의 막연한 기대가 서로를 힘들게 하기 때문에 정확한 조건을 제시함으로 해서 오해를 막을 수 있습니다.

① 학습관리

▶ HSK Test : 유학 시작 후 1년이 경과한 시점에서 중학교 이상 고학년을 상대로 실시합니다.(비용별도)

② 학생정서관리

▶ 홈스테이 관리 : 유학생들의 홈스테이는 중국인 가정을 기본으로 하며 홈스테이 가정과의 긴밀한 상호협조를 통하여 유학생의 불편을 해소하고자 노력합니다.

▶ 월 1회 친목 교류회 : 어린 학생들의 정서적인 안정을 위하여 동질감을 가지고 있는 유학생들과의 친목 교류회를 가디언의 감독 아래 가집니다.(운동, 레크리에이션, 바비큐 파티)

▶ 긴급 상황 발생 시 학교와 홈스테이 집과 유기적인 연계를 통한 신속한 조치(24시간 Hotline 설치)

▶ 매주 토요일 가디언 집을 방문하여 한국식 간식과 식사 제공(학생이 원하지 않을 경우는 불참할 수 있음)

▶ 여름방학 기간 중 야외캠프 및 관광 : 여름캠프 참가와 한국 방문 등을 제외한 일정 기간 동안 가디언과 학생들이 함께 캠프와 관광을 합니다.(비용별도)

③ 학교생활관리

▶ 최소 월 1회 부모에게 자녀에 대해 보고합니다.(학생의 홈스테이 가정에의 적응, 학교생활, 영어 등)

▶ 학교 방문 : 최소 2개월에 한 번 담당교사 면담(학교에서 면담 요청 시 학교 방문 필수)

④ 과외활동관리

▶ 계절별로 현지 어린이들과 함께하는 방과 후 프로그램 참가 : 수영, 스키, 축구, 만들기 등(비용별도)

▶ 봄방학, 겨울방학, 여름방학 중 캠프 참가 : 일정 관리를 통하여 개별 또는 일괄 선택(비용별도)

▶ 월 2권 이상 독서(가디언과 영어 튜터의 직접 관리)

⑤ 기타 관리

▶ 생일파티(중국인 친구 초대, 1회/년)(비용별도)

▶ 부모님 방문 시 학교 소개, 학교 선생님 면접(1회/년)

▶ 입출국 시 공항 픽업 서비스

▶ 용돈 관리 : 주 1회 관리, 월 1회 지출 세부사항 보고

3. 유학원의 홈페이지나 한인 커뮤니티를 전적으로 믿지 마라

2004년도 중국유학을 위해서 처음으로 문을 두드린 것이 인터넷 서핑을 통한 유학원 홈페이지였고, 가고자 하는 목적지의 한인 커뮤니티였습니다. 처음엔 스펀지처럼 모든 것을 믿고 메모를 하였으나 인터넷에 나와 있는 내용 그대로인지를 확인하기 위하여 서울로 유학원 상담에 직접 나서고 보니 인터넷 내용과 다른 점이 많았습니다. 특히 현지 생활에 필요한 것을 소개한 홈페이지의 내용과 상담했던 것과는 상이한 점이 많아 다시 체크를 해야 했습니다. 그렇게 하지 않으면 시행착오에서 오는 시간과 경비를 너무 낭비하게 될 뻔했습니다.

한인 커뮤니티에서도 개인이 경험한 바를 올려두는 소중한 것들이 나에게는 전혀 다른 경험으로 다가오기도 했고, 글쓴이가 자기 경험이 아닌 다른 사람의 경험을 복사해온 경우도 많았습니다. 글을 읽고 저에게 맞는 정보를 얻기에는 검증이 필요했습니다. 검증 안 된 정보는 오히려 우리를 잘못된 방향으로 안내하기도 합니다.

저는 지금은 카페나 커뮤니티에서 글을 읽을 때 글쓴이가 처음부터 지금까지 썼던 모든 글들을 한꺼번에 모두 읽어보고 글쓴이의 의도를 먼저 파악하여 정보를 얻습니다. 익숙해져 좀 더 편해졌지만 처음 인터넷을 통하여 글을 접하는 분들에게는 이 또한 큰 숙제가 아닐 수 없습니다.

정보의 수집과 판단은 개인의 성향에 따라 결정지을 수 있지만 이것을 아이들에게 접목시킬 땐 보다 신중한 전문가의 조언이 필요하다고 생각됩니다.

4. 홈스테이의 상황을 수시로 점검해야 한다

저는 홈스테이에서 10일씩 4번 정도 우리 아이들과 함께 머문 경험이 있습니다. 처음엔 심천에서 아이들에게 중국어를 처음 가르치면서 카페를 통하여 만난 분의 집에서 열흘을 머물면서 생활을 했습니다. 잘 해 주려고 하는 주인 부부의 마음은 이해를 하지만 처음 홈스테이 하는 분으로 시스템이 부족한 것을 보았습니다. 솔직하게 말하면 마음만 있을 뿐 구체적인 아이디어가 없었던 것이지요.

어떤 식으로 식사준비를 해야 아이들이 좋아하며, 충분한 영양분을 공급해 줄 수 있는지, 아이들에게 어떤 방법으로 공부에 접근하도록 해주어야 하는지 경험을 못 해보신 분들이었지요. 특히 과외 선생님을 구하는 방법은 크게 기대에 미치지 못했습니다.

그때 초빙된 과외 선생님은 한국인에게 처음으로 중국어를 가르치는 학생으로, 한국인이 중국어를 배우면서 어떤 발음에 가장 힘들어하는지, 한국인에게 성조라는 것이 얼마나 낯설고 배우기 어려운 것인지 전혀 알지 못하고 있었습니다. 당연히 아이들의 실력은 제자리걸음을 할 수 밖에 없었지요.

만약 아이들에게 홈스테이를 시키려면 적어도 10일 정도는 엄마가 아이들과 함께 머물면서 상황을 살펴볼 것을 권유합니다. 제가 만약 아이들과 같이 홈스테이 경험을 하지 않았더라면 우리 아이들에게 효과적이지도 못하고 불편하기만 한 홈스테이를 하도록 하지 않았을까 생각이 듭니다. 그만큼 홈스테이는 아이들 외국에 보내려는 부모들에게 유혹적인 것이니까요.

열흘간 아이들과 함께 홈스테이 생활을 하면서 저 자신이 엄마로서 해야 될 것과 하지 말아야 될 것은 분명히 배우고 왔습니다. 무엇이든지 공짜로 배울 수 있는 것은 아무것도 없었습니다. 시간, 경제력 그리고 마음을 동반해야 많은 것을 배우고 그것을 토대로 미래를 위한 준비를 할 수 있다고 생각합니다.

5. 대학 입시를 준비하면서 아쉬웠던 점

10대에 영어, 중국어 2개 외국어를 습득하느라 안타깝게도 고전문학, 고전음악을 접할 기회가 적었습니다. 배워야 할 한국 역사, 또래 문화에서 놀 수 있는 것을 놓친 겁니다. 오직 외국어와 문화적 충격에 노출되어 자기 정체성에 대해서 생각할 여유가 없어질 것 같았습니다. 이 때문에 할머니, 할아버지, 친척 간의 괴리감 같은 것이 생겨 앞으로 아이들의 삶에 친척이란 개념이 옅어질 것 같습니다. 또 대학을 향해 앞으로 달려가기에 급급해서 10대에 사고할 수 있는 시간도 뛰어넘어와 대학에 입학하니 악기 하나 제대로 다루는 것이 없고 취미활동도 한 것이 없었습니다. 동아리를 통해서 하고 있지만 10대 정서에 맞는 EQ를 놓친 것이 많습니다. 하지만 지금부터라도 하나씩 배워가야지요. IQ는 변화하기가 힘들지만 요즘은 EQ시대입니다. EQ를 발전시키는 풍부한 감성과 인내심을 갖는 유학의 길을 생각해 봅니다.

2부

보람있게 북경대 졸업하기

—북경대 졸업,
입학보다 어려운 머나먼 여정

제1장

신입생,
대학생활 적응하기

1. 비전 다지기 — 다짐의 시기

우리나라 고3 학생의 세계 경쟁률은 세계 12위, 대학 입학 후 1학년 2학기가 되면 경쟁률이 168위로 떨어진다고 합니다. 이렇게 빠른 시간 내에 뒤쳐지는 이유는 대학이 목표였기에 목표 이후 학생들이 노력하지 않기 때문입니다. 학교나 수많은 학원에서 선생님이 오직 대학 입학에 전력투구를 하였습니다.

대학에 입학하는 것이 목적이자 목표였지, 입학 이후의 할 일에 대해서는 역설하는 분이 적어 대학 입학 후 자신에게 자신의 길을 물어보고 철학을 만들며 고뇌하는 방법을 몰라 시간을 허비하는 학생들이 많았습니다. 대학에 입학하기 전이나 후에 홀로 명상을 하며 대학에 진학하는 목적과 이유를 자신에게 물어보는 시간을 가져보고 미래 꿈을 스스로에게 물어 이를 작성해보는 것도 중요하지만, 무엇보다 생각이 꼬리에 꼬리를 물듯이 깊이 생각할 수 있는 사고의 힘이 약했습니다. 대학에 입학하기 위해 읽어야 할 인문서적, 고전문학을 읽을 시간이 부족했을 뿐만 아니라 자신에 대한 고민을 할 시간이 없었습니다. 더구나 유학생들은 영어, 중국어에 대한 스트레스가 많아 인문, 철학에 대해 생각할 수 있는 학생은 거의 드물다고 해도 과언이 아니었습니다.

몇몇 학생에게 4년 학업계획서와 학기계획서를 작성해 보라고 독려했습니다. 북경에 많은 유학생들 중 이런 글을 쓴 사람과 쓰지 않은 사람의 차이는 40대 이후가 되면 생각을 정리하지 않았던 차이가 생기리라 생각합니다. 대학생활을 실패하려면 목표가 있는 학생에겐 가능하지만 목표가 없는 학생에게는 실패할 확률도 없습니다. 동물과 비교해봐도 동물은 한 번 실패하면 죽음과 바로 직결되지만 인간만이 실패를 하여도 다시 재기할 수 있음을 알아야 합니다.

내 인생에 대한 기획, 정보 수집, 분석, 행동을 하는 것과 무작정하는 것은 모든 일을 처리함에 있어 다르다고 생각합니다. 대학생활을 상상 속에 그려보고 대학생활이 미래의 생활에 어떤 영향을 미칠 것인가를 곰곰이 고민해 보는 시간이 필요한 것입니다.

북경의 대학은 약 80개이고 그중 20여 개 대학이 오도구 주변 해정구에 위치하고 있습니다. 오도구는 유학생 밀집지역으로 유학생들의 또래 문화집단이 형성되어 어른들과 만날 기회도 드물고 그들 또한 어른들의 정보를 경청하려 하지 않습니다. 대부분 학생들이 가족과 떨어져 가치관이 아직 형성되지 않은 학생은 여기저기 휩쓸려 다니며 20대 초반의 중요한 시간을 그냥 흘려보내기가 십상입니다. 기대했던 대학생활의 환상은 깨어지고 하루하루 무의미한 시간을 보냄으로 인해 많은 학생들은 회의를 느끼면서 색다른 곳을 향해 달려가고 있습니다. 실질적으로 책을 통해 얻어지는 지식보다 눈에 보이는 직업을 선호하기는 하지만 또 그 직업을 택하기까지의 노력은 게을리하는 것 같습니다.

대학생활은 주입식 교육이 아니라 스스로 찾고 고민하고 시행착오를 겪으면서 다시 찾아보며 자신의 길을 물어보는 시간인데, 이런 훈련이 되어 있지 않기에 생각해왔던 대학생활과 괴리감이 생기고 그냥 24시간이 주어져 그 시간 보냄을 아까워하지 않고 그저 시간을 죽이는 것 같습니다. 머리로는 교육을 받고, 몸으로 훈련을 받는데 스스로 교육하는 방법을 모르는 것이지요. 어떤 이는 이렇게 말합니다. 하루에 자신의 통장에 86,400원이 입금되고 그 돈은 이월되지 않아 그날그날 사용해야 한다면 사람들은 아마 10원이라도 헛되게 사용하지 않으려고 애를 쓸 텐데 하루에 꼬박꼬박 하늘이 주는 선물인 86,400초는 그냥 쉽게 흘려보내는 것이 아니냐고요.

곰곰이 멀리서 대학생들을 관찰해 보았습니다. 머리로 받는 교육도 스스로 찾아 받지 않고, 현재 생활에서 도서관을 다니며 학점에 연연하는 공부를 많이 했습니다. 사실 학점 이수도 쉽지 않습니다. 모든 교과를 중국어나 영어로 수업을 하려고 하면 책 한 권 읽기가 쉽지 않고, 책과 시사를 함께 공부하려고 하면 하루에 신문 보는 시간 2시간, 책보는 시간, 자료를 정리하는 시간을 계획하고 수업 받는 것도 쉬운 일은 아닙니다. 거기에 한국의 근대사와 시사적인 문제까지 익히려고 하면 매일매일 시간이 부족함은 이루 말할 수 없음이죠. 몸으로 하는 훈련이 되어 있지 않아 운동은 하지 않고 스마트폰과 컴퓨터로 보내는 경우가 많았습니다.

오도구의 문화는 하나로 단정 짓기 어렵지만, 북경의 다른 지역에 관하여 알려고 하지 않고 대학 문화에만 한정되어 살아가는 학생들을 보면서 어떻게 하면 학생들에게 좀 더 다른 것들을 보여줄까 고민하였습니다. 대학에 오기 전의 생각을 간추려 정리하고 대학의 비전을 함께 보고 느끼고자 입학통지서를 6월 20일경 받아 약 2달 정도 많은 생각을 거듭한 끝에 대학 4년 학업계획서와 1학년 1학기 계획서를 작성해보도록 하였습니다.

비전을 생각하고 다짐하여도 대학에 입학한 후 유학생들에게 주어지는 것은 오리엔테이션과 학과 선배들과의 만남, 그리고 시험족보 전달받기 등등으로 한국 대학생과 별반 다를 것이 없었고, 부모님과 멀리 떨어져 있어 그들의 밤 문화는 술 문화로 바뀌는 경우를 왕왕 보았습니다. 그러나 어떤 학생들은 이러한 상황에도 굴하지 않고 비전을 계획하였기에 가끔 그 비전이 자극이 되어 아이들로 하여금 학생의 본분으로 돌아가게 만들었습니다. 그 시간을 지탱하려는 노력이 부족하고 친구들의 유혹을 뿌리치지 못해 의지는 옅어져 갔지만 그래도 우리에게는 우리를 멀리서 지켜보는 대한민국이 있어 반성하는 시간과 미래의 도전을 불러 일으켜주었습니다. 외국에 살면 애국자가 된다고 했던가요? 중국인들의 눈으로 보는 한국과 한국인들의 눈으로 보는 한국의 시각이 다르다고 느낄 때엔 실력을 겸비해야 한다는 유학생의 본분을 생각하게 되었습니다.

2. 외국어 능력, 유학생활의 필수
— 외국어 능력은 수단이지 목적이 아니다

유학의 첫 목적은 그 나라의 언어와 문화를 습득하여 본국과의 관계를 통해 개인적인 역량을 발휘하는 것이라고 생각합니다. 이전의 유학은 그러했을지 모르지만 현재는 아닙니다. 언어와 문화 습득 위에 더욱 중요한 과정인 전공이 있어야 하는 것입니다.

외국어를 잘하는 것은 우리가 밥을 먹을 때 젓가락질을 잘하는 것이라고 표현하면 맞을까요? 맞습니다. 밥상 위에 맛있는 반찬이 많이 있는데 오직 젓가락을 사용해야만 먹을 수 있다면 젓가락 사용 방법을 알아야 합니다. 또한 먹는 종류에 따라 젓가락의 손놀림이 달라져야 하지요. 젓가락 매너라는 것은 가장 기초적인 것으로 사람이 먹으면서 생활하고 정을 나눌 수 있는 중요한 도구입니다.

말이란 것도 마찬가지라 생활 속에서 우러나오는데, 중국어만

해서는 중간에 통역도 자연스럽게 하지 못할 뿐만 아니라 뜻 전달도 되지 않는 것이지요. 중국어를 배우기 위해 초·중·고를 졸업하고 대학에 와서 통역할 자리에 섰는데 어디에서 말을 끊어야 하는지, 어떻게 전달해야 하는지 훈련도 되어 있지 않을 뿐만 아니라 그 순간 듣는 사람의 상황에서 말을 하기는커녕 매끄러운 문장도 나오지 않는 학생들이 많았습니다.

중국어 공부는 물론 자신의 전문분야를 택해서 공부하면 졸업 이후 사회를 위해 기여할 곳이 더 많다고 생각합니다. 오히려 자신이 원하는 분야의 전공을 통번역 할 때는 아이들의 눈빛도 빛나고 좋았던 것 같습니다.

오직 외국어만 하는 앵무새의 시대는 이미 지나가고 앵무새에게 전공 공부를 시켜야 하는 시대가 왔으므로 중국어 하나에 그 사회의 정치, 경제, 법의 흐름을 공부하며 우리 것과 매치시키는 능력을 배양해야 합니다.

한국 기업에서 주재원을 해외에 파견할 때 언어가 먼저일까요, 임무나 소양이 먼저일까요? 현지 언어까지 잘하면 금상첨화겠지만 우선은 그 사람의 업무 능력과 소양이 먼저입니다. 언어로 풀 수 없는 업무 영역이 있기 때문이지요. 따라서 업무가 먼저냐, 언어가 먼저냐 라고 묻는다면 우선은 업무가 먼저이고 언어는 부수적이라 말할 수 있습니다.

그리고 통역이란 것도 마찬가지입니다. 일상에서 하는 통역과 비즈니스 통역은 많은 차이가 있습니다. 비즈니스 통역은 특별한 기술이 요구되는 것으로 훈련을 받아야 합니다. 절대로 통역사 개인의 의견이 반영되어서는 안 되며 통역을 하려면 그 분야의 공부를 많이 하여 실무자만큼의 지식이 있어야 합니다. 통역을 하면서 배울 수 있는 것은 리더의 사고방식을 지켜보면서 판단능력과 상황 대처능력을 배우는 것이라고 할 수 있습니다. 좋은 리더를 가장 가까이 볼 수 있는 기회는 통역이 아닐까요? 중국어, 영어 단순히 언어를 잘하는 것만 가지고는 능력을 내세울 수 없고 거기에 자신이 원하는 것을 더 해야 하므로 공부할 것이 더 많아졌다고 할 수 있습니다.

또한 어떤 언어를 선택할지 결정하는 것도 중요합니다. 사람마다 언어 구조가 달라 어떤 이는 영어를 잘하고 어떤 이는 중국어를 잘합니다. 지인 중에 한 명은 어릴 때 중국으로 유학 와서 중국어를 배울 때 영어보다 배우는 속도가 빠르더니 대학에서 일어를 배울 때는 그 속도가 중국어보다 빨랐다고 합니다. 한국에 있는 학생들도 본인이 배우는 외국어를 보면서 자신이 어느 외국어에 강점이 있는가를 고민하여 무조건 영어가 먼저가 아니고 다른 잘할 수 있는 언어를 배우는 것도 터닝포인트를 잡는 기회가 아닌가 생각합니다.

3. 중국 유학생의 개인적 역량을 키우기 위하여

꿈이 무엇인가? 비전이란 무엇인가? 에디슨은 전구에 불이 들어오는 것을 30초 동안 꿈을 꾸어 몇 년 동안 수십 만 번 실험을 반복하여 마침내 현실로 이루었다고 합니다. 꿈이란 현실로 만들 수 있는 생각을 통하여 간절히 원하고 무조건 끝까지 밀고 나가야 이루어 낼 수 있는 인간만이 할 수 있는 가장 위대한 일이라고 생각합니다. 꿈이란 가치가 있어야 하고 대외명분이 서야 하며 개인적인 역량을 사회에 이바지할 수 있는 것이라야 공통으로 이루어 갈 수 있는 힘이 되는 것입니다.

개인적으로 '돈을 벌어 행복하고 싶다'는 꿈은 지극히 개인적인 꿈으로, 이런 꿈도 괜찮겠지만 사회에 이바지하는 부분이 적어 다른 사람과 함께 이룰 수 있는 명분이 약합니다. 요즘 학생들에게 꿈이 무엇이냐? 왜 공부를 하냐고 물으면 가장 많이 나오는 대답이 돈을 벌기 위해서라고 합니다. 꿈을 위해 달려갈 때 돈은 저절로 따라오는 것이지, 우리가 그것을 쫓으려면 그것은 우리보다 4배 빨리 도망갈 수 있다고 합니다.

개인적인 역량으로 보람을 찾을 수 있고 비전도 밝은 중국 유학생의 꿈은 무엇일까요? 중국에 대한 확신을 갖고 중국의 미래 성장을 내다보며 10년을 공부하는데 있어서 우선 어느 부분이 자신의 강점인지를 알아 계획한 이후에, 공부하고 분석하며 현실에 적용하여 응용하는 시간이 필요하리라 생각합니다. 중국에 대한 확신과 고민, 의문 그리고 대비 방안을 다음과 같이 간단하게 소개 설명한 뒤 중국 유학생의 꿈에 관련되는 공부도 소개해 보겠습니다.

대중무역이 25%를 넘어가고 우리나라의 대중국 무역의존도는 점점 높아지는 지금, 중국을 넘지 않고는 우리나라의 미래는 볼 수 없을 만큼 경제가 변화하고 있습니다. 2008올림픽, 2010년 상하이 세계 엑스포 개최, 우리나라의 수출입 1위 국가, 한국의 대중국 투자기업 수 5만 개, 재중 한국인 수 80만 명, 재중 한국인 유학생 수 7만 명, 연간 한중 왕래 인원수는 약 500만 명, 1992년 한중수교 이후 두 나라는 모든 분야에서 많은 발전을 해왔습니다. 한중간 무역 규모는 약 2,206억 달러로 미국과 일본을 합한 것보다 많아 한국의 최대 교역국이 되었습니다. 중국 측에서 보면 미국, 홍콩, 일본에 이어 한국은 4위 수출 상대국이며, 2위 수입 상대국이 되었습니다. 대중국투자는 지난 20년간 투자금액 기준으로 25.3배 증가하였으나 중국의 해외투자 중 아시아가 차지하는 비중은 71.9%로 이

중 대한국투자는 0.2%에 그쳐 아직은 아주 미흡하다고 할 수 있습니다.

중국어는 선택이 아니라 필수인 시대가 되었습니다. 우리나라 80% 이상의 기업이 중국과 거래를 하고 있으며 취업을 하고 난 뒤 중국어를 배워야 하는 시대가 왔습니다. 서울에서 신의주까지 경의선 철도가 개통되면 중국을 가기 위해 비행기나 배를 타지 않고 옛날처럼 서울에서 출발하여 평양을 거쳐 신의주를 지나 단동과 베이징으로 직접 갈 수 있는 날이 수년 내에 오지 않을까요?

대중교역은 우리나라의 IMF 탈출, 2008경제위기 극복에 도움을 주었고 우리나라는 수교 이후 그동안 중국의 저렴한 부동산, 인건비, 재료 등을 활용하여 경제적 이득을 창출하였습니다. 그리하여 대중국 흑자 규모는 2,725억 달러를 달성하였습니다. 이만큼 한중수교 이후 중국은 한국의 경제성장에 기여했고 한류 파급 효과로 생산, 부가가치, 취업 유발 효과가 나타났습니다. 우스갯소리로 싸이의 강남스타일이 중국 인민에게 행복을 안겨다 준 것을 일인당 100위안이라고 한다면 1,300억 위안의 행복을 가져다주었다고 할 수 있지요. 물이 위에서 아래로 흐르듯 한중간 문화교류도 자연스러워졌습니다. 이전에 한국은 중국으로부터 문화를 받아들였는데 이제는 한국 문화가 중국에 미치는 영향이 크다고 볼 수 있습니다. 한류는 우리나라의 화장품, 의류, 자동차 제조업 등 수많은 기업들의 눈부신 성장에 일조를 하였습니다.

중국의 힘이 강성해지면서 세계사의 중심 사이클이 서양에서 동양으로 넘어오고 있습니다. 인류의 역사는 100년마다 돌고 도는 순환을 합니다. 중국은 10년 전 아시아금융위기를 극복하면서 아시아경제의 맹주로 등장하고, 금융위기는 미국을 위태롭게 하여 중국에게는 이 일이 전화위복의 기회가 되었습니다. 앞으로 중국이 최강자가 될 날이 가까워 온 것입니다. 우리나라도 미국의 경제가 회복되기를 기다리지만 말고 장기적인 시각에서 중국어 전문가 10만 명을 육성하는 대중국정책을 수립해야 할 시기가 온 것은 아닐까요? 중국이 우리의 미래라는 생각으로 중국의 위협에 대비하기 위해 반드시 중국 전문가를 육성하여야 합니다.

물론 우리나라의 대중국수출 의존도가 너무 높은 것도 고려하여 다각적인 대비가 필요합니다. 세계경제의 둔화와 더불어 중국경제의 성장률 둔화, 장기침체 등 또 다른 위험이 증대될 수 있습니다. 중국경제의 변화가 우리나라 수출에 미치는 영향이 크므로, 중국경제의 미성숙으로 인해 성장률이 둔화, 악화될 수 있는 경우도 미리 대비하여야 합니다.

이러한 경우 중국에 대한 대응방안은 무역수지개선과 수출상품개발 그리고 한중 FTA를 들 수 있습니다. 중국의 가파른 임금상승으로 인하여 내수시장 진출을 위한 경쟁력 유지를 꾀하여야 하는데 이 무역수지개선은 힘들겠지만 중국 국민들의 도시화, 중산층 확대 등으로 인한 소비증가와 내수확대 정책으로 중국은 수출비중에서 미국을 제치고 최대 수입시장으로 부상할 전망이라고 합니다.

중국은 이제 단순한 가공기지가 아닌 내수주도의 성장전략을 추진하고 있습니다. 유통산업, 호텔, 개인서비스의 투자를 장려하고 있는데 한국 공산품의 수출과 연결될 수 있도록 정책적 노력을 강화해야 합니다. 물론 FTA가 좋은 점만 있는 것은 아니지만 장단점을 따져 보아야 한다고 생각합니다. 말 많은 FTA지만 미국이나 유럽의 FTA처럼 모든 면을 시작하는 것이 아니라 일부부터 시작하는 것도 좋은 방법이라고 봅니다. 양국의 가장 민감한 부분은 처음엔 배제하여 시작한 후 중국은 대한 투자를 늘리고 한국의 우수한 인재를 연구개발 부분에 투입하여 중국 시장 내에서 이루지 못하는 환경을 개발한 후 미국, 유럽의 수출전선으로 삼을 수 있습니다. 우리나라는 농업 부분을 배제하여 시작하면서 수출과 수입의 관세나 다방면의 이익을 꾀할 수 있습니다. 경제대국 중국시장을 선점하고 새로운 수출 기회를 창출하는 것 등이 대중교역 과제의 대응방안 중 하나가 될 수 있는 것입니다.

이런 관점에서 볼 때 중국에 오는 유학생들은 한번쯤은 체계적으로 유학의 목적에 대해 생각해보고 중간 중간에 이런 목적을 상기시켜주는 것이 좋습니다. 인생의 나침반을 중국에서 만들어 자기 확신을 갖고 성공 매뉴얼을 만드는데 다음과 같은 예를 들어봅니다.

▶ 업종별 전문가

금융전문가, 정책전문가, 지역전문가, 교육전문가, 북한전문가, 역사가

→ 요식업, 지적재산권, 중국법 등을 연구하는 전문가가 필요합니다. 또한 중국과 변경을 나란히 하고 있는 10여 개 나라와의 영토분쟁이 있는데, 중국 역사와 한국 역사를 공부하여 국가 간 분쟁에 관여할 수 있는 전문가도 필요하다고 볼 수 있습니다.

▶ **미개발지역 개발정책 전문가**

연해지방과 대도시에 인구와 산업이 집중되어 있는데 중국정부는 국토의 균형적 개발을 위해 서부 쪽 개발을 위한 투자를 아끼지 않는다고 합니다. 서부개발에 직접 투자하는 것도 중요하지만 서부개발을 담당할 정책 결정자와 투자담당 인력을 양성하고 해당 지역과 문화를 연구하는 것도 중요합니다.

시진핑 정부 시대가 막을 올렸는데 18대 전인대(전국인민대표대회)는 균형적인 국가발전인 도시화를 목표에 두었습니다. 약 7억이나 되는 농촌 인구를 도시화하기 위해 정부의 자금이 투입되는데 하드웨어뿐만 아니라 한국의 소프트파워가 필요합니다. 2003년부터 중국은 신촌운동(새마을운동)을 도입하기 위해 다방면으로 접촉을 시도하다가 실패한 경우와 성공한 경우가 있다고 들었습니다. 이러한 자료를 연구하는 것도 좋은 연구 과제라고 생각합니다.

▶ **의약품, 의료기기 판매업**

중국의 의약산업이 발전하여 전망이 매우 밝은 편이지만 의약유통 부분은 미약한 수준입니다. 중국정부도 의료와 약업을 분리시킬 계획에 따라 의약품의 총대리, 총판매 업체가 집중적으로 약품을 분배하는 연쇄형 소매방식도 허용할 방침이니 유학생 전문인력을 양성하는 것이 필요합니다. 특히 우리나라의 선진기술을 중국의 관습에 맞추어 영업할 수 있는 환경을 공부하는 유학생이 필요한 시기입니다.

중의가 발달되어 있고, 약초가 가정집에서도 음식으로 사용되고 있는 중국에서 양약은 아직 발달한 면이 적습니다. 유통 면에서도 아직 우리나라나 선진국의 도움이 필요한 지금 의약품의 유통에 대해 배우는 것도 좋은 시기입니다. 아직 농촌에는 의료혜택을 못 받고 있는 곳이 많습니다. 이러한 점에서 볼 때 의약품이나 의료기기 판매나 유통의 전망도 밝습니다.

▶ 소프트웨어 개발

현재 중국의 소프트웨어 개발업은 두 가지 방향에서 큰 충격을 받고 있습니다. 하나는 외국의 선진 업체들이 들어와 기술을 독점하는 것이고 또 하나는 중국 내에서 해적 카피가 제멋대로 성행하고 있다는 점입니다. 병원소프트웨어, 농수산유통 소프트웨어 등등 그 기술에 기본되는 크라우드시스템이라든지 얼마든지 많은 일들이 우리를 기다리고 있습니다.

▶ 영상 게임

중국인들이 좋아하는 도박이 인터넷으로 넘어와 게임으로 성행하고 있습니다. 중국인들이 자유로움과 즐거움을 추구하려는 욕망 또한 더욱 강해질 전망입니다. 다매체 오락은 많은 사람들에게 즐거움을 줄 수 있다는 점에서 주목을 받고 있습니다. 많은 기업들이 이러한 시대적 변화를 겨냥한 투자를 하며 인력난을 호소하고 있습니다.

▶ 관광전문가

현재의 관광대국은 미국이지만 10년 이후에는 중국이 1위가 될 예정이라고 합니다. 중국은 소비대국이고, 중국인 또한 높은 품질의 레저 활동을 추구하며 본인들이 직접 미지의 세계를 느껴보려고 할 것입니다. 이를 충족시키기 위한 거대한 관광시장이 탄생하게 될 것으로 전문가들은 예상하고 현재도 맞춤여행시장이 늘어나고 있는 추세입니다. 현재는 관광의 초기 단계라 단체관광이 10년 이상 성행하겠지만 여기에 더 나아가 여행업이 단순 안내자가 아니라 처음부터 끝까지 전면적이고 격조 높은 종합정보서비스를 제공하며 개인의 요구에 대해서도 신속한 맞춤 서비스를 제공하는 수준으로 발전할 것입니다.

▶ 중국의 공공시설 관리

정부기관이 관리하던 공공시설들이 민간기업에게 넘어가는 것이 세계적인 추세입니다. 중국에도 이 같은 상황이 나타나게 될 것으로 보고 공공시설 관리를 눈여겨보고 있는 국내외 기업들이 많이 있습니다. 앞으로 이러한 관리를 담당하려는 기업들끼리의 목표 쟁탈 경쟁이 치열해질 것으로 보입니다.

우리나라는 유학을 장려하는 나라는 아니지만 유학생이 날로 늘어나고 있는 현실을 비추어봤을 때 교육의 100년 계획으로 유학생들에게 비전을 주고 공부를 시키면 우리나라 발전에 영향을 미치리라 생각합니다. 이런 꿈을 위하여 유학생이 준비하고 분석하여야 할 사항은 우선 한국인은 한국을 잘 알아야 한다는 점입니다. 유학생활의 기본인 한국을 파악하고 중국 상황에 대입하는 훈련을 교육 혹은 인턴십을 통해서 장악할 수 있는 용기와 끈기를 길러야 합니다.

그렇다면 학생들은 중국을 알기 위해 어떠한 준비를 하고 있을까요? 무엇을 알기 원하는지를 학교에서는 알 수 없으며 가르쳐주지도 않기에 한국의 잡지나 칼럼을 통하여 관련 자료를 입수하는 것이 선결과제란 생각이 듭니다. 오도구의 유학생 중 얼마나 많은 학생들이 신문이나 칼럼, 월간지와 기업소식지를 통하여 한국을 알려고 노력할까요? 제가 보기에는 미지수였습니다. 또한 중국의 시사를 알기 위해 신문과 주간지, 월간지를 관심 있게 보면서 주요 기사를 스크랩하고 수업에 반영하는 학생을 만나보기가 드물었습니다.

유학의 본질을 이해하고 미래를 준비함으로써 유학생들이 중국회사에 취업하고 중국 회사의 생리를 한국 기업에 전해주며 중국회사가 원하는 전문가가 된다면 중국이 우리나라 청년실업의 돌파구가 될 수 있다고 봅니다.

중국에 진출해 있는 몇 만 개의 우리 기업의 주재원들이 있습니다. 이들도 인재 중에 인재지만 이들이 중국의 관습과 규범, 기업생리를 아는데 많은 경비와 시간이 듭니다. 젊고 혈기왕성한 젊은 이들이 유학 이후 미래를 위한 투자로 중국 기업을 먼저 이해하여 한국에 전해준다면 이 또한 얼마나 보람찬 일일까요? 우리나라와 임금 비교를 해보면 중국에는 전도유망한 좋은 기업이 많이 있습니다. 중국 기업에 문을 두드리고 용기 내어 도전하기를 바랍니다.

중국유학 + α 일본, 미국, 중국 유학비교

발전도상에 있는 국가들은 선진 제국의 앞선 문물을 받아들여 자국의 학술·기술·문화 수준을 드높이기 위하여 젊은 영재들을 내보내서 선진 문물을 흡수해 왔다. 그러나 점차 세계적인 교류가 활발해지면서 선진국·후진국을 구별하지 않고 그 나라의 사회·경제·문화를 깊고 넓게 연구하기 위하여 외국으로 건너가 문물을 배우는, 이른바 지역연구형 유학도 활발하게 이루어지고 있다.

이렇듯 유학이 보편화되자 연령도 이전의 일부 영재층에서 청장년층으로 확산되고 있으며, 선진국에서는 유학의 대중화현상마저 나타나고 있다. 1997년 유네스코 교육통계에 의하면 외국인 유학생이 가장 많은 나라는 미국으로 44만 9700여 명이 재학하고 있으며, 프랑스 13만 9500여 명, 영국 9만 500여 명 등으로 그 뒤를 잇고 있다.

1천 명당 유학생 수로 환산할 경우 스위스 170명, 오스트리아 105명, 프랑스 67명 등 유럽 대학들이 높은 순위를 점하고 있고, 아시아권에서는 일본 16명에 이어 중국도 한국(0.9명)의 6배 가까운 다섯 명에 이르는 것으로 나타났다.

이 중 가장 많은 유학생이 몰리고 있는 미국 내 전체 유학생은 중국이 4만 4,381명으로 가장 많고, 계속해서 5위까지 아시아 국가가 차지하였다.

이제 유학생 교류는 후진국이나 개발도상국에서 선진국으로의 일방적인 진출만이 아니라 선진국 상호간, 나아가서는 선진국에서 개발도상국 등으로 일반화되고 있으며, 필요에 따라 특정한 분야가 발달된 지역으로 유학

통계표명 : 유학생 현황[단위 : 명, 백만달러]

통계표									
		2004	2005	2006	2007	2008	2009	2010	2011
해외유학생 수	초등학교	6,276	8,148	13,814	12,341	12,531	8,369	8,794	–
	중학교	5,568	6,670	9,246	9,201	8,888	5,723	5,870	–
	고등학교	4,602	5,582	6,451	6,126	5,930	4,026	4,077	–
	대학	187,683	192,254	190,364	217,959	216,867	240,949	251,887	289,288
	학위과정	105,893	100,716	113,735	123,965	127,000	151,566	152,852	164,169
국내 외국인 유학생	대학	16,832	22,526	32,557	49,270	63,952	75,850	83,842	89,537
	학위과정	11,121	15,577	22,624	32,056	40,585	50,591	60,000	63,653
유학, 연수 수지	국내수입액	15.9	12.6	28.0	44.9	54.4	36.3	37.4	51.0
	해외지급액	2,493.8	3,380.0	4,515.0	5,025.3	4,484.5	3,999.2	4,488.0	3,806.4
	유학, 연수 수지	−2,477.9	−3,368.3	−4,487.0	−4,980.4	−4,430.1	−3,962.9	−4,450.6	−3,755.4

출처 : 한국교육개발원 교육통계연보, 교과부 자체조사, 국립국제교육원, 한국은행 경제통계시스템

주) '11년도 초, 중, 고 국외 유학생 수는 '12년 10월 한국교육개발원 발표 예정

국내 외국인 유학생은 '03년까지는 교육부 자체조사 결과이며, '04년도 이후는 한국교육개발언 조사결과

국내 외국인 유학생 수(대학)는 '03년까지는 전문대학, 4년제 대학, 대학원대학에 재학 중인 외국인 유학생만을 조사하였으며, '04년도부터 전문대학, 4년제 대학, 대학원대학, 원격대학, 각종 학교에 재학 중인 외국인 유학생을 모두 조사

유학, 연수 수지는 초, 중, 고 및 대학생 이상의 유학생을 모두 포함하여 산정('11년도 자료는 10월까지의 잠정치임)

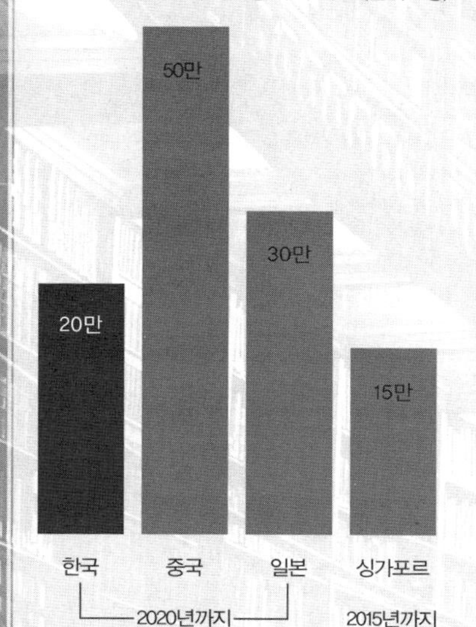

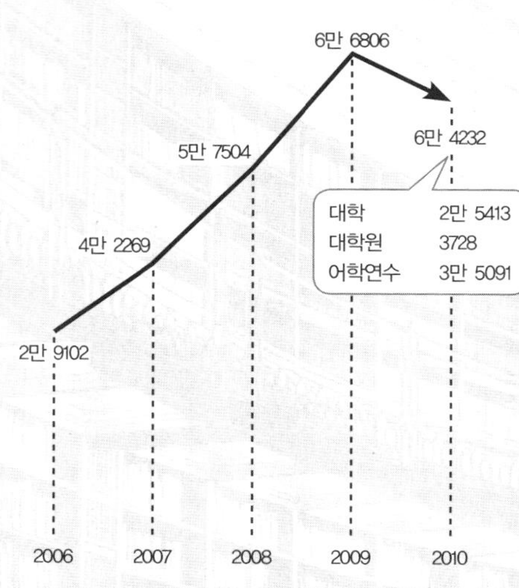

자료 : 교육과학기술부, 한국교육개발원

하는 다양화현상을 보이고 있다.

일본은 구한말 각종 장학금제도를 만들어 한국의 우수한 인재를 모아 교육을 시켜 한국을 통치하는 수단으로 이용하였고, 한일합방 이후에도 여전히 유학이란 제도를 이용하여 고위층 자제나 우수한 두뇌를 모아 교육하여 철저하게 친일파로 만들었다.

일본은 우리보다 선진국이었으므로 문화적으로 배울 것이 많았고, 특히 선진과학의 문물을 일찍이 받아들였기 때문에 우리나라 사회간접자본의 기틀은 모두 일본에서 배웠다고 해도 과언이 아니다.

일본 유학파 중에는 우리나라 독립군도 많았을 뿐만 아니라 해방 이후 수십 년 동안 우리나라의 최고위직에서 머물렀던 사람이 많았다. 그래서 왕왕 현 정치권에서도 친일파라는 단어가 나오면서 시대적 상황과 지금 상

주요 국가별 현황 (2011.4.1 기준)

국가	미국	중국	영국	호주	일본	캐나다	뉴질랜드	필리핀	기타	계
유학생 수	72,153	62,957	17,310	33,929	25,692	15,808	10,289	30,061	21,089	289,288
비율(%)	24.9	21.8	6.0	11.7	8.9	5.5	3.6	10.4	7.3	100.0

* '11년 국내 외국인 유학생 수(대학)은 89,537명으로 '10년(83,842명) 대비 6.8% 증가
–중국 등 개도국의 고등교육 수요 증대와 한류 확산, 정부 및 대학의 외국인 유학생 유치 노력으로 국내 외국인 유학생 수는 급격히 증가하였으며 향후 외국인 유학생 유치, 지원을 위한 노력의 가속화 및 한국 유학에 대한 적극적 홍보로 국내 외국인 유학생 수는 지속적으로 증가할 전망

주요 국가별 현황 (2011.4.1 기준)

국가	중국	일본	미국	베트남	대만	몽골	기타	계
유학생수	59,317	4,520	2,707	2,325	1,574	3,699	15,395	89,537
비율(%)	66.2	5.0	3.0	2.6	1.8	4.1	17.2	100.0

* 유학, 연수 수지
–국외 유학생 증가로 인해 유학, 연수 수지 적자폭도 크게 증가('01년 : 1,059백만 달러 적자 → '11년 : 3,755.4백만 달러 적자(잠정치)
–학생 유출입의 불균형에 의해 큰 폭의 수지 적자가 나타났으며 향후 국외 유학생의 수가 지속적으로 증가할 것으로 예측되어 단기간에 유학, 연수 수지가 개선되기는 어려움
–장기적으로 외국인 유학생의 한국 유학을 적극적으로 지원함으로써 유학, 연수 수지의 적자폭을 줄여나갈 계획

황을 비추어 보는 경우가 많다.

시대적 상황이 그러해 당시에도 선진국 유학이 대세를 이루었다. 그 당시뿐만 아니라 현재에도 일본의 물정을 안다는 것은 과학, 경제 부분에 빼놓을 수 없는 하나의 정점이라 볼 수 있다. 부동산, 특허, 기업운영, 경제흐름 등과 같이 먼저 일본의 실정을 알고 한국에 귀국하여 한국에 적용하면 경제적 이득을 취하는 경우가 많았다.

제2차 세계대전 전의 제국주의 열강은 식민지의 청년 가운데 이용가치가 있는 자에게 각종 장학금을 주어 종주국으로 유학시킨 다음, 식민지의 관료나 예속 자본가로 길러 이용하려는 정책을 썼다.

식민지 출신의 유학생 중에는 조국의 현실을 직시하고 민족해방을 위한 투쟁에 참여한 정의로운 인사도 적지 않았다. 그러나 상당수는 민족의 고난을 외면하고 종주국의 꼭두각시 노릇을 했다는 사실은 일제하의 한국인 일본 유학생 출신에게도 그대로 해당되는 것이었다.

미국의 유학은 어떠한가? 미국이 한국에 대해서 관심을 보이기 시작한 것은 1834년 아시아지역에 파견되었던 미국의 로버츠 특사가 '조선과도 교역할 가능성이 있다'고 귀국보고를 하면서부터이다. 보다 구체적으로는 1845년(헌종 11) Z.프래트 의원이 '조선에 대한 통상사절파견안'을 제기한 데서 비롯된다. 그러나 이 제안은 실현을 보지 못하였으며, 그 후 몇 차례의 비공식적인 접촉이 있은 후 한·미 양국이 공적으로 접촉할 계기를 마련해준 것은 '제너럴 셔먼호사건'과 '신미양요(辛未洋擾)'라는 불행한 사건이다. 1874년(고종 11) 대원군이 실각되고 1876년 조선이 일본과 수호조약(修好條約)을 맺자, 1880년 미국은 일본을 중재국으로 하여 슈펠트 제독(提督)이 조선과의 통상교섭을 시도하였으나, 이 '중재외교'도 조선 측의 거부로 실효를 거두지 못하였다.

이와 같이 미국에 의해 일방적으로 추진되어온 양국의 수교 문제가 난항을 거듭할 무렵, 일본에 주재하던 청국의 외교관 황준헌(黃遵憲)이 조선의 외교진로에 관해 쓴 《사의조선책략(私擬朝鮮策略)》이 입수되어 이것이 어전회의에 상정된 뒤부터 미국에 대한 인식이 달라져 양국관계가 호전되는 계기가 되었다. 이로부터 조선정부는 종전까지 영국이나 러시아와 마찬가지로 해적국가이거나 오랑캐 나라로 생각하였던 미국에 대해서 호감을 가지게 되면서 1882년(고종 19) 전문(全文) 14관(款)으로 이루어진 한·미수호통상조약(韓美修好通商條約)을 체결하게 되었다. 이에 따라 1883년 5월에는 초대 미국전권공사 H.푸드가 입국해서 비준서(批准書)를 교환하였고, 조선정부에서도 같은 해 6월 전권대신 민영익(閔泳翊), 부관 홍영식(洪英植) 등을 미국에 파견하여 그 후 조선정부의 외교노선이 연미정책(聯美政策)으로 기울어져, 한반도에서 청국·일본·러시아 세력을 견제하는 데 미국의 도움을 얻고자 하였다.

미국이 한국에서 취득한 경제적 이권을 보면 1896년 경인철도부설권(뒤에 일본에 양도), 운산금광(雲山金鑛) 채굴권, 서울 수도시설권 등을 획득하였고, 한성전기회사를 설립하여 전기를 공급하고 전차를 들여왔으며, 영국과 합작으로 인천에 연초공장을 세운 정도였다. 1897년을 기준으로 한국에 입국한 미국인은 47명으로 집계되어 청국인(1,236명), 일본인(871명), 러시아인(56명)에 이어 4위를 기록하였다. 한국인은 1903년부터 미국으로의 노동이민이 시작되어 1905년까지 약 7,000명이 하와이에 이민하여 이후 미국 각지에서 집단을 이루면서 살게 되었다. 민간인으로서 제일 먼저 한국에 입국한 선교사이며 의사인 알렌이, 갑신정변(甲申政變: 1884) 때 저격당하여 생명이 위태로웠던 민영익(閔泳翊, 초대 미국전권대신)을 치료해준 일은 한·미우호관계를 증진하는 계기가 되어, 이때부터 그동안 기피해온 서교도(西教徒)라 할지라도 미국에서 파견한 선교사는 왕실에서 특별히 후원하였다.

따라서 1885년 이후에 입국한 언더우드, 아펜젤러, 스크랜턴 등이 선교의 부대사업으로 시작한 교육·의료·학술 부문의 모든 시설은 한국이 서구의 근대 문화를 수용하게 되는 획기적인 계기가 되었고, 이들에 의해 전래된 개신교(改新教)는 이보다 1세기 앞서 전래된 가톨릭보다 훨씬 빠른 속도로 전교(傳教)되었다. 이때 설립된 근대적 교육기관으로는 1886년 이후 배재학당(培材學堂)·이화학당·경신학교·숭실학당(崇實學堂, 평양)·제중원의학교(濟衆院醫學校)·연희전문 등으로, 이들은 가장 오랜 전통을 가진 사립학교로서 한국 근대교육의 선구적 구실을 하였다. 또한 1886년에 설립된 관립 육영공원(育英公院)도 미국에서 초빙된 H.B.헐버트 등 3명의 교사가 중심이 되어 운영하였으며, 여기서는 영어로 강의하고 교과서도 영어로 되어 있었다.

미국 선교사들은 1911년 추방당할 때까지 한국에 머물면서 선교·육영사업 등을 전개하였다. 입국 직후부터 의료 활동을 편 알렌은 1885년 고종에게 건의하여 서의식(西醫式) 왕립병원인 제중원(濟衆院)을 설치하게 하였는데, 이 병원은 후에 선교단에 인계되어 세브란스 병원으로 발전하였고, 여의사 스크랜턴, 하워드, 매길 등은 종로와 정동(貞洞)에 부인병원을 설립하여 한국인에게 처음으로 서양의학을 소개하였다. 이들의 의료 활동에 따라 한국의 의료제도도 종래의 한의학 중심에서 부분적이나마 서양의학으로 변혁되어 1894년에는 내부(內部, 내무부)에 서양의학을 위한 위생국이 설치되어 전염병 예방, 세균검사 등 근대적 위생사업이 시작되었다. 이 밖에 전기·전차·축음기·활동사진 등 한국인을 놀라게 한 새로운 문명의 이기(利器)를 처음으로 한국에 들여온 것도 미국인이었다.

1884년 유길준(兪吉濬)이 첫 미국 유학생이 된 이래, 미국은 한국의 면학도에게 유학의 메카가 되어 왔고, 많은 유학생들은 선각자로서 조국광복과 조국의 근대화에 중추적 구실을 하였다. 이와 같이 미국은 한말에 정치·경제면에서는 그 영향력이 미미하였으나, 문화면에서는 근대문화 도입의 선구적 구실을 하였다.

이와 같이 일본과 미국 유학은 역사도 깊을 뿐만 아니라 우리나라의 근대화 기반을 건설하는데 절대적인 힘이 되는 나라였고, 이들 나라 역시 우리나라에게 원조를 주면서도 많은 이득을 취했다.

최초의 중국 유학은 고은 최치원(崔致遠) 선생으로부터 시작되어 왔다. 최치원은 자가 고운(孤雲, 혹은 해운[海雲])이며 서울 사량부(沙梁部) 사람이다. 역사의 기록이 없어졌기 때문에 그의 집안 내력은 알 수가 없다. 치원은 어려서부터 세밀하고 민첩하였으며 학문을 좋아하였다. 나이 12세가 되어 배편으로 당에 들어가 유학하고자 할 때 그의 아버지가 말했다.

"10년이 되도록 과거에 급제하지 못하면 내 아들이 아니다. 가서 힘써 노력하여라!"
최치원은 당에 도착하여 스승을 쫓아 학문을 게을리하지 않았다.

건부(乾符) 원년 갑오(서기 874)에 예부시랑(禮部侍郎) 배찬(裴瓚) 아래에서 단번에 급제하여 선주(宣州) 율수현위(溧水縣尉)에 임명되었고, 그 치적의 평가에 따라 승무랑시어사내공봉(承務郎侍御史內供奉)이 되었으며, 자금어대(紫金魚袋)를 받았다. 이때 황소(黃巢)가 반란을 일으키자, 고병(高騈)이 제도행영병마도통(諸道行營兵馬都統)이 되어 이를 토벌하게 되었는데, 최치원을 불러 종사관으로 삼아 서기의 임무를 맡겼다. 그가 지은 표문(表文), 장계(表啓), 서한(書翰), 계사(啓辭)가 지금까지 전해오고 있다.
지금 시대에 미국이나 중국에 유학을 보내면서 '네가 10년 안에 박사학위를 받아 그 이름을 떨치지 못하면 돌아오지 마라'고 하는 아버지가 요즘 있을까? 최치원은 아버지의 가르침에 대해 계원필경에서 이렇게 말하고 있다.
"저는 아버지의 엄훈을 마음에 깊이 새겨 게으름을 피우지 않았습니다. 쉴 새 없이 노력했으며 오로지 아버지의 뜻을 받들고자 노력했습니다. 남이 백 번 해 이루면 저는 천 번을 해서 유학 온 지 6년 만에 이름을 올리게 되었습니다."
역사를 모르고 공부를 하면 어떻게 될 것인가? 유학에 관한 역사를 잠시라도 살펴보고 우리나라가 광복을 맞이한 이후 일인당 국민소득과 외국과의 교역 상황을 살펴봤다면 이후 그 나라에 가서 유학을 하고 선진문화를 한국에 받아들여 사업, 문화 방면으로 경제적 권익을 얻는데 지금보다 우월적 지위에 있었으리라 생각한다.
중국은 공산주의식 사회주의로 79년 개혁개방으로 인해 모든 시장이 닫혀 있었다. 한국경제 상황보다 열등한 시기인 92년 한중수교 이후 많은 사람들이 중국에 대해 아는 것은 대부분 우리나라와 가까운 나라이고, 우리나라가 경제적으로 우월하다는 것뿐이었다. 그래서 중국에 대해 연구하지 않고 사업을 하였기에 번번이 실패하는 대기업, 중소기업이 부지기수였다. 유학하는 나라의 환율, 국민총소득, 정치, 경제가 우리나라에 미치는 영향에 따라 유학생의 격도 올라가게 되어 있는데, 과거에는 중국의 세계적 지위가 낮고 문명이 낙후되어 있어 한국 유학생이 후진국에 유학을 와서 배운 것이 너무 없고 놀기만 했으니 "이래도 중국 갈래"라는 식의 평가가 많았다. 중국유학을 바라보는 부정적 시각이 너무 많고 유학생의 개인적인 역량이 아직 우리나라 사회에서 영향을 미치지 못하고 있기에 중국 유학생을 보는 눈은 당연히 낮을 수밖에 없는 것이 현실이다.

수교 20년, 유학 20년, 이제 새로운 막을 올릴 시기가 왔다. 하지만 준비되어 있는 사람이 몇이나 될까? 준비된 유학생을 찾기 위해 한국에서는 인력난을 겪고 있는데 여기 수많은 유학생들은 구직난을 겪고 있다. 세계에서 지리적으로 3번째 큰 나라, 인구는 세계 1위, 영어분포도는 세계 1위이지만 가장 많이 사용하는 언어는 중국어라고 한다. 연성장 8%를 자랑하며 개혁개방 30년 만에 중국의 경제는 세계 2위로 급부상했지만 아직 규모만 컸지 내부적으로는 발전할 것이 너무 많아 우리나라 소프트파워가 필요할 시기이다. 2010년도 기준으로 중국은 우리나라 최대수출, 수입, 교역상대국이며 무역수지도 1위를 유지하고 있다. 하지만 중국의 정통전문가가 부족하고 우리나라에서도 정책결정을 하는데 중국유학을 했던 사람의 자리는 극소수라고 할 수 있다.

한국이 97년도 IMF를 극복하는데도 중국은 우리나라의 무역수지를 원활하게 함으로써 빠른 시간 내에 빠져나올 수 있었다. 앞으로 세계경제 무대에서 중국이 기여하는 역할이 커질 것이며 놀라운 변화는 계속될 것이다.

우리나라는 교역의 25% 이상을 차지하고 있어 중국이 기침하면 감기 걸릴 만큼 중국에 의존도가 높다. 중국에서 유학생활을 하고 있다는 사실에 자부심을 가지고 지금보다 더 열심히 학업에 증진하고 개인적인 역량을 개발한다면 개인계발에도 충분히 승부수가 있다고 생각하며 이는 학생들과 어른, 정부가 힘을 합하여 나아갈 방향이라고 생각한다.

제2장

대학생활의 이모저모

1. 북경대, 청화대 유학생의 현실

북경대, 청화대는 1년에 중국 학생을 각각 3,000여 명을 선발하고 그 외 유학생을 10% 미만으로 선발합니다. 그중 유학생이 매년 250여 명 입학합니다. 본과생 250여 명, 예과 150여 명, 어학연수생 100여 명, 석박사생 수를 합하면 매년 한국 학생이 500여 명 입학하니 약 20여 년의 유학 역사를 보았을 때 적은 숫자는 아닙니다. 중국 유학 20년을 돌이켜보면 아직 유학생들의 꿈과 이상이 명확하지 못해 학생들은 유학 생활 동안 시간만 허비하고 있습니다. 중국정부의 유학생에 대한 정책이 합리적·비합리적이라고 판단하기 이전에 유학생들은 많은 준비를 해야 하는데 일부에서는 비판만 할 뿐 자신의 조그만 역량이라도 그것을 뒤집을 수 있는 힘을 배양하지 못하였다고 생각합니다.

유학생 본인들은 북경대, 청화대가 세계 100대 안에 있는 대학이고 우수한 대학이라고 생각하지만 본인의 주제는 과연 그 속에 가치 있는 사람인가를 파악하지 못하고 있습니다. 초, 중, 고 교육의 목표가 대학이지 대학 진학 후 학생들의 꿈을 이루기 위해 필요한 도구를 가르쳐주지 않았기에 대부분의 학생들은 대학이라는 목표에 안주하여 그 이상의 꿈을 꾸지 못하는 것 같습니다. 중국 유학생들의 꿈은 여기서 공부하여 미래에 한국과 중국의 교두보로 할 일이 많다고 생각만 할 뿐 구체적인 사항이 없기 때문입니다.

한중관계의 교두보로 무역이나 외교관으로서 할일은 많은데 오늘 할일이 없습니다. 원대한 꿈속에 단기목표, 월간목표, 주일목표, 매일시간표가 없기에 대부분 스마트폰으로 몇 시간 놀고, 친구를 만나는 등 킬링타임을 하기에 바쁜 것 같았습니다. 가장 큰 문제는 본인이 하고 싶은 일을 찾고자 책을 읽거나 멘토를 만나지 않고 오도구에서 마냥 시간을 보내고만 있는 것입니다. 그리하여 중국에서 한국 학생들을 바라보는 시각은 좋지 않고, 한국에서는 경제적으로 미국이나 일본으로 유학을 못 가는 학생들이 영어가 부족해 중국에서 놀고 있다는 시각으로 바라보고 있다는 것을 많이 느꼈습니다. 많지 않은 학생은 시간을 쪼개어 공부하고, 논문발표를 하거나 외국인 중국어 발표 등을 하여 수상을 하고 동아리를 만들어 학구열을 올리고는 있지만 아직도 해야 할 공부가 많고 할 일도 많습니다.

▶ **기숙사**

영문, 중문, 일문학과는 유학생들만 별도로 수업을 하고 있고 기숙사 역시 유학생들만 별도로 운영이 되고 있습니다. 중국 학생들의 경우 일 년에 1,000위안이니 한 달에 약 90위안 정도 부담하는 것이고, 유학생들이 이용하는 가장 저렴한 북경대 기숙사인 샤오위엔이 한 달에 900위안, 북경대 중관신위안은 월 3,000위안, 청화대는 일괄적으로 1,800위안에서 2,400위안 정도를 내야 합니다. 이것도 기숙사가 부족하여 많은 학생들이 주숙(住宿) 비용으로 돈을 많이 지출하며 시간 사용이 합리적이지 않아 사용하는 금액만큼 효과가 없는 것이 사실입니다. 식사는 학교 식당에서 해결하거나 가까운 곳에서 한국 음식을 배달시키기도 합니다. 그리고 가까운 오도구에 한국 식당이나 한국 슈퍼가 있어 편리합니다.

유학을 하며 경비와 효과를 생각하지 않으면 개인적, 국가적으로 손실일 뿐만 아니라 스스로 미래계획을 하는데 도움이 되지 않

	장점	단점	비용
기숙사	1) 수업 가기 편함 2) 각종 정보가 많음 3) 기숙사 친구들과 친해짐 4) 조별 모임장소가 기숙사의 열람실인 경우가 많음 5) 복무원의 청소 서비스 6) 전기세, 물세 끊어질 염려 없음 7) 냉난방 좋음 8) 고장 나거나 불편한 것이 있으면 복무원이 해결해줌	1) 온수가 나오는 시간이 정해져 있음 2) 방음이 잘 안 되서 시끄러움 3) 방이 너무 좁음 4) 열악한 취사환경 5) 거북이 속도 인터넷	2400RMB/월 청화대의 경우 방학 때 封房이란 것을 신청하면, 한국에 가 있는 동안의 비용이 매우 저렴해짐
자취	1) 집 같은 느낌 2) 주방이 있어서 취사가 용이 3) 온수 24시간	1) 학교가기 불편함(특히 악천후) 2) 보증금을 원금 그대로 돌려받지 못할 가능성 매우 높음 3) 청소는 셀프 4) 기숙사보다 비용이 비싸고, 부수적으로 들어가는 비용도 적지 않음	위치, 방 개수, 룸메이트 여부에 따라 상이

습니다.

▶ 학과 수업과 수강신청

학과 수업을 할 때도 한 교과목당 읽어야 할 책과 리포트가 유학생에게도 주어지는 과목이 있고 그렇지 않은 과목이 있습니다. 우선 유학생들이 자신이 할 일을 찾지 못해 못하는 것도 있지만 캠퍼스 아시아로 한중일 세 나라가 대학끼리 학점도 공유하는 시대가 도래하였는데, 중국에서 유학생과 중국 학생들의 교류가 원활하지 못한 것이 하나의 오점이라고 볼 수 있습니다. 중국의 유학생에 관한 정책은 대사관이나 한인회에서 중국 교육부관계자들을 만날 때 논의를 해보는 것이 필요합니다.

중국 대학 수강신청의 경우에도 우리나라와 다른 점이 있습니다. 수강신청은 방학 중 개학 2주 전쯤부터 시작을 해서 개학 전날까지 이어지며 신청한 과목의 신청 성공 여부가 개학 날 아침 발표가 납니다. 왜냐하면 개설된 과목의 학생 숫자는 제한되어 있고 신청한 이가 많으면 학교의 규칙대로 나머지 인원은 신청에서 밀려 수강신청 하지 않은 것과 똑같은 경우가 생깁니다. 만약 32학점을 신청하였는데 신청자가 많은 과목을 많이 수강신청 했으면 실제 신청과목은 24학점밖에 안 되므로 신청을 많이 해두는 것이 안전하다고 할 수 있습니다. 개학 이후 2주 동안의 조정기간 중 청강을 하여 잠시 동안의 추가 선택 기간이 있는데 이때는 선택만 가능하고 취소는 불가능합니다. 이러한 일련의 과정으로 수강신청은 마무리됩니다.

개학 8주차가 되면 중간고사 직전 수강 취소 기간이 시작되어 수강했던 과목이 맞지 않으면 '환카오'라는 것을 신청하여 다음 학기나 1년 뒤에 다시 듣고 시험을 칠 수 있는 기회가 있습니다. 수강 취소 과목은 1학점당 100위안씩 계산하여 자신이 원하는 과목의 학점만큼 돈을 지불해서 취소를 할 수 있습니다. 학과별 졸업학점은 조금씩 다르지만 보통 137~150학점 정도를 이수합니다. 뿐만 아니라 모든 중국 학생들은 필수과정인 4학기 대학영어 수업도 들어야 하는데 유학생들은 유학생 영어수업을 들어야 합니다.

중국 학생과 유학생, 본과생은 한 학기에 12학점 이상, 25학점 이상(?)은 수강신청을 할 수 없습니다. 각 학교마다 학점 이수 상황은 다르므로 북경대에 맞추지 않는 것이 좋을 듯합니다. 학비는 중국인은 일 년에 5,000위안이면 외국인은 26,000위안이고 기숙사의 경우 중국인은 일 년에 1,000위안이면 외국인은 10,000위안에서 36,000위안까지입니다.

북경대에서는 유학생들이 교환학생이란 명분으로 유학은 가지 못하지만 방학마다 8학점을 이수하러 미국 대학에 가는 경우도 있습니다. 이는 좋은 기회이며 학점을 이수한 이후에 관광도 하면 좋을 듯합니다. 중국 학생들은 한국 대학으로 교환학생 가는 경우가 많은데 우리에겐 없어 아쉽고 만약 기회가 된다면 한 학기 정도 교환학생은 의미 있는 시간이 되리라 봅니다. 2012년부터 유학생에게도 이런 기회가 주어져 한국유학생이 미국대학 교환학생으로 가는 길이 열렸습니다.

만약 학점이 부족하여 1년을 더 연장해야 할 경우에는 일 년은 학비 면제입니다. 이것도 한국과는 다른 점이라 볼 수 있습니다. 대학은 8년 동안 졸업을 할 수 있으며 요즘은 대학 4년, 어학연수 1~2년, 그리고 군대까지 하면 남학생은 졸업하는 데 8년이 넘어가고, 여학생들은 4~5년이란 시간이 걸리는 경우가 있습니다.

그리고 전과하는 경우에는 2학년 말에 전과 시험을 치를 수 있는데 학점이 3.0 이상이어야 합니다. 북경대는 학점을 좋게 주는 편이 아닙니다. 북경대는 과별 평균 평점이 2.6~2.7 정도 됩니다. 만약 전과 시험에서 통과가 되면 다시 1학년으로 돌아가서 학점이수를 시작합니다. 같은 대학이라도 학점을 인정하여 주지 않습니다. 복수전공은 전공 외 40학점 이상을 이수해야 합니다.

교환학생제도에 대해서도 알아두어야 할 것이 있습니다. 중국 학생은 한국 대학에 학점을 이수하든지 교환학생으로 한국에 가는 학생이 많으나 국적이 한국인 유학생은 교환학생이나 학점교류를 할 수 없습니다. 반대로 한국 학생은 중국 대학에 교환학생으로 오는 경우가 많습니다. 교환학생으로 북경에 와서 영어 수업을 듣고 학점을 이수하게 해주는 대학도 있고, 어학연수를 하다가 학점을 이수하게 해주는 학교도 있습니다. 카이스트, 성균관대, 경희대, 연세대 등 각각 과별로 자매결연이 되어 활발하게 교류하고 있습니다. 북경대학의 경우에만 한국 대학과 자매결연을 맺은 대학이 20여 개가 있습니다.

특히 북경의대는 가천대학과 교수·학생 교류를 한 지 10여 년이 되었고, 연세의대와도 자매결연이 되어 있습니다. 유학생은 특별전형으로 대학입학을 하였기에 중국 학생들과 같이 함께 한국 대학에 교환학생으로 갈 수 없는 것이 조금 아쉽지만 어쩔 수 없는 현실입니다.

그리고 법대의 경우에는 외국인이 변호사 시험을 칠 수 없게 되어 있습니다. 법대 졸업 이후 미국 대학으로 유학을 가는 경우도 있고, 한국 로스쿨로 가는 경우도 있습니다. 북경에 한국어학과가 있는 대학은 7개 대학입니다. 이중 북경대학은 조선어과로 시작하여 역사가 65년 정도 됩니다. 북경 외대, 경무대 등 이 학생들이 배우는 교재를 봐주는 것도 유학생들이 관심을 가져야 할 부분입니다. 교재를 보니 맞춤법도 틀린 곳이 있고, 역사도 엉터리인 경우가 있었습니다.

▶ **졸업논문**

4학년 논문을 작성할 시에는 매년 11월 초 정도에 학과에서 논문 지도교수와 주제를 선택하라고 공문이 올라오고 본인이 선택할 수 있습니다. 한 교수마다 배정된 정원이 있다고 하는데 공식적으로 정해진 정원은 없으며 인기가 많은 교수님들에게는 미리 신청을 해야 합니다.

논문 주제를 정하는 것은 교수님마다 다르고, 바쁘신 교수님 같은 경우에는 먼저 개요를 써오고 고쳐오는 식으로 하시는 분이 많고, 어떤 경우에는 선생님께서 잦은 토론을 요구 합니다.

교수님 사무실에서 토론하며 4학년 1학기 말에 주제나 대략적인 논문 방향을 잡은 후에 4학년 2학기 때부터 쓰는 것이 정석이지만 대부분의 한국 학생들은 졸업논문에 대해 중요하게 생각하지 않고 한국으로 취업준비 하러 가는 경우가 있어 한국에서 이메일 형식으로 교수님과 상의하고 논문을 완성하는 경우도 있습니다. 교수님들 또한 너무 바빠 만나기 힘들고 학사논문에는 크게 신경 쓰지 않는 분위기이지만 학생이 적극적이라면 교수님들 또한 적극적으로 도와주시고 토론해 줍니다. 중국 학생들은 대학 졸업 이후 40% 정도는 진학을 하고 20% 정도는 유학을 가고 나머지가 취업을 합니다.

점수는 90점 이상이 되면 논문따비엔(答辩)이라는 질의응답시간을 가져야 하는데 많은 학생들이 이 과정을 원치 않아서 일부러 그냥 80점대의 점수만 받는 학생들도 많습니다. 논문평가는 지도교수 외 다른 교수 1명의 지도를 받으며 7,000자 이상 써야 하고, 10만 자까지 작성한 학생도 있습니다. 하지만 유학생들에게는 2만 자 이내로 쓸 것을 추천하였습니다. 자료는 주로 중앙도서관에서 찾았으며 그 외 기타신문자료, 타 학교 논문을 이용하고 국가도서관도 이용합니다.

▶ 유학생 사무실

대학에는 유학생 사무실이 있는데 여기서는 매 학년 초마다 비자신청이나 휴학신청을 할 때 도와주며, 의료보험, 재학증명서 신청 등을 받습니다. 또한 학비, 공지사항, 학교의 행사 등을 메일로 알려줍니다. 하지만 비자신청을 할 때 두 사람이 수백 명의 비자를 처리하니 비효율적이어서 3~4시간 이상 기다렸던 경우도 있고, 기다리다가 시간이 지나면 다음 날로 미뤄지는 경우도 있습니다. 그 외에 기타 유학생 활동들과 관련해서는 유학생 사무실의 허가가 필요합니다.

예를 들면 휴학신청, 복학신청, 졸업수속도장, 기숙사 관련 일, 대관 허가, 학교 내 포스터를 붙일 때 등 유학생 사무실 도장을 받아야 가능합니다. 그러나 졸업 이후 성적증명서 인증을 위해 복사본을 받으러 가면 그 불친절함이란 상상초월인 경우도 있습니다.

졸업식을 하고 난 뒤 북경대나 청화대 유학생 사무실에서 성적증명서를 복사하여 봉인을 해줘야 인증이나 공증을 받을 수 있으므로 성적증명서는 꼭 학교에서 복사를 해줘야 합니다. 북경대는 당일 해주는데 청화대는 그 복사를 위해 일주일을 기다리라고 하며 기다리는 동안 참기가 힘들기도 하고 결국엔 졸업장 인증하는 기간이 한 달 걸립니다.

아포스티유에 가입하지 않아 특히 미국 대학으로 유학을 가는 학생일 경우에는 시간이 촉박하여 인증서 가지고 싸우는 경우를 왕왕 보았습니다. 참고로 졸업장 인증소와 학위증명 인증소, 성적증명서 공증처가 모두 다르다는 것을 미리 알아두면 좋을 듯합니다.

▶ 아포스티유

① 아포스티유 확인이란 아포스티유 협약국간 문서 확인 절차입니다. 문서를 발급한 국가에서 문서가 틀림없음을 증명하는 과정입니다. 미국에서 대학교를 졸업하고 졸업증명서를 한국의 대학원이나 직장에 제출해야 할 때 그 졸업증명서가 미국의 졸업한 학교에서 발급된 것이 틀림없다는 것을 보증하는 절차입니다. 아포스티유 협약가입국은 현재 약 100개국입니다. 아포스티유 확인을 받은 외국공문서의 국내 활용은 취업이나 취학시 꼭 필요합니다. 아포스티유 확인 제도 접수시 교부기간은 국내 아포스티유는 3일 정도면 가능합니다. 해외의 경우는 국가별 차이가 큽니다. 미국의 경우 일주일입니다. 중국은 한 달입니다.

② 국내 아포스티유 과정(국내에서 발급된 서류를 해외사용시)

1. 아포스티유 상담 및 의뢰(전화상담, 의뢰접수, 결제)
2. 아포스티유 서류 번역, 아포스티유 공증
3. 아포스티유 확인(외교통상부 영사 확인, 소요기간 1박 2일)
4. 발송(아포스티유 문서 수령, 발송)

③ 중국 아포스티유 처리 순서(해외에서 발급된 서류를 국내나 해외 사용시)

1. 중국 인증소에 졸업, 학력증명서 제출(원본 필요)
2. 약 4주 정도 경과 후 의뢰인에게 발송 또는
3. 각국에 나와 있는 공자학원에 문의하여 다시 인증받을 수 있다.

(인증비용이 비싸다)

수강신청과 학점이수 어느 것 하나도 쉽지 않은데 중국 대학에 다니면서 실망한 부분은 고등학교와 같은 주입식 수업 방식과 원활하지 않은 사제 간의 교류에 실망이 컸습니다. 중국에서 교수의 지위는 참으로 높아만 보여 중국 학생들은 교수님 대하는 것이 너무 어렵고 유학생들도 그들을 따라갈 수밖에 없습니다. 본과생일 때 교수님과 친하게 지내는 것은 힘든 일인 것 같습니다. 교수님 역시 석·박사 위주의 수업이 많으므로 많은 본과생들에게 일일이 신경 써주는 것은 힘든 일이며 본인 공부에도 바쁜 것 같았습니다.

또 실망했던 부분은 중국 친구들과 함께 기숙사 생활을 해보지 못했다는 점입니다. 특히 유학생과 중국 학생 간의 차이는 너무 커서 졸업할 때라도 과연 함께 졸업하는 졸업생이 맞는지 싶을 정도로 중국 학생 위주의 졸업식이었습니다. 학교 행사의 절차나 소개도 해주지 않았습니다. 또한 졸업 영상에 유학생 관련 문구나 사진, 영상은 일체 포함되지 않았으며 유학생들에게 학교 활동에 대한 정보는 제한적이었습니다. 스스로의 노력이 부족한 부분도 있겠지만, 학교에서 조금 더 세심한 배려가 아쉬운 부분이기도 하였습니다.

또한 유학생들이 기타 활동을 하고자 하면 허가해 주지 않아 교실 하나 빌리기도 어려운 실정이며, 체육대회나 동아리 활동실 등은 상상조차 할 수 없는 상황입니다. 동아리를 학교에서 인증을 받으려면 일반 회사를 만드는 것과 같은 절차를 교수님께 받아야 하고, 동아리의 절차와 과정, 정관 등은 시도를 한 번 해보았지만 지도교수를 만나는 것이 참으로 힘든 일이었습니다. 교수님의 책임이 너무 컸고 사회의 기여도 같은 사항도 일일이 제출해야 하므로 유학생 동아리가 학교에 인정받는 것은 아마 하늘에 별따기 아니면 대사관의 도움이 필요한 것이 많았습니다.

또한 학생 수가 많아서 수업의 질이 떨어집니다. 보통 수업할 때 100명 이상이므로 교수님이 마이크를 들고 하는 수업에 집중이 잘 되지 않았고, 상세한 설명은 더욱 듣기 까다로웠습니다. 북경대 내에 Yale대학 교수님의 수업들이 몇 개 있는데 그 수업은 정원이 30명이고 수업내용도 토론형식이고 다양했습니다. 하지만 필수수업들의 규모가 150명 이상 듣는 수업들이어서 수업의 방식에 제한이 있을 수밖에 없고 수업시간에 토론을 한다는 것은 생각 밖이었습니다. 사상적 자유의 범위가 가장 넓다는 북경대지만 크고 작은 제약들이 눈에 들어왔고. 티베트 문제나 공산당 관련 언급을 거의 하지 않고 논문 또한 그런 범주를 제한하는 교수님들이 몇몇 계셨습니다. 당이 영도하는 데로 움직여야 하고 만약 자기 발언을 마음대로 하는 교수가 있다면 항상 시간강사로 전전할 수밖에 없으며 당의 주시를 받는 것 같았습니다. 특히 55개 소수민족 중 민감한 문제는 토론조차 상상하기 힘들었습니다.

하지만 중앙민족대학 조선어문학부 같은 경우에는 모든 학생이 장학금으로 공부하는 경우도 있습니다. 소수민족의 절대복종과 대우 차원이라고 할까요? 기록을 보존하고 발전하는 것도 미래의 준비니까요.

유학생과 중국 학생을 눈에 띄게 구별하고 차별한다는 것 중의 하나가 유학생에게는 영어수업을 이수할 수 없도록 한 학교 규율입니다. 유학생은 중국 교수님께 영어를 배워야 하지만 중국 학생들은 원어민 교수님께 듣기, 쓰기, 구술 수업을 받습니다. 또한 서러웠던 점이 바로 유학생들에게는 어학연수의 기회를 많이 주지 않는다는 점입니다. 영어를 잘하고 학점이 괜찮아도 어학연수를 갈 수 있는 기회는 거의 없습니다. 이러한 차별이 어쩌면 당연하게 보일 수 있겠지만 유학생으로서 참으로 안타깝습니다.

아직 공개경쟁이란 제도가 없어 자국민 보호를 위해서라기보다 공산당과 그 자녀를 위한다는 느낌이 강하고 올림픽 구호처럼 한 세상에 한 가지 꿈이 아니라 한 세상에 국적에 따라 꿈을 꾸는 나라라고나 할까요? 하지만 중국인이 생각하는 외국인의 문화습관과 경제습관이 다르다고 생각하여 유학생과 거리를 둘 수밖에 없는 상황이라고 하지만 이해가 잘 되지 않았습니다.

과마다 리포트를 작성하는데도 유학생과 함께 하는 과가 있는 반면에 물과 기름같이 전혀 섞이지 않게 하는 과도 있어 4년을 대학생활을 하였지만 공부를 함께 하지 않았기에 어려움도 함께 하지 못해 친하게 지내는 중국 학생이 별로 없어 안타까웠습니다. 북경대와 청화대의 영어과, 중국어과, 일어과는 유학생과 본토 학생들이 함께 수업하는 경우가 드물지만 다른 외국어대나 사범대학 같은 경우에는 어문계열 수업도 중국 학생과 함께 수업을 합니다. 이과 같은 경우에는 어느 대학이나 본토 학생들과 함께 수업을 하는 이유는 학생 수가 적기 때문입니다.

특별히 대외한어과는 어느 대학이나 유학생만 수업을 하는데

이 학과는 외국인이 배우는 중문과이기 때문입니다.

북경대학은 유학생 수능을 치르면 4년 내 졸업이 가능하고 예과를 통해 오면 기본이 5년이고, 경희대 한중 미래지도자과정을 하고 오면 5년 반이 걸리는데 이 모두가 대학을 졸업하기 위한 과정일 뿐 대학 자체 내의 프로그램으로 우리가 어느 것을 선택하고 인생의 터닝포인트로 생각하여 열심히 공부할 수 있을지를 고려하면 가장 현명한 선택을 할 수 있다고 봅니다.

요즘은 수교 20년이 넘으면서 중국에 온 지 10년 넘은 학생도 많고 이곳에서 로컬학교를 다녀 북경에 있는 입시학원을 다니지 않아도 대학 입학하는 데 별 어려움이 없는 학생들도 많습니다. 초, 중, 고를 여기서 공부했으니 한국을 모르지 중국의 풍습은 너무 잘 안다고 해도 맞는 말입니다. 제 아이들은 이 방법을 택해서 입학을 하였지만 아래 두 방법을 택해서 공부한 학생들도 북경대를 졸업하며 원하는 방향대로 잘 살고 있습니다.

북경에는 대학을 가기 위한 예과제도가 10여 개 있는데 여기서 경쟁률이 있는 대학은 북경대학입니다. 북경대학은 예과를 통해서 입시생을 약 30% 이상 선발하므로 예과를 입학하면 일단 본과입학의 가능성이 높아져 예과생들 중에 60% 이상이 본과 진학을 확정받을 수 있습니다. 북경대에서 1년 동안 예과 커리큘럼을 보면 어학연수에는 좋은 프로그램이라 할 수 있습니다. 실력이 낮은 반부터 높은 반까지 분류되어 있으며 1년 동안의 내신성적과 북대에서 치르는 HSK시험을 통해 합격하게 되면 본과의 과를 결정하고 입학허가를 받습니다. 아쉽게도 경희대 예과제도는 두 학교 간의 계약이 끝나 현재로써는 없어졌습니다. 7년 동안 이곳으로 온 유학생들의 성적이 좋아 신뢰도는 좋았지만 언제 다시 시작될지는 의문입니다. 선발인원은 변하지 않았으므로 유학생 입시로 70% 정도, 예과로 30% 정도 선발합니다.

중국에서 대학생활을 마친 보람이라고 생각되는 부분이 있다면 중국어를 배웠다는 점입니다. 또한 중국 친구들과 교류하면서 많이 친해지지는 못했어도 어느 정도 인맥을 형성했다는 점입니다. 또한 북경대라는 타이틀이 있어 중국인의 '꽌시(인맥)'를 중시하는 특성상 중국 어디서나 일하는데 도움을 줄 것이라고 생각하며 인사를 하는 정도의 친구들도 사회에서 만나게 된다면 서로에게 큰 도움이 되어줄 수 있다고 생각합니다.

또한 중국인들과 같이 일하는 법을 배웠다는 점도 큰 보람인 것 같습니다. 한국을 벗어나 좀 더 넓은 곳에서, 좀 더 여러 곳에서 온 다국적 학생들과 만날 수 있었다는 것이 가장 큰 장점이라고 생각합니다. 그리고 또한 외국어를 배우기 가장 좋은 환경에서 공부하는 것 또한 큰 보람이 아닌가 생각합니다. 모국어가 아닌 중국어로 모든 수업을 듣고 학점을 이수했다는 것이 가장 큰 장점이며, 의사소통을 넘어서 학문적으로 더 성숙한 중국어를 구사할 수 있게 되었고, 중국 최고의 대학에서 최고의 교수님들과 대화하고 배울 수 있다는 건 큰 축복인 것 같습니다. 또한 중국 최고의 인재들과 어깨를 나란히 할 때면 자부심을 느꼈고 또 그들과 교류하며 중국 영도자가 될 그들과 함께 많은 것을 배우고 10년, 20년 후엔 중국을 이끌고 갈 그들에게서 많은 자극을 받았습니다.

광대한 중국 대륙에 14억 이상 한족을 제외하고 55개 소수민족을 대하는 정책이나 태도도 다르고, 같은 중국말을 해도 그들 나름대로의 질서가 있었습니다. 또 이곳에 온 유학생들 또한 모두 뛰어나고 다재다능해서 그들에게서 한국의 밝은 미래를 보았습니다. 전국 각 지역의 중국 천재들 그리고 다재다능한 유학생 친구들도 너무 다양한 경험을 가지고 2~3개 나라의 유학을 하였기에 생각이나 관점이 다른 것을 많이 보았습니다. '사람이 복이고 사람이 재산이다'라는 말처럼 사람에게서 느끼는 것이 가장 크다고 생각합니다.

선행학습은 배워도 선행투자라는 것은 배우지 않았습니다만 중국에서 유학하는 동안 누구랑 함께 식사를 하느냐도 중요했습니다. 식사 시 용돈을 낼 때마다 이것이 선행투자라고 생각하여 이 시간을 최대로 나를 PR하는 시간으로 활용하는 것도 참 좋은 방법이었던 것 같습니다.

중국유학 + α 청화대 유학생회에 대해서 소개합니다

1. 청화대학교

청화대학교는 100년의 역사를 지닌 중국 최고의 명문 국립종합대학으로서 세계적으로도 명성을 얻고 있는 명실상부한 명문대학입니다. 저명한 교수들과 두터운 인재 및 자원을 바탕으로 현재 중국에서 발전이 가장 빠른 대학으로 평가되고 있습니다.

현재 청화대학교는 그 산하에 이과학원과 인문사회과학학원을 포함하여 13개 단과대학을 설치하고 있고, 전국 국가중점실험실의 10분의 1을 보유하고 있습니다. 잘 갖추어진 교육시스템과 두터운 교육자원들로 인해 매년 10000:1이 넘는 경쟁률 속에 중국 최고의 天才들이 청화대학교의 문을 두드리고 있습니다.

학교의 정규 교사는 3,000여 명, 학부생은 14,000여 명, 석사, 박사연구생은 17,000여 명으로, 전교에 13개 학부의 55개 학과가 있으며 198개의 석사학위, 181개의 박사학위 수여권을 가지고 있습니다.

2. 청화대학교 유학생 현황

현재 청화대학교에는 세계 70여 개국에서 온 1,300여 명의 외국 유학생들이 이공, 인문, 경제, 관리, 법률, 예술 등의 각각 학과에 공부하고 있습니다. 1992년 한중수교를 맺은 후 1993년부터 한국 유학생의 입학을 허가하였으며, 2012년 졸업생 수를 포함하여 대략 1,000여 명의 졸업생이 배출되었습니다. 2012년 12월 통계 기준으로 현재 청화대학교 한국 유학생 학부 총 인원은 951명입니다.

3. 청화대학교 한국유학생회

1993년 한국 유학생의 첫 입학을 시작으로 청화대학교 한국유학생회가 출범되었으며, 유학생 사무실의 비준을 받아 '清华大学韩国留学生会'라는 명칭으로 정식등록 되어 있습니다. 올해로 설립 20주년을 맞이하여 이전 학생회의 이념을 이어가며 노력하고 있습니다. 본 학생회는 청화대학교에서 공부하는 모든 한국인 학생의 권익 보호, 정보 교환, 교류 활동을 통한 친목도모를 위하여 국내외 명사 초청 강연회, 모의 면접, 기업 recruiting 설명회뿐만 아니라, 신입생 Orientation, 체육대회, 친목도모를 위한 여러 행사를 주최해 왔습니다.

청화대학교 제 20대 한국유학생회

KOREAN STUDENT ASSOCIATION OF TSINGHUA UNIVERSITY

이공계					
자동화	26	정밀기계	14	화학공정	8
전자	21	기계	13	건축	7
공업공정	20	건축환경	10	전기	2
소프트웨어	19	환경	9	생명과학	2
자동차	17	토목	5	물리	2
컴퓨터	16	재료	8	고분자	1
열에너지	15	공정관리	4	화학	1
총 인원 수 : 220명(남자 : 181명, 여자 : 39명)					

상경계					
경제와금융	16	회계학	6	정보관리	3
총 인원 수 : 25명(남자 : 20명, 여자 5명)					

인문학부					
중문	217	영어	236	일어	72
신문방송	38	법학	37	경제학	5
인문사회	3	사회과학	3	심리학	1
총 인원 수 : 612명(남자 : 244명, 여자 368명)					

미술					
시각디자인	13	금속공예	4	전시디자인	1
환경디자인	4	도자기	3	벽화	1
실내디자인	7	유화	5	촬영	3
의상디자인	6	칠공예	2	동양화	2
공업디자인	9	상품디자인	6	판화	3
애니메이션	6	유리공예	1	조소	3
정보디자인	7	교통공업디자인	4		
염직디자인	4				
총 인원 수 : 94명(남자 : 20명, 여자 : 74명)					

학과	이공계	상경	신문방송	법학	중문	영어	미술	일어	인문사회	총 인원수
명수	57	10	7	7	48	50	22	16	3	220

• 2013 한국인 예비 졸업생 현황

• 전체 학부생 : 951명(남자 : 49%, 여자 : 51%)

청화대 유학생 수 그리고 유학생 분포도를 보며 후배들에게 전공을 간단하게 표로 소개했습니다. 더 많은 과에 유학생이 입학을 할 것이고 꿈을 키우기를 바라는 마음입니다.

2. 선배를 찾기 위하여

고등학교 때의 멘토와 대학교의 멘토는 다릅니다. 멘토는 현재 자기와 비슷한 나이에 존경할 만한 선배를 찾는 것으로 요즘은 멘토도 유효기간이 있습니다. 처음 만나 자극받고 그 자극을 유지시키려는 본인의 노력으로 자극받을 만한 선배를 찾는 것이라고 생각합니다.

멘토링은 일반적으로 기업체 등에서 우수한 경력과 풍부한 경험을 가진 선배 직장인이 후배나 신입사원의 업무 능력의 향상이나 적응을 돕기 위해 활용하고 있습니다. 특수교육에서의 멘토링도 이와 유사하며 우수한 능력을 소유한 선배 교사가 교육계에 새로 발을 디딘 후배 교사나 대학에서 교사 교육을 받고 있는 학생(예비교사)들을 돕는 것에 활용될 수 있습니다.

멘토를 찾기 위한 첫 번째 목적은 비전입니다. 내가 뭔가 되고 싶을 때는 그 꿈을 이룬 사람을 만나고 싶어 하고 닮고 싶어 합니다. 앞으로 미래의 직업은 우리가 모르는 직업이 50% 이상 더 나타난다고 해도 기존에 있는 직업이나 일이 있어야 되지 않을까요?

멘토를 찾아 한 사람씩 만나려고 하면 가장 좋은 것이 책이라고 생각합니다. 하지만 책이란 것은 일방적으로 듣기만 해야 하므로 '요즘 시대에는 직접 작가를 만나 대화 속에서 스스로가 찾는 것도 많지 않을까', 혹은 '신문이나 잡지나 책을 통하여 만나고 싶은 사람을 찾아보고 그 사람을 만나지 못할 상황이면 그 사람과 비슷한 사람을 만나는 것도 하나의 방법이지 않을까' 하면서 대학생들에게 멘토링을 해줄 사람을 찾으려고 했습니다.

막상 멘토를 찾는다고 해도 그들은 바빠 우리와 시간을 나누는 것이 쉽지 않았습니다. 일대일 멘토가 아니라 20명 정도 학생을 모아 멘토를 만나려고 하니 조직이 필요했고 그 조직이 동아리가 되었습니다.

북경에 있는 한국인 약 7만 명 중 유학생이 2만 명, 나머지 5만 명은 자영업자나 주재원 등입니다. 똑똑하고 우리가 본받아야 할 사람들은 많은데 그분들이 어디서 무엇을 하는지는 알 수 없고 찾기도 힘들어 모두 협력하여 찾고 또 연락하고 만나기를 시도하였습니다.

멘토를 찾기 위해 유망 직업들을 조사하고 8,000여 개의 한국투자기업과 유엔기구 담당자, 한국에 있는 교수님을 찾아 이런 일련의 과정 속에 유학생활 동안 찾을 수 있는 상황들을 경험하였습니다. 유학생들이 스펙보다 나만의 스토리를 위하여 자신이 만난 사람마다의 일과 느낌, 그리고 존경받을 점을 기록하여 논문을 발표하면 어떨까? 라는 생각을 했습니다.

한국인과 중국인, 기업인과 주재원, 교수와 공기업인 등을 기발한 아이디어로 나누어 자신의 인맥도 넓히고 사람을 만나는데 준비하여야 할 그 사람의 경력과 회사 그리고 그 회사의 주식과 재무재표를 공부하는 자세를 만들어 놓으면 정말 좋은 재산이 될 것입니다.

3. 유학의 목적, 과정, 기대효과

유학은 인생의 큰 길 중의 하나입니다. 10대에 어떤 문화를 접하고 어떤 언어를 배우며 머릿속에 비타민C와 같은 톡톡 튀는 생각을 하려면 준비를 해야 합니다. 생각 없이 유학을 왔다가 성공하는 경우는 매우 드물며 준비를 해도 유학생활을 잘 해내기란 현실적응에 힘든 일이 많습니다.

알찬 유학생활을 위해서 우리나라의 현실과 역사를 공부하고 이를 중국에 대입시킬 수 있는 사고를 길렀으면 좋겠습니다. 근대화 역사에 빼놓을 수 없는 한일합방을 공부하고, 우리나라 지식인층이 나아가야 할 방향 설정도 좋고, 남북문제와 통일을 위하여 중국 역할을 생각하고 중국식 사고방식을 공부하는 것도 유학의 좋은 소재가 될 수 있습니다.

우리나라의 대기업들이 한국의 우수한 기술을 가져와 중국에 적용시키는데 우리나라의 방식을 고집한다거나 중국인의 관습과 규범을 몰라 실패하는 경우도 있고 시기상조인 경우도 있습니다. 외화를 벌려고 왔다가 허비를 하고 가는 것입니다. 모든 것은 시간의 예술이라고 할 수 있는데 관심 있는 분야의 중국 시장을 공부하여 미래의 결과를 예상해보는 것이 좋겠습니다.

중국유학의 목적은 글로벌시대의 일원이 되는 것입니다. 이전에는 "나는 생각한다, 고로 존재한다"라는 명언이 있었지만, 현재는 "나는 변화한다, 고로 존재한다"입니다.

국제화의 변화, 사회통념과 관념이 변화하고 있는데 자신 또한 이 시대의 흐름에 변화, 적응해야 한다고 생각합니다. 앞으로 중국이란 나라의 세계적 역량과 영향력을 예상해 볼 때 중국유학을 준비하는 것도 젊은이들의 인생에 도움이 될 것 같고, 유학의 길 중에 열심히 하는 것과 인연을 만들어 가는 것, 그리고 비전과 합쳐보는 상상 속에 유학의 효과가 생각보다 2배 이상의 효과가 있으리라 봅니다.

4. 동아리 활동의 이모저모

대학생활의 핵심 활동인 동아리 활동을 살펴보겠습니다.

전 세계적인 동아리인 MUN, AIESEC, 동아시아 동아리 LEAF를 비롯하여 유학하고 있는 세계의 학생들이 공부 외 다른 것을 배우기 위해 동아리 활동을 하고 있습니다. 그중 대표적인 중국 학생 동아리를 소개합니다.

북경대 중국 학생 동아리

학술동아리

▶ SICA(학생국제교류협회)

베이징대학생국제교류협회는 1997년 설립된 국내 고교 중 국제교류를 핵심으로 둔 첫 번째 학생 동아리입니다. 현재 많은 국가와 지역의 학교, 연구기관, 사회단체들과 좋은 교류관계를 맺어 다양한 교류활동, 프로그램과 행사를 진행하면서, 교내 재학생들에게 많은 기회를 제공하고 있습니다. 본 동아리는 베이징 대학생들과 세계 대학들과의 소통과 교류를 늘리기 위해 노력하고 있으며, 진행되고 있는 대표적인 프로그램으로는 JING Forum(베이징대학생과 동경대학생 교류프로그램), 과학기술리더십포럼(STeLA), 베이징대글로벌비전포럼(Global Vision Initiative), FACES(Forum for America and Chinese and Chinese Exchange at Stanford), NEAN(North-East Asian Network), Silkroads 등이 있습니다.

▶ **PKUMUNA**(Peking University Model United Nations Association)

베이징대모의유엔협회는 베이징대의 대표적인 동아리로 중국대륙 내에서 최초로 설립된 모의유엔학생동아리입니다. 본 단체는 제7회 전국중고생모의유엔회의를 성공적으로 개최하였고, 2006년 3월 하버드대학과 합작하여 세계대학생모의유엔회의, 즉 제5회 국제모의유엔회의를 열었습니다. 매년 80여 명의 학생들이 국내, 국제의 다양한 모의유엔회의에 참석하고 있습니다. 주요 부문으로 베이징대전국중고생모의유엔(PKUNMUN), 베이징대국제모의유엔(AIMUN) 등이 있습니다. 주요 활동으로는 북경대모의유엔이 주최하는 PKUNMUN회의, AIMUN회의와 타 국가의 모의유엔기구와 교류할 수 있는 기반이 마련되어 있습니다. 모의유엔회의의 참석과 다른 지역, 다른 나라의 인재들과 세계적인 문제(정치, 경제, 문화, 환경 등 문제)를 다루며 지식과 의견을 나누고 글로벌 리더로서 성장할 수 있는 발판을 마련하고 견문을 넓힐 수 있는 동아리입니다.

▶ 중한교류협회

2003년 2월 베이징대한국어학과 학생들에 의해 만들어진 동아리입니다. 한중수교 이후, 한국과 중국 사이의 교류가 활발해지고 가까워지면서, 두 나라 대학생들의 소통 또한 필요하다고 느낀 베이징대 재학생들이 본 동아리를 만들기에 이르렀습니다. 동아리활동의 목적, 목표는 중국 학생들에게는 한국에 다가가고 이해하는 시간을, 유학생들에게는 중국 학생들과 교류할 수 있는 기회를 주는 것입니다. 진행하고 있는 활동으로, 한국어교실, 한중교우후학중심, 한국문학작품평가대회, 한국문화제 등 다양한 활동과 행사가 있으며, 한국을 알리는데 많은 역할을 하고 있습니다.

교내에는 중한교류협회뿐만 아니라 중일교류협회, 중미교류협회, 중유럽교류협회 등 중국과 다른 나라 간의 이해와 교류를 돕기 위한 동아리들이 많습니다.

▶ SUN(Study-abroad United Network)

학생유학교류협회는 베이징대에서 첫 번째로 세워진 유학 관련 학생 동아리로, 베이징대 학생들이 국제적 학술교류와 유학에 관련하여 정보를 공유할 수 있는 동아리입니다. 동문을 통해 국외의 좋은 대학교에서 공부하고 있는 베이징대 유학생들과 소통할 수 있는 다리를 만들어 인적 네트워크를 형성하여 유학에 길에 오르는 학생들이 외국 생활에 더욱 빨리 적응할 수 있도록 도와주는 역할을 하고 있습니다. 회원모집 시 일반회원과 핵심회원을 따로 뽑는데, 핵심회원은 동아리 활동에 있어서 더욱 열심히 참여하고 책임감을 가져야 함과 동시에, 유학에 관해 알 수 있는 더 많은 기회가 주어집니다.

▶ 숫자예술협회

숫자예술협회는 2005년 10월 23일 베이징대 학생위원회 소속으로 창단되어, 베이징대 소프트웨어 및 마이크로일렉트로닉학원의 숫자예술학과 학생들의 지지하에 만들어진 예술계 동아리입니다. 애니메이션제작부, 게임디자인개발부, DV영상창작부 등으로 나누어져 있으며, 중국애니메이션학회의 마커쉔이사를 초청하여 학과의 지도교수로 두고 있습니다. 본 동아리는 예술과 과학의 공명을 기점으로 숫자예술에 관심을 가지는 이들이 자유로이 배우고 창작할 수 있는 장으로 만들고자 하여, 영화계와 애니메이션계의 유명인사를 모셔 강연회를 열거나, 예술계의 여러 장르의 대회에 참여하여 정보를 교류하며, 회원들로 하여금 현장에서 직접 보고 배울 수 있는 기회도 주어 실력을 쌓을 수 있게 해줍니다.

비학술동아리

▶ 애심사(爱心社)

'애심사'는 1993년 11월 24일, 눈 내린 겨울날 몇몇 학생들이 자발적으로 교내 눈을 함께 치웠던 것을 계기로, 시초에는 교내봉사활동을 기본으로 하였습니다. 동아리에 참여하는 학생들이 매년 많아지면서 봉사활동 범위를 계속 넓혀갔습니다. 현재 크게 봉사부, 수화부로 나누어지며, 봉사부는 아동조, 노인조, 장애인조, 교내활동조 등으로 나누어집니다. 베이징대 유일 봉사동아리로 중국 유학생뿐만 아니라 유학생도 많이 참여하고 있으며, 헌신이라는 같은 지향을 가진 사람들이 모여 봉사를 행할 수 있습니다. 현재 인원수는 100여 명 정도 되며, 매 학기 신입부원을 모집합니다. 유학생으로서 봉사활동과 중국 학생들과의 뜻 깊은 소통을 함께 할 수 있는 동아리입니다.

▶ 유기고양이관애협회(lostangel)

2005년 6월 1일 '동물관애협회'라는 이름을 시작으로 활동을 시작한 본 동아리는, "우리 생활에서 자주 볼 수 있는 유기동물들을 보호하자"라는 구호로 설립되었다가, 일 년 후 실질적인 활동의 범위가 교내의 떠돌이 고양이들을 보호하는 데 중심이 되어, 그 명칭을 유기고양이관애협회로 바꾸었습니다. 베이징대에 오면 고양이가 유난히 많다는 것을 느낄 수 있습니다. 본 동아리는 평소 유기고양이들에게 먹을 음식을 주고, 병세나 상처를 보이는 고양이를 치료하는 데 힘쓰는 역할을 하고 있으며, 건강상태가 좋고 온순한 고양이들은 추천해 입양을 시키는 방향으로 활동을 진행 중입니다.

▶ 가정과생활창의협회

2006년 10월 설립된 동아리로 주로 의류, 음식, 장식품과 기타 생활용품의 디자인에 관해 교류하고, 수공예 용품 만들기 등을 중심으로 활동하고 있습니다. 과학기술과 공업의 발달로 현대시대의 생활이 더욱더 편리를 추구하게 되어, 스스로가 손을 움직여 일궈

나가는 생활능력이 점점 감퇴되어 가고 있습니다. 이로써 본 동아리는 지식만을 쌓는 것이 아닌, 생활에서 필요한 손으로 할 수 있는 가무를 배우고, 생활능력을 키우는 데 중요성을 두었습니다. 지극히 가까이 느낄 수 있는 것이면서도, 우리 자신이 직접 할 때에는 낯설고 어려움을 느낄 때가 있습니다. 활동들을 통해 생활을 느끼고 자신의 생활능력과 실전능력을 향상시킬 수 있는 동아리입니다.

▶ **향토중국**(乡土中国)

향토중국은 2002년 3월에 창단된 농촌지역답사동아리로, 전국을 다니며 답사, 설문조사, 봉사활동을 진행하며, 대학생들에게 현재 중국 농촌의 현황에 대해 알게 해줄 뿐만 아니라, 교육이 필요한 농촌에서 과학, 문화, 위생 관념에 대한 교육을 할 수 있는 기회도 주어집니다. 중국 농촌의 발전과 미래에 관해 관련 교수들을 초청해 강연회, 중국의 근대영화제, 독서회 등 다양한 활동을 주최하여 학생들이 중국의 농촌에 대해 한층 더 이해할 수 있도록 하는 역할을 하고 있습니다. 중국 15억 인구 중 10억은 농업에 종사하고 있습니다. 농촌에 대한 이해도 중국 전문가를 꿈꾸는 사람으로서 꼭 가지고 있어야 하는 지식이 아닐까 생각합니다.

제3장

군대와 취업준비

1. 군대의 다양성과 선택

아들이 한 명 있기에 대학 입학 이후 군대 생각을 항상 했습니다. '피할 수 없으면 즐겨라'라는 말처럼 군에 대한 종류와 우리 아이에게 맞는 군복무 형식을 생각하며 대화를 나누곤 했습니다. 결국 아들과 가족은 대학 졸업 이후 장교로 가기로 결정을 내렸습니다. 『나는 세상의 모든 것을 군대에서 배웠다』 『군대 2년을 알차게 보낸 사람들의 비밀』 이런 책도 보면서 말이죠.

대한민국 국민으로서 의무복무 21개월을 어떻게 보내느냐? 그 종류와 특징을 간단히 요약해 보았습니다.

▶ **현역**

▶ **어학병**(영어, 중국어, 일본어, 러시아어, 아랍어, 프랑스어, 독일어, 스페인어)

어학병은 육군 소요부대(대대급 이상)에 전시 혹은 평시에 어학능력이 요구되는 직위에 보직되어 필요시 활용하게 됩니다.

▶ **통역병**

▶ **취사병**

▶ **카투사**

카투사는 주한미군에 증원된 한국군으로 한미합동 작전 관련 임무를 수행합니다.

▶ **육해공사병**

▶ **공익근무요원**

신청대상은 징병검사 결과 공익근무요원소집대상자로 판정받은 사람으로, 대학(원)에 재학(휴학 중인 사람 포함) 사유로 입영연기 중인 사람

2. 육해공 통역장교, 일반장교, 방위산업체, 산업근무요원

▶ 통역장교

장교로 지원하기 위해선 말 그대로 학사 자격이 갖춰져야 합니다. 다시 말해 학부 졸업생, 혹은 졸업 예정자에 한해서 지원이 국한되어 있지요. 또한 지원을 하기 위해선 외국어 검정시험에서 높은 점수를 획득해야 합니다. 통역장교가 되기 위해선 1차 필기시험과 2차 면접을 통과해야만 합니다. 1차 시험은 번역, 통역 그리고 인터뷰로 구성이 되어 있고, 합격자에 한해 2차 면접을 볼 수 있는 자격이 주어집니다. 이 모든 것을 통과하면, 기본적으로 통역장교가 되기 위한 기본적인 절차는 마친 상태이고, 한 3개월 정도 후에 사관학교에 입소, 약 3개월에 걸쳐서 훈련을 받고 드디어 장교로 임관하게 됩니다. 은근히 까다로운 자격 요건 때문에 쉽게 지원하지 못하는 사람들도 많겠지만, 혹시 외국에서 공부하고 있는 유학생들에게는 한번쯤 시도해볼만한 좋은 기회라 생각합니다. 까다로운 절차만큼이나 통역장교가 되어서는 누릴 수 있는 특전들이 많습니다. 우선 일과가 끝나면 퇴근해 자기만의 시간을 가질 수 있습니다. 숙식은 모두 군대 내에서 해결해주면서 꽤 많은 연봉도 나오기 때문에 전역할 때면 어느 정도 돈을 벌어서 나올 수도 있습니다. 벌어지는 나이차 때문에 군대를 일찍 가려고 생각하는 사람들이 꽤 많을 텐데, 다들 학부 졸업생들이라 비슷한 나이 대에서 복무하고 생활할 수 있습니다. 사병과의 차별화된 생활도 좋지만, 장교로 복무를 함으로써 장기적으로 인생에 많은 도움이 될 수 있습니다. 유일한 단점이라면 복무 기간이 3년이라는 점인데, 3년의 기간이 직장 경력으로 감안된다는 점을 생각하면 그리 나쁘지도 않습니다. 3년 동안 봉급을 받으면서 경력 쌓고, 제대하고 나서 취업할 때 기업에서 우대해 주는 경우도 많기 때문에 도움이 됩니다.

대학 졸업 이후 대기업에 가려는 것 또한 대기업 조직을 배우려고 입사를 준비하듯 군대 조직은 어느 나라에도 존재하는 조직으로 군대 조직을 잘 아는 것도 미래 사회생활을 하는 데 좋은 밑바탕이 된다고 생각합니다.

또한 영어로 업무를 계속하기에 영어 공부에도 많은 도움이 됩니다. 나름 좋은 학력에 영어도 구사하는 사람들과 어울리다 보면, 제대 후에도 쭉 이어질 수 있는 좋은 인맥도 형성된다는 점에서, 사병으로서는 누릴 수 없는 엄청난 혜택들이 존재합니다.

많은 사람들이 빨리 해치워 버리려는 마음에 복무 기간이 짧은 사병으로 많이 갑니다. 3년 하루하루가 앞으로의 미래를 위한 투자로 여겨질 수 있는 통역장교. 그것은 할 수 없이 보내야 되는 2년의 '공백'이 아닌, 1년을 더 투자하여 향후 10년을 바꿀 수 있는 '기회'인 것입니다. 통역장교 자료를 찾다보면 항상 수식어로 '의미 있는 3년, 빠른 2년 부럽지 않다'라는 말이 있는데 참 의미 있게 느껴졌습니다.

3학년 2학기를 마치고 서울로 가서 한국사 시험을 치르고 대학 졸업 이후 한국으로 돌아가 육·해·공 통역장교 시험을 준비하였습니다. 통역장교는 위관급장교로서 보통 일반병의 직위로는 쉽게 볼수 없는 사람들의 입과 귀가 되는 것입니다. 즉 스타들의 통역장교가 된다는 것으로 사회에서 직장에 들어가 임원들의 입과 귀가 된다는 말과 똑같습니다. 고시에 붙어서 5급 공무원이 되는 경우가 아니라면 회사에 들어가 적어도 10년 이상은 일해서 높은 직위에 오르지 않는 한 누릴 수 없는 특권을 통역장교는 누릴 수 있습니다. 대학교에 배웠던 것을 몸으로 훈련받는 기회가 되는 것이지요. 그리고 지원자격은 토익(TOEIC) 900점 이상의 점수를 가지고 있어야 합니다. 900점을 넘는 점수가 있어 시험을 칠 수 있을지는 모르겠지만 일반 영어 구사 능력과 통역 능력과는 별개이므로 통·번역은 별도로 준비해야 합니다. 일반적으로 대학생 수준의 통역은 직역이나 간단하게 요약하여 통역을 하는 것이나 전문 통역은 별도로 훈련을 받아 말하는 사람의 수식어구까지 번역을 해야 하는 것입니다. 통역은 자신의 의견이 들어가면 안 되고, 통역하는 사람의 생각이나 지식도 알아야 하는 것이므로 쉽게 생각할 수 없습니다.

▶ **학사장교**

학사장교는 대학을 졸업했거나 졸업예정자만 지원을 할 수가 있습니다. 대학에 재학을 하고 있는 상태에서 지원을 할 수 있는 경우는 학군단(ROTC)으로 1학년과 2학년 재학 중에 지원이 가능합니다. 학군단은 1, 2학년 때 지원을 하여 합격이 되면 3학년부터 방학기간을 이용하여 군사 교육을 받고 대학을 졸업하면 소위로 임관을 하여 2년 4개월을 의무복무를 해야 합니다. 그리고 학사장교의 의무복무 기간은 소위로 임관이 된 이후 3년간 의무복무를 해야 하고, 대학에 재학을 할 때 군 장학금을 받는 경우 장학금을 받은 년 수만큼 복무 기간이 늘어납니다. 예를 들어 3년간 군 장학금을 받는다면 의무복무 기간 3년과 장학금을 받은 3년을 합쳐 6년간 의무복무를 해야 합니다.

▶ **방위산업체**(防衛産業, defence industry, 2년 10개월부터 6개월까지 근무)

국가방위를 위하여 군사적으로 소요되는 물자의 생산·개발에 기여하는 산업으로 넓은 뜻으로는 무기·탄약 등 직접적인 전투기구 외에 피복·군량 등 비전투용 일반군수물자까지도 포함합니다. 일반적으로는 국방력 형성에 중요한 요소가 되는 총·포·탄약. 함정·항공기전자기기·미사일 등 무기장비의 생산과 개발을 담당하는 산업의 총칭으로 범위를 한정하고 있습니다. 제2차 세계대전 전까지는 군수산업으로 이해되었으나 전쟁 개념이 방위 전 개념으로 발전하면서 방위산업이라는 용어를 널리 사용하고 있습니다.

한국의 방위산업은 1972년부터 대구경화포(大口徑火砲)·탄약·통신기기차량·장갑차 및 기타 개인장구 등의 양산체제를 갖추었고, 오늘날에는 전차·함정·항공기 및 미사일 개발에까지 이르고 있습니다. 이제 한국의 방위산업은 핵무기를 제외한 거의 모든 재래식 무기를 생산할 수 있는 체제와 능력을 갖추고 있습니다.

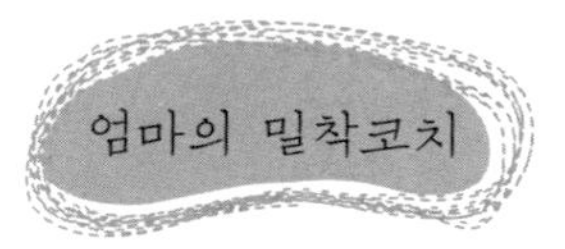

방위산업체—서울 방위산업체

〈주요 방산업체〉

LG이노텍 : 지대공·지대지 미사일 체계/휴대용 미사일/지상·해상용 레이더

삼성테크윈 : K9 자주포/상륙·돌격 장갑차/F16 전투기 엔진/헬기 엔진

위아 : 무반동포/박격포/견인곡사포/전투기·헬기 착륙장치

풍산 : 탄약/전차용 포탄/20mm벌컨 사거리 연장탄/155mm 항력 감소 고폭탄

한국항공(KAI) : F16 전투기 면허 생산/KT1 기본훈련기/T50 고등훈련기

대우조선 : 프리깃함/잠수함/잠수함 구난함/KDX1 구축함/초계함

대우종합기계 : 장갑차/30mm 자주대공포/단거리 지대공 미사일

현대중공업 : 초계함/호위함/군수지원함/미사일 구축함/상륙강습함

한진중공업 : 초계함/고속정/대형 상륙함/잠수정/공기부양선/구난함

두산중공업 : 함정 추진 시스템/도하용 부교/장갑용 판재

휴니드테크놀러지스 : 무전기/차세대 무전기/박격포 사격제원계산기

삼성SDS : 지휘자동화체계/육군탄약정보체계/국방의료정보체계

협진정밀 : 로켓탄용·박격포탄용·함포탄용 신관/센서/타이머/가속도계

연합정밀 : 차량용 디지털 통신장치/전자파 차단 케이블/커넥터

엠텍 : 소나/레이더/전투체계/통신/수중송수파기/전지

고려화공 : 신호탄, 연습용 지뢰 및 폭발물

라인테크엔지니어링 : 종합군수지원(ILS)을 전문적으로 개발

신도ILS : 종합군수지원(ILS)을 전문적으로 개발

▶ **전문연구, 산업기능요원**(http://iljari.mma.go.kr)

산업기능요원

- 현역입영대상자 : 34개월
- 공익근무소집대상 보충역 : 26개월

전문연구요원 배정(현역입영대상자)

- 대학원 석사 이상 학위 취득 예정 인원을 고려, 추천권자의 평가등급에 따라 연구기관별로 배정
- 10년 이상 장기 지정업체 중에서 정부정책수행연구기관, 연구실적 우수연구기관, 방위산업체 부설연구기관으로서 평가등급이 우수한 업체는 별도 배정

산업기능요원 배정(현역입영대상자)

- 중소기업 중심으로 산업기능인력 지원
- 지정업체별 요청인원 범위 내에서 추천권자의 평가등급, 전공 및 면허 취득자, 수출실적 등을 고려하여 배정
- 해운 수산업 분야와 방위산업 분야 및 기업·공고 인력양성 프로그램 참여업체는 별도 배정
- 후계농어업인은 시·군·구별 전공자와 비전공자를 구분하여 배정

아들 역시 군대에 관한 생각을 많이 하였습니다. 대학생활을 시

작할 때부터 장교를 염두에 두어 학기 중 휴학할 생각도 없이 계속 대학생활을 할 수 있었지요. 동아리 '비아(VIA)' 활동을 통해 했던 여러 활동 중 유엔기구설명회를 통하여 우리나라를 지키는 군인도 좋겠지만 파병을 통하여 인류를 지키는 군인도 좋겠다는 생각을 하였습니다. 이제 세계는 하나로 되어 가고 국가라는 개념도 점점 쇠퇴해가고 있지만 그래도 살기 힘든 먼 나라를 위해 군대 3년 동안 갈 수 있으면 군대도 유학 가는 마음으로 가는 것도 얼마나 보람찬 일인가? 라고 생각했습니다.

만약 이번에 장교로 가서 파병 기회가 있다면 스스럼없이 파병을 가려고 생각하고 있습니다. 파병을 알게 됨으로써 우리나라가 세계에서 가장 빨리 유엔의 수혜국에서 원조국으로 탈바꿈한 위대한 나라라는 것도 알게 되었지요. 50년 6·25전쟁에서 16개국이 직접적으로 참여하여 한국으로 남게 도와주었고, 전쟁의 잿더미에서 미군은 우리나라에 밀가루, 우유, 옥수수 등을 지원해 기아에서 허덕이는 우리나라를 물질적으로 도와주어 우리나라 발전에 기본이 되었던 적이 있었습니다.

대한민국 국민으로서 징병이 헛된 시간이 아닌 생각을 바꾸어 혹독한 시련을 맞설 수 있는 의지를 키워주는 나라와 나를 위한 시간이라고 기꺼이 받아들였습니다. 또 군대라는 조직을 다각적인 방면으로 생각하며 무엇을 얻어 올 것인가를 생각하며 직업군인도 고려해보았습니다.

운명도 선택이라고 했던가요? 선택을 하는 순간 자기 것으로 생각하며 최선을 다하고 그 다음은 하늘의 뜻을 기다리며 지금 아들은 3월 공군장교로 입대를 하였습니다. 몇 백 명의 장교 및 부사관이 되려는 후보생들의 입교식을 지켜보며 그들이 생각하는 조국은 어떤 것일까? 심신이 건강하여 국민의 의무를 다하는 아들이 든든하고 대견하며 자랑스러웠습니다. 임관하는 날 다시 그 장소에서 멋진 소위가 되어 있을 아들을 생각하면 가슴 뿌듯해집니다.

원조(Aid, 援助)

어떤 주체가 다른 주체(객체)에 대해서 경제적·군사적 또는 인적·정신적으로 지원하는 것을 말한다. 유사한 것으로 '개발원조', 'ODA' 등이 있으며, 실제로는 그것들을 의미하는 경우도 많지만 본래적으로는 다음과 같은 차이가 있다.

① 정부(지방정부를 포함), 민간, NGO, 개인 등 모든 주체에 의한 어떠한 주체(정부, 민간, NGO, 개인)에 대한 원조도 있을 수 있다(ODA는 선진국 정부로부터의 개발도상국의 정부·NGO에 대한 것에 한정). 또한 국내의 주체 간에도 원조는 있을 수 있지만 국제관계·국제개발에 관하여 사용하는 경우의 '원조'란 국외 주체로부터 개발도상지역 주체(즉, 객체)로의 원조를 가리킨다.

② 목적에 관하여 반드시 개발 목적에 한정되어 있지 않으며, 군사적·외교적·정치적 목적 또는 자선이나 인도적 고려에 의한 것도 포함된다(개발원조는 개발이나 민생의 향상을 목적으로 한다). 내용적으로도 반드시 경제적인 것뿐만 아니라 군사원조(무기의 제공, 군대나 군사고문 파견 등)나 난민지원, 재해 후의 지원, 지원자의 인적 협력 등 다양한 형태가 있을 수 있다.

그렇지만 '원조'라는 말에는 강자 또는 부유한 자가 약자·빈곤자에 대해 일방적으로 은혜를 베푼다는 어감이 있기 때문에 보다 대등한 입장에서의 지원이라는 어감이 있는 '협력'이라는 말이 사용되는 경우도 많다. 실제, 개발을 위한 '원조'는 1960년대 이후 '개발협력'이나 '경제협력'이라는 말로 바뀌었다.

단, '협력'은 원래는 게임의 이론에서 볼 수 있는 것처럼 상호의 이득(이익)을 높이기 위한 협조행동을 말하는 경우가 많고 보다 넓은 개념이다. 또한 '국제협력'이라는 말도 자주 사용되지만 국제협력은 내용적으로 개발원조, 경제협력은 물론 과학기술 개발에서의 협력, 문화·스포츠 교류 등 폭넓은 의미에서 사용되는 경우가 많다.

3. 여군

여군도 좋은 선택이 될 수 있습니다. 여군이 되는 길은 여러 가지가 있습니다.

▶ 사관학교에 진학하는 것입니다.

10년 전만 해도 사관학교에서 여군생도 모집이 없었으나 헌법소원으로 남녀차별이라 하여 여군생도 모집을 하기 시작했습니다. 지금 육군, 해군, 공군, 국군간호사관학교에서 여군생도를 선발하고 있습니다. 커트라인이 높고 선발도 많은 편도 아니고 경쟁률은 높아서 들어가기는 쉽지 않습니다. 사관학교에서 4년간 재학 후 졸업하시면 장교로 임관하게 됩니다. 대략 의무적으로 최소 10년 정도 군인으로 군복무해야 합니다.

▶ 여군사관 시험에 응시해 장교가 되는 것입니다.

여군장교가 되는 길은 적습니다. 남자들은 사관학교 외에 일반 4년제 대학교에서 할 수 있는 장교과정으로 ROTC, 군장학생, 학사장교, 3사 등등 몇 가지 종류가 있습니다만, 현재 여군장교가 되는 방법은 사관학교 외에 거의 여군사관 과정이 유일하다고 말할 수도 있습니다.

장교는 기본적으로 4년제 대학교 졸업자에게만 지원 자격을 부여하고 있습니다. 따라서 어느 대학, 어느 학과 구분 없이 4년제 대학교 졸업만 하시면 자격이 생깁니다. 4년제 대학교 졸업 후 각 군에서 모집하는 여군사관(여군장교) 선발시험에 응시해서 합격하시면 장교로 임관합니다. 3년 정도 의무복무하게 됩니다.

▶ 그외 특수사관이라고 해서 특수병과에서 장교로 복무가 가능합니다.

단 자격이 제한적인데요, 예를 들어 교수사관은 석박사 이상 학력자이어야 하고, 치의사관은 치의학과 졸업해서 치과의사여야 하고, 수의사관은 수의과 졸업, 간호사관은 간호학과를 졸업해야 하는 등 특정학과 등을 졸업한 사람만 가능한 장교 과정입니다. (*교수사관 중 그 나라에서 대학 졸업을 하면 학사도 가능합니다.)

▶ 간부사관제도라고 해서 육군에만 운영 중입니다.

간부사관제도는 부사관 중 대학 2학년 이상 수료자에 한해서 간부사관시험을 거쳐서 장교로 진급시켜주는 제도라고 합니다.

간호장교 그리고 어학장교도 괜찮은 캐리어였고 예편 이후에 다른 직업을 찾는 것도 좋아 딸과 여러 번 상의해 보았지만 별다른 진전은 없었습니다. 하지만 작년에 통역장교를 치면서 부사관급이나 장교시험에 지원하는 여학생이 적지 않았습니다. 아들은 나라를 위해 본인의 경력을 위해 건강하게 잘 다녀오리라 생각합니다.

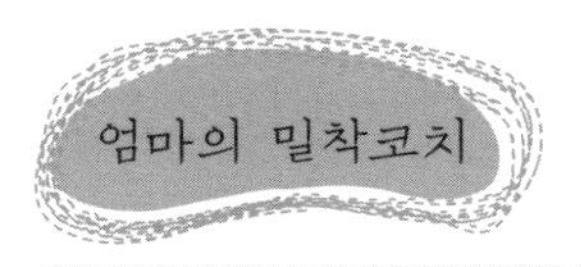

여군 선발 모집

국방부는 오는 2014년부터 육군3사관학교 여생도를 모집할 계획이라고 2012년 11월 13일 밝혔다. 모집인원은 육군사관학교 모집인원 수준인 20명이며, 2014년 입학해 모든 과정을 성공적으로 마치면 2017년 3월 임관하게 된다.
현재는 전문대 졸업 여성이 장교가 되는 것에 일부 제한이 있으나, 육군3사관학교에서 여생도를 모집하게 됨에 따라 육군장교 모집 전 과정에서 여군 선발이 가능해졌다. 현재 여군장교는 매년 육사 20명, 학군장교 250명, 학사장교 50명, 간호장교 70명, 전문사관 13명, 간부사관 7명 등 총 410명을 모집하고 있다. 여기에 3사관학교 여생도 모집이 2014년부터 추가되면 총 430명이 매년 여군 장교가 된다.
국방부는 지원자 중에서 능력, 체력, 정신력 등이 우수한 여생도를 선발 및 양성하고 앞으로 여군 인사 관리방안 등을 재정립해 여군 활용 직위를 전투력 향상에 기여할 수 있게 정비해 나갈 계획이다. 국방부는 3사관학교 설치법 시행령 개정과 여군 인력 관리모델 및 인사관리방안 마련을 내년 안에 마무리할 방침이다.

[헤럴드경제-김수한 기자]

4. 취업준비를 위한 동아리 활동 및 인턴십

'무엇을 꿈꾸는가?'는 '어디에서 꿈꾸는가?' 라는 말과 떼어낼 수 없습니다. 꿈 자체는 그 꿈을 꿀 수 있는 혹은 꿈을 꾸고 있는 위치에서 영향을 받기 마련입니다. 치열한 꿈을 꾸지 않고 느슨한 꿈을 꾸고 있지 않았냐는 생각을 해봅니다.

학교 다니면서 봉사활동을 하고 유명한 선생님께 자소서 쓰는 방법, 모의면접의 일대일 면접, 토론면접을 친구들과 함께 공부했을 때는 '사회에 나가면 나는 잘 될 거야' 라는 안일한 생각을 했고, 어떤 일을 하고 싶으냐가 아니라 대기업에 입사를 하면 거기서 영업이든 해외지원파트든 인사든 무엇을 해도 좋다는 식의 생각이 잘못되었는지, 스펙으로 보면 중상급인데도 한국의 대기업에 지원하고 낙방하는 경우도 있습니다. 토익 900점 이상, HSK 6급, 토익 스피킹도 고급, 인턴 대기업 2군데, 봉사활동 6개월……. 자소서를 통과하면 인적성 시험에서 되지 않고, 면접에서 안 되고……. 부모의 마음 졸임이 본인만 못했겠지만 그래도 그것을 보며 뭐든지 한 번에 붙는 것도 좋지만 떨어지는 것도 하나의 큰 공부고, 겸손해지면서 사회가 그리 호락호락하지 않다는 것, 어떤 목표 없이 무작정 지원하는 것이 떨어지게 된 원인이었음을 여러 기업에 지원하는 과정에서 본인이 많이 느꼈으리라 생각합니다.

삼성, LG, 현대, SK, CJ 등등 여러 대기업들은 자회사가 50여 개 이상이었으며 그 회사마다 자기소개서가 다른데 논술도 부족하고 그 기업에서 원하는 아이디어를 내기가 쉽지 않았습니다. 졸업 이후 취업을 하는 데는 스펙도 중요하지만 개인 스토리도 중요하고 무엇보다 중요한 것은 본인이 하고 싶은 간절함이었습니다.

간절함이 없는 자기소개서는 어느 회사 인사과에서 보아도 알 수 있고 자소서에 적혀 있는 것을 토대로 면접 시에 질문하면 답변이 나오지를 않습니다. 취업할 때 업종별 자기소개서는 본인 속에 있는 열정과 간절함을 끄집어내어 주는 것이며, 회사 쪽에서 원하는 것은 회사에 대한 충성도, 근성, 열정을 원하는데 그것을 작성하는 준비생이 적다고 합니다. 그리고 여기 유학생들은 글 쓰는 요령도 부족하지만 사고의 힘도 부족한 것 같습니다. 사고의 힘이란 본인이 하고 싶은 일에 대한 고민과 생각에 생각의 꼬리를 물고 사고의 힘을 기르는 것인데, 한국의 대기업에 원서를 넣으면 각 회사마다 원하는 자소서가 다르고 이것을 작성하는 것 또한 많이 힘들어 합니다.

한국에는 매년 대학 졸업생이 약 20만 명이 넘습니다. 유학생들

나름대로 똑똑하지만 한국의 분위기나 현지 감각이 부족한 편입니다. 미리 미리 한 곳을 준비하지 않으면 졸업 이후 갈 곳이 없는 것입니다.

한국에서 중소기업을 살린다고 하지만 중소기업은 구인난에 허덕입니다. 많은 대학생들은 왜 중소기업을 가지 않고 대기업만 선호할까요? 대기업의 좋은 점은 다른 사람이 인정해 준다는 것과 중소기업보다 혜택이 많고 복지시설이 좋아 대기업을 선호합니다. 대학 시절에 취업을 준비하며 기업에 관한 잡지를 구독하며 분석해야 합니다. 물론 경기가 좋을 때는 대학의 학과 사무실에 교수님들께 여러 회사가 초청장을 보내왔으나 현재는 구직난의 시대이므로 몇몇 대학을 제외하고는 학생들이 공채 시험으로 대기업에 취업합니다.

중국유학에서만 만들 수 있는 스토리를 만들어야 합니다.

▶ 중국 학자들의 북한에 대한 생각을 정리하여 대북 경제에 대한 연구해보기

▶ 중국에 진출한 한국 기업의 임원진을 만나 기업의 중국 진출 방향과 유학생에 대한 생각을 들어보기

▶ 중국에 진출한 한국 기업의 실패와 성공 스토리 분석해보기

▶ 중국 현지 기업 인턴 도전

▶ 한국에 진출한 중국 기업의 실태 조사

거절을 두려워 하지 말고 유학생들 스스로 인터넷의 힘을 이용하여 하루에 2개 이상의 기업에 메일을 보내 보는 겁니다. 현재 한국에 진출한 중국 기업 또한 적지 않으므로 한국 기업뿐만 아니라

중국 기업을 찾아보는 것도 좋을 듯합니다. 이 모든 것이 쉽지는 않겠지만 일단 두드리면 열릴 것이라 믿습니다.

요즘 각 기업에서 해외 우수인재 채용이란 공채도 있습니다. 이번엔 국민은행, KT, 공기업 및 공무원도 해외우수인재로 중국어 가능자를 공채하는 경우가 자주 있습니다.

5. 봉사활동을 통한 비전 찾기

자원봉사자(自願奉仕者, Volunteer)는 사회 또는 공공의 이익을 위한 일을 자기 의지로 행하는 사람입니다. 자원봉사자를 줄여서 봉사자라고도 하며, 그런 자원봉사자가 모인 단체를 자원봉사단이라 합니다. 이들의 봉사활동은 보통 비영리단체(非營利團體, NPO, Non-Profit Organization)를 통하는 경우가 많습니다. 때때로 이 방식의 봉사활동은 공식 봉사활동으로 불립니다. 하지만 이들 공식 봉사단체와는 별도로 개인 또는 몇몇 사람들이 비교적 격식을 차리지 않고 자유롭게 봉사활동을 펼치는 경우도 있습니다. 이러한 비공식적인 봉사활동은 보통 알려지지 않기 때문에 통계로 잡기가 무척 힘듭니다.

자원봉사에 임하는 사람은 다양한 형태로 보상을 얻습니다. 예를 들어 보람이나 경험 등의 정신적 보상이나 교통비나 식사비, 소정의 활동비 등을 제공받는 금전적 보상이 있을 수 있습니다. 또한 그 밖에도 취업 또는 진학에 도움이 되는 경력을 쌓기 위한 목적에서 자원봉사를 하기도 합니다. 어떤 기준으로 자원봉사인지 그렇지 않은지를 나누는지에 대해서는 다양한 견해가 있습니다.

봉사활동의 동기와 보상은 아래와 같이 다양하며, 대개 이들 요소가 복합적으로 결합되어 봉사를 하는 이유를 설명해줍니다.

▶ **동기**

• 이타심 또는 애타심(愛他心)—다른 사람의 안녕을 위해 봉사활동을 합니다. 진정한 애타심에서 우러나온 봉사활동이 없다고 주장하는 사람도 있습니다. 애타심은 봉사활동을 하는 이유 중에 하나는 될 수 있습니다. 하지만 애타심만으로 봉사활동에 지속적으로 전념하기는 불가능합니다.

• 삶의 질—봉사활동이 봉사자 자신의 삶을 윤택하게 합니다. 이것은 봉사활동의 가장 중요한 동기가 될 수 있습니다. 봉사활동을 하면서 봉사자는 다른 사람들과 어울릴 수 있으며, 사회활동을 유지할 수 있습니다. 무엇보다도 삶의 다른 영역에서는 느끼기 힘든 끈끈한 유대감을 얻을 수 있다는 점이 많은 사람에게 봉사활동을 하는 이유가 됩니다.

• 의무감—어떤 이들은 봉사활동을 시민, 국민으로서 당연히 해야 할 일로 받아들입니다. 이 경우의 봉사자 중에는 자신들을 봉사자라고 하지 않는 사람도 있습니다.

• 신앙심—한층 더 높은 영적인 상태에 도달하기 위한 수단으로서 봉사활동을 하는 경우도 있고, 종교적인 의무감에서 봉사활동을

하는 경우도 있습니다.

▶ **보상**

• 재정적 보상—돈 때문에 봉사활동을 하는 것을 봉사라고 말하는 것은 단어 '봉사'의 사전적 정의에 부합하지 않습니다. 하지만 봉사단체 중에는 봉사활동에 지출되는 비용을 봉사자 대신 치르는 곳도 있고, 봉사자에 봉급을 제공하는 곳도 있습니다. 일반적으로 봉급이 높은 '봉사활동'이 고됩니다.

• 경력—학교의 생활기록부 또는 이력서에 적어 넣기 위해 봉사활동을 하는 경우도 있습니다. 많은 고용주가 봉사활동을 높게 평가한다고 합니다.

대학생이 되어 자원봉사활동을 통해 배울 것이 참으로 많습니다. 여러 곳을 찾아 봉사하는 대학생들의 땀 속에 우리의 미래가 밝은 이유는 땀 속에 있는 타인에 대한 사랑이랄까? 이 봉사 역시 자기의 꿈과 연관된 것이면 더 좋을 것 같습니다.

학생들과 함께했던 북경비전트립을 통한 봉사는 학생들 마음속에 있는 교육에 대한 열정을 끄집어내어 주었고, 자신도 모르는 어린 학생들을 돌봄으로써 선생님의 말소리에 자부심과 자신감을 심어주는 활동이었습니다. 중국 유학생이 할 수 있는 봉사활동으로서 중국정부가 주도하는 희망공정이라든지 각 기업의 SCR 활동을 통한 활동도 좋습니다.

봉사활동의 과정과 느낀 점이나 각오를 작성해 두었다가 다른 곳에 참여할 때 그것을 보고 다시 시작하는 것도 좋고 그 글을 블로그나 카페에 올려두면 봉사하는 학생들에게 신선함을 줄 수 있습니다.

봉사활동이란 다른 사람과 함께 공유하는 것이라고 할 수 있습니다. 우선 본인과 관련된 꿈을 위하여 각계 분야에서 활동하는 분을 모셔 간담회를 열어 여러 대학생들이 함께 공유하면 꿈에 좀 더 가까이 갈 수 있지 않을까요?

그런 분들을 찾아 여러 대학생들에게 홍보하고, 함께 만나 얘기를 나누며 서로 느낀 점을 공유하고 이런 만남이 몇 개월마다 정기적으로 이루어질 때 꿈을 유지할 수 있으리라 믿습니다. 여기는 외국이라 한국에서 할 수 없는 일도 있고, 한국에선 쉬우나 여기서는 어려운 여러 가지 상황들이 많습니다. 그것을 하나하나 풀어가는 것이 우리의 숙제가 아닐까요?

6. 중국 유학생의 밝은 미래

앞으로 중국 유학생의 실력이 이전처럼 무조건 낮다는 생각을 가진 사람은 생각을 바꾸고 새롭게 각계각층에서 자리를 잡아가는 유학생들을 봐야 할 시기가 온 것 같습니다. 미국의 대통령 오바마나 세계 정상들이 왜 자녀에게 중국어 배우는 기회를 줄까요? 역시 다른 나라의 고위직 자녀들이나 우리나라 대기업 회장의 자녀들도 앞다투어 중국어를 배우고 있습니다. 어떤 이는 인생의 터닝포인트를 삼아 중국어를 시작하기도 합니다.

국내에서 공부하는 경우도 많지만 90년대 초반부터 여행 자율화가 시작되고 우리나라 기업들이 다른 나라로 진출하자 주재원들이 외국으로 나가고 관광이나 해외연수가 활성화되면서 유학은 유학이 아니라 일상의 연장이 되었습니다. 그중에서도 중국으로의 진출은 국익과도 관계되며 회사의 운명까지 뒤바꾸는 상황이 된 시대가 온 것입니다. 기업이 중국에 진출하기 전에 정보 분석과 연구를 통해 밑그림을 잘 그렸어도 현지에서 원하는 방식의 접근이 아니면 투자 실패로 이어지고, 현지 접근 방법이 맞으면 투자 성공으로 이어졌습니다. 그리하여 R&D에 많은 경비를 들여 중국을 알아가려고 노력하였고, 중국의 대기업들도 이미 한국에 진출해 있습니다.

이와 같이 중국의 역량이 세계적으로 커졌고, 세계 명품 시장의 색깔도 바꿀 만큼 중국이 세계적인 소비시장이 된 이상 이 언어를 하지 못하면 우리나라나 미국 면세점에서도 장사하기가 힘든 시기가 올 것입니다. 한국의 박근혜 대통령도 중국어를 잘한다고 합니다. 박근혜 대통령은 2012년 11월 22일 방송기자클럽 토론회에서 "영어 외에 프랑스어, 스페인어, 중국어를 공부했다"며 "중국어는 EBS 방송을 보면서 독학으로 공부했다"고 말해 화제가 되었습니다. 또 중국에 대통령 특사로 방문했을 당시 탕자쉬엔 국무위원이 "늘 중국을 방문하면 공식행사만 간다. 여유 있게 와서 좋은 곳을 보고 가라"고 말하자 "내가 그렇게 좋은 팔자가 되나"라는 말이 튀어나왔다며 에피소드를 직접 중국어로 표현했습니다. 오바바가 중국에 와서 국빈대우를 받는 것을 보면 격세지감을 느낄 수 있습니다. 이전에 중국 총리가 미국에서 대우받던 것과 지금의 상황도 많이 바뀌었으며 미국 대통령이 중국에 와서 국빈대우 받는 것도 많이 달라졌습니다. 앞으로 중미관계, 한중관계의 미래를 생각하면 유학생들이 나라의 보배가 되어 활약할 날이 머지않은 것 같습니다.

각 기업체의 중국 유학생들에 대한 관심과 격려는 점점 높아져 가는 장학금제도나 늘어나는 인턴십 기회를 통해 알 수 있습니다. 앞으로 기업체들은 국내외 기업이 많이 진출해 있는 1선 도시보다는 2, 3선 도시로 시야를 넓혀야 하며, 현지화된 인력 확보 방안으로는 한국에 와 있는 6만여 중국 유학생들을 적극 활용할 것을 권장하기를 바라고 있습니다. 한국 기업도 한국 문화를 아는 유학생을 원하고 있어 여기 있는 조선족이나 한국 유학생들의 자리가 그리 녹록지 않기에 갈 길이 멀지만 자신만이 할 수 있는 역량을 만들어야 하는 것이지요. 중국은 아직 한국이나 미국에 비해 학자금도 저렴합니다. 중국의 장학금 제도는 우리나라와 달라서 북경시 장학금만 해도 학비와 기숙사비 면제에 4년 동안 매달 장학금을 줍니다. 한국 유학생들 중에 이 장학금을 받으려고 노력하고 실제로 받는 학생들도 극소수이지만 점점 늘어가고 있는 추세입니다. 중국 유학을 생각하며 아직도 이 아이들의 미래를 걱정하는 분들이 많고 수많은 사람들이 가볍게 보는 중국유학이라고 생각되겠지만 필자의 개인적인 생각으로는 희망이 많은 곳이고 우리가 이들을 위해 할 일이 많다고 생각합니다.

중국유학+α 북경대 총동문회 현황 2005년

한국 북경대 총동문회 22일 창립

김만기 헤럴드차이나 대표는 22일 서울 강남 노보텔에서 베이징대 한국인 총동문회의 모태가 될 '한국 북경대 총동문회 창립대회'를 개최한다. 이 자리에는 베이징대 부총재를 비롯해 국내외 베이징대 출신 동문 300여 명이 참석할 예정이다. 이날 행사 후원금 및 회비 일부는 베이징대 한국어학과에 재학 중인 중국 학생들에게 장학금으로 전달된다.

초대 총동문회장을 맡고 있는 김만기 헤럴드차이나 대표는 베이징대 한국 유학생 회장을 거쳐 현재 중국 칭다오시 경제고문을 맡고 있다. 2004년 인민일보에 한국을 대표하는 중국통으로 소개될 정도로 중국의 정·관계에 폭넓은 인맥을 형성하고 있다.

베이징대 졸업 후에는 영국 런던대학원에서 중국정치경제학을 전공했고 중국에 국제비즈니스센터, 골프리조트 사업을 진행하는 등 중국 부동산 개발의 선두주자다. 학계 대표적인 인물로는 현재 사회과학원 이사장을 맡고 있는 김준엽 전 고려대 총장이 있다.

김 이사장은 베이징대 동방어문학과의 전신인 중국국립동방어문전문학교 전임강사를 한 것이 인연이 돼 91년 베이징대학 한국학연구소를 설립했고 98년 8월에는 베이징대학 명예교수에 임명되기도 했다.

최진석 서강대 교수, 오상무 고려대 교수, 안희진 단국대 교수, 신하윤·심소희 이화여대 교수, 변형우 성균관대 교수, 김태만 한국해양대 교수, 주재우 경희대 교수, 박광희 강남대 교수, 이남주 성공회대 교수, 한동훈 가톨릭대 교수, 한광수 인천대 교수, 강재식 경희대 교수, 김도희 한신대 교수, 황지연 한국외대 교수, 김민수 인천대 교수, 이동률 동덕여대 교수, 홍정륜 청주대 교수, 송현선 제주대 교수 등 100여 명이 학계에서 활동하고 있다.

또 한국·중국유학박사협회장을 맡고 있는 이영주 박사는 중국정경문화연구원 이사장을 맡아 한·중 교류에 기여하고 있다.

이문형 산업연구원 연구위원, 정상은 삼성경제연구소 수석연구원, 원동욱 한국교통연구원 책임연구원, 정준호 한국행정연구원 초빙연구원, 김영호 한중미래연구소 소장 등 많은 동문이 중국 관련 연구소에서 다양하게 활동하고 있다.

정계에도 베이징대를 거친 인물이 적지 않다. 정덕구 의원은 서울대 국제대학원 교수로 재직 중이던 2003년 한국인 최초로 베이징대학 경제학부에서 초빙교수로 강의를 했다.

조일현 의원은 국제관계학과에서 박사학위를 받았고, 김두관 열린우리당 최고위원은 역사학과 고급연수생으로, 홍문종 전 의원은 국제관계학 초빙연구원으로, 설훈 전 의원은 아태연구원에서 활동한 바 있다.

과거에는 많은 정계 인사들이 미국 유학길을 택했지만 최근에는 베이징대학으로 많은 발길을 옮기는 추세다.

'7막 7장' 저자로 잘 알려진 홍정욱 헤럴드미디어 사장은 하바드대학 졸업 후 베이징대 국제관계학 대학원에서 공부했다.

방송계 중국 전문가로 알려진 방현주 MBC 아나운서는 현재 베이징대에서 신문방송학을 공부하고 있으며 졸업을 앞두고 있다.

또 젊은이들의 문화대통령으로 불리는 서태지는 아시아문화를 이끄는 대표적인 인물로 인정받아 성룡, 공리, 장이머우(張藝謨)와 함께 베이징대로부터 석좌교수직을 받았다.

재계 인물로는 천진환 전 LG상사 사장이 베이징대 국제관계학과에서 박사학위를 받았다.

베이징대 강의 경력이 있는 신주식 전 CJ중국총괄 부사장은 중국 마케팅 분야 최고 전문가로 인정받아 중국 관련 세미나 강사 섭외 '0순위'로 손꼽힌다.

국민창투 중국사업본부장을 맡았던 진정미 박사는 경제학 박사 출신으로 중국 투자자문 컨설턴트로 활동하고 있으며, 김태영 위즈덤하우스출판사 사장, 김충식 이얼싼중국어학원 사장도 베이징대 출신이다.

법조계 인사로는 법무법인태평양 베이징사무소 소장을 맡고 있는 김종길 변호사가 베이징대 법대대학원을 졸업했으며, 법무법인 화우의 나승복 변호사, 정연호 신세기 변호사 등이 대표적인 중국 관련 전문변호사로 활동하고 있다.

출처 : 〈매일경제〉 오재현 기자

7. 다가올 한중관계의 미래

7~80년대는 지나가고 소비자가 왕인 시대가 왔습니다. 중국인의 구매력이 세계적인 명품의 색깔을 바꾸고 수출로 외화를 모았던 중국, 이제는 아시아의 소비시대가 온 것입니다. 시진핑 시대가 도래하였는데 우리가 중국의 변화를 인지하지 못하는 사이 지금도 중국은 변화하고 있습니다.

개혁개방 이후 30년 동안 연평균 10%의 고성장을 해왔지만 13억의 국민 중 약 50%는 여전히 가난합니다. 칭화대 법학박사 출신의 주석 시진핑과 북경대 경제학박사 출신의 총리 리커창이 새 지도자로 등장했습니다. 지난 30년간 개혁개방으로 공업화를 이룬 중국의 새 지도부는 10년 도시화에서 미래를 찾겠다고 발표했습니다. 지금 중국은 인류역사상 최대인 6.9억 명 인구가 도시에 살고 있고 도시화의 진전으로 10~20년 뒤면 미국과 유럽 인구를 합한 것보다 큰 10억 인구가 도시에 거주하게 될 상황입니다.

시진핑 정부는 앞으로 10년간 4억 정도의 농민을 도시민으로 만들어서 여기서 유발되는 투자와 소비를 통해 성장을 이어갈 전략을 세우고 있습니다. 수출구조에서 내수구조로 바꾸는 시대가 온 것이지요. 1인당 10만 위안의 도시화 투자를 가정하면 10년에 40조 위안, 한화 7,200조 원이 투자되는 것입니다.

중국은 제18차 당 대회에서 내수소비를 중심으로 GDP 규모를 2020년까지 2배로 늘리는 성장 목표를 발표했습니다. 사회주의 특성상 최고 지도자가 한 말은 거의 지켜지는 나라가 중국입니다. 중국경제가 10년에 두 배로 커지면 중국의 "잘나가는 산업은 10년에 4배"는 성장합니다. 잘나가는 산업 중에서 "잘나가는 기업은 10년에 8배" 성장하는 것은 충분히 있을 수 있는 일입니다. 한국은 10년에 8배 성장하는 중국의 말을 찾아 그 말의 잔등에 안장을 놓기만 하면 10년에 8배 성장할 수도 있습니다.

79년 등소평이 흑묘백묘론, 즉 까만 고양이나 흰 고양이나 쥐만 잘 잡으면 되고 자본주의든 사회주의든 인민만 잘 살면 된다, 라고 하여 선부론을 외쳤습니다. 선부론을 제창하여 연해안 지역은 발달하여 도시화·경제화가 이어졌으나 서부내륙지방과는 수입구조나 경제구조가 현격히 차이 나 빈부격차가 심해지자 다시 균부론을 제창하였습니다. 하지만 아직 역부족인 상태이고 중국은 철저한 지방자치제가 되어 있어 일인당 국민소득이 3만 불 이상 되는 한국보다 잘사는 도시도 3~4개 이상입니다.

세계경제 성장 속도가 떨어지고 수출이 순조롭게 되지 않자 정부는 내수화로 돌려 이제는 도시화의 시대로 돌아섰습니다. 몇 년 동안 부동산은 물가보다 몇 배가 더 올라가고 물가 또한 상승속도가 가파르게 올라가고 있습니다. 세계로의 수출길이 예전보다 막히자 중국은 내수화 시장으로 돌아섰습니다. 이제는 도시화로 일어서는 소비대국으로서의 중국을 봐야 합니다. 용의 후손이라고 자칭하는 중국인들의 소비를 잡는 것이 한국이 길게 잘 먹고 잘 사는 길입니다. 2013년부터 한국은 이제 '용과 함께 춤춰야 하는 시대'가 왔습니다.

이 시대를 위해 준비했던 사람들은 함께 모여 중국에 대한 자료 수집과 분석을 하고 한국이 취해야 할 상황을 점검해야 할 시간입니다. 힘들었던 시간이 지나고 밝고 자신 있는 삶을 영위하는 시대가 왔지만 요즘은 끊임없는 공부를 해야만 하는 시대입니다. 한 번 공부하여 수십 년간 이용하는 시대는 가버린 것이지요. 이전의 고집은 버리고 지갑을 열어야 사람이 모이고, 하고자 하는 일을 이룰 수 있습니다.

하지만 아직 갈 길이 멀고 우리의 시대를 준비하기 위하여 많은 것을 배워야 합니다. 요즘 대학 졸업자는 고등기초교육을 받았다고 합니다. 대학 입학 이후 취업을 위해 공부하다보니 전공 공부를 할 수 없는 것이지요. 석·박사과정을 통하여 시각의 다변화를 꾀해야 합니다.

안타까운 사실이지만 한국 기업들이 중국유학에 대해 갖는 편견은 여전합니다. 북경대나 청화대에서 공부한 학생들에게 큰 신뢰감을 갖지 않습니다. 외국인으로 중국에 있는 대학교는 비교적 쉽게 들어갈 수 있다고 생각하니까요. 이를 극복하기 위해 시간과 돈을 들여 최소한 석사과정을 마칠 여유가 있으면 박사까지 하였으면 합니다.

국제적인 법과 변화를 읽지 못한다면 중국적 고집쟁이가 될 수 있는 시기인 것이지요. 적지 않은 이들이 중국에서 공부하여 다른 나라로 석·박사를 공부하러 가는 경우가 많습니다. 아마도 그 이유가 시야를 넓히고 더 많은 지식을 함양하기 위해서라고 할 수 있겠지요.

어느 신문기사에 앞으로 몇 년 후 10만 명의 미국인들이 중국에서 유학을 할 것이라고 합니다. 지금도 청화대 이과에서는 해마다 몇 백 명의 미국 대학생들이 석·박사과정을 공부하는데 미국 정부에서 중국 석박사생에게 메리트를 준다고 하였습니다.

또한 중국의 우수한 학생들이 미국에서 공부할 것이고 지금도 유학을 하고 있습니다. 교육이란 자기 나라보다 못한 곳으로 보내지 않는다고 하지만 지금은 시대가 바뀌어 중국을 배워야 하는 나라로 인식하며 미래를 바라보는 눈이 변화되었다고 볼 수 있습니다. 우리나라도 미래를 대비하기 위하여 중국 유학의 여러 길을 열어 놓고 정책적으로 유학을 고려해야 할 시기인 것 같습니다.

인생에는 정답이 없다고 합니다. 공부와 경제 그리고 미래와 인생을 생각하다 보면 각자의 삶마다 인생의 숙제가 주어지고 그것을 해결해 가는 해답만이 있을 뿐입니다. 현 시대는 미국, 한국, 중국 어느 나라 대학을 나와도 취업하기가 쉽지 않은 것이 사실입니다. 어디서 공부하든 개인의 능력과 자신감만이 자신의 길을 개척해 가는 시간입니다. 중국유학의 장점은 대도시를 제외하면 아직은 경비면에서 절약이 되고 미래의 언어인 중국어를 배울 수 있다는 점입니다.

유학을 장려하는 것은 아니지만 중국을 뛰어넘기 위한 중국 전문가 10만 양병설! 현재 참으로 필요한 말인 것 같습니다. 앞으로 국가라는 개념이 어떻게 바뀌어갈지 모르지만 중국은 10여 개 나라와 변방을 이루면서 영토분쟁이 끊임없이 일어나고 있고 이들 나라와 어떻게 외교를 할지 의문인 상태입니다.

하지만 우리나라와 가장 가깝고 통일이 되어도 가장 많이 부딪쳐야 할 나라입니다. 중국과의 경쟁은 앞으로 토지, 역사, 경제나 군사적인 분야뿐만 아니라 국가적으로 사회, 정치, 지식, 예술, IT 정보기술, 응용기술 그리고 여타의 과학기술과 모든 문화적 영역 등 거의 전 분야에서 일어날 것이며 지금도 한창 일어나고 있습니다. 소프트파워가 우리에게 있고 기술도 있지만 어느 부분에서도 안심할 수 없는 것이 사실이며 중국은 우리의 뒤를 쫓고 있습니다.

한국의 제조산업과 농업이 중국과의 경쟁에서 이미 패배하고 제조국에서 소비국으로 도래한 중국이 언제 어떻게 변할지 몰라 우리는 항상 그에 대비하는 진정한 실력이 필요합니다. 21세기, 중국과의 무한경쟁 속에 중국의 부상과 패권에 대한 야망을 최전선에서 막아내고 우리나라를 지켜내려면 재중국 한국 유학생들에게 반드시 기댈 수밖에 없을 것입니다. 만약 중국이 민주적이고 건설적이며 자유와 인권이 보장된 국가로 변화하고 또 13억이나 되는 인구의 창의력과 그들의 잠재력을 개발할 수 있는 국가가 된다면, 그렇게 해서 우리와 좋은 친구가 되어 서로 돕고 살 수 있게 된다면 양성된 10만 명의 중국 전문가는 그 중요성을 인정받으며 국익을 위해 활동할 수 있게 될 것입니다. 물론 이것은 긍정적인 측면이고 그와 반대되는 경우라면 이어도 영유권 분쟁, 북한의 여러 지역에 투자한 곳과 변경선에서의 분쟁, 동북공정 문제 등 국제적인 분쟁을 예상할 수 있습니다.

세계의 공장이자 거대한 시장인 동시에 최첨단 미래산업과 굴뚝산업이 동시에 공존하며 세계 1위의 관광국으로서 강대해지는 블랙홀 중국! 인간은 누구나 힘이 생기고 강해지면 그 힘을 사용해 보고 지배하려는 욕구와 충동을 느끼는 법입니다. 중국은 현재 진행 중인 경제 건설의 완성만으로 그들의 힘을 멈추려 하지 않을 것입니다. 우리에게 이런 중국과의 무한경쟁, 무한협동 등 소위 정면대결과 정면협력의 시대가 동시에 다가오고 있습니다. 그들은 무섭게 활화산처럼 일어나고 있습니다.

우리가 상대해야 할 것은 전체 유럽 대륙의 전 인구를 합친 것보다 훨씬 많은 13억 인구가 가지고 있는 거대한 창의성과 또 그들이 앞으로 뿜어낼 엄청난 잠재력이며, 광활한 영토와 자원, 세계 1위의 외환보유고와 슈퍼시장을 가능케 하는 막강한 경제규모 그리고 최첨단 우주기술과 핵 강국으로 무장한 가공할 폭발력을 가진 상대입니다.

그 대결과 협력의 시기에 우리가 주도권을 잡고 21세기 동아시아 시대, 지구촌 시대를 리드해 나가기 위해선 국가 차원이 됐든 개인 차원이 됐든 미국과 더불어 양대 세계의 글로벌 리더로 급부상하고 있는 중국을 연구하고 또 이용할 수 있는 중국 전문가들의 양성은 피할 수 없는 시대적, 국가적, 사회적 요구가 되고 있습니다. 중국을 철저히 연구하고 그들을 이해하고 조국을 생각해야 합니다.

8. 세계 일류 국가가 될 대한민국의 미래

골드만삭스가 발표한 《2050년의 한국경제》 보고서 요약본

장기 성장잠재력 지수(GES: GROWTH ENVIRONMENT SCORE)로 평가하여 BRICs(브라질, 러시아, 인도, 중국) 국가들과 같은 영향력을 가진 경제부국으로 성장할 수 있는 잠재력을 가진 11개국(N-11: the Next Eleven)을 선정하였는데, 이중 한국과 멕시코가 2050년까지의 경제성장 과정에서 BRICs와 같은 영향력을 가진 경제부국으로 성장할 것으로 전망하였다.

우리나라의 실질 GDP는 2005년 말 예상치 8,140억 달러에서 2010년 1조 2,900억 달러, 2025년 2조 6,250억 달러, 2050년 3조 6,840억 달러로 증가하여, 2050년에는 세계 13위의 경제규모를 달성할 것으로 전망하였다.

우리나라의 1인당 실질소득 수준은 2025년 51,923달러로 미국,

일본에 이어 세계 3위로, 2050년에는 81,462달러로 세계 2위로 올라서 미국을 제외한 G7 국가의 수준을 능가할 것으로 예측하였다.

골드만삭스가 한국에 잘 보이기 위해 만든 보고서는 아닐 것입니다. 2025년에는 세계 3위, 2050년에는 세계 2위의 1인당 실질적인 부국이 된다는 얘기지요. 많은 민족의 예언서를 살펴보면 한국이 후천세계정신대국이 된다는 이야기는 있어도 이렇게 실질적인 부국이 된다는 얘기는 처음 접하는 것이라 놀라기 그지없습니다.

자크 아탈리의 《미래의 물결》의 주제 중 하나는 팍스 아메리카, 즉 미국의 물결은 쇠퇴하며 대체 세력들이 일어난다는 것입니다. 그중에서 한국과 관련된 핵심 되는 부분을 발췌해 보면 다음과 같습니다.

'일본, 중국, 인도, 러시아, 인도네시아, 한국, 오스트레일리아, 캐나다, 남아프리카 공화국, 브라질, 멕시코 이렇게 11개국 나라가 새로운 경제적, 정치적 세력으로 부상할 것이다.'

'세계는 아시아가 지배할 것이다. 세계 무역의 3분의 2는 태평양을 사이에 두고 이루어질 것이다.'

'일레븐에 속하는 나라들 중에서는 한국이 아시아 최대의 경제대국으로 자리 잡게 될 것이다. 한국의 기술력과 문화적 역동성은 전 세계를 놀라게 할 것이다. 심지어 일본에서조차도 미국식 모델 대신 한국식 모델을 모방하는 움직임이 일어날 것이다.'

문명의 중심이 페르시아—지중해—유럽—영국—미국(NY)—미국(LA)으로 이동했는데 이미 환태평양의 시대가 되었으며, 팍스 아메리카에서 팍스 아시아 시대로 넘어가고 있다는 것입니다. 그렇다면 그 세계 문명의 중심지가 어디가 될 것인가? 동북아 3국, 즉 한·중·일밖에 없는데, 그곳은 일본도 중국도 아닌 한국이 된다는 것입니다. 정말 놀랍고도 믿기 어려운 주장입니다. 그는 일본도 중국도 아닌 한국이 중심이 되는 이유를 이렇게 설명했습니다.

'일본은 지리적으로 극단에 치우쳐 있을 뿐만 아니라 전범국가로서 한 번도 진정한 사과를 한 적이 없었기에 주변국으로부터 존경을 받지 못하고 있다. 그래서는 문명의 중심 국가가 될 수 없다. 중국은 강대국이긴 하지만 선진국은 아니다. 한국은 분단 상황 등 극복해야 할 벽이 많지만 남북관계를 잘 풀어 나가면 남한의 인적 자원과 기술력 그리고 북한의 값싼 노동력을 합하여 엄청난 시너지 효과를 창출하면서 세계의 중심 국가가 될 수 있다.'

이와 관련하여 예일대학의 역사학자이면서 미래학자인 폴 케네디는 이와 비슷한 얘기를 더 구체적으로 했습니다. 세계의 중심 국가가 되기 위해서는 다음의 세 가지를 충족시켜야 한다고 합니다.

첫째, 사회적 도덕심(Social Morality)입니다.

1997년 IMF 극복을 위한 한국의 금 모으기 운동은 전 세계를 놀라게 했습니다. 사회적으로 부정부패가 없을 수는 없겠지만 그래도 제도적으로나 현실적으로 많이 정화되었고 사회적 도덕심이 강하게 살아 있는 나라입니다. 그렇게 사회적 도덕심이 강하게 살아 있는 이유는 사회, 종교적 양심이 뒷받침을 이루기 때문입니다. 한국만큼 종교적 다양성이 보장되며 조화로운 나라가 세상에 어디 또 있을까요?

둘째, 혼이 담긴 문화(Spiritual Culture)입니다.

세계적인 성악가 조수미의 소리는 단순한 미성이 아닌 어떤 혼이 담겨 있다고 합니다. 피겨스케이팅의 김연아 선수의 지난 밴쿠버 올림픽 기록(쇼트 78.5, 프리 150.06, 총합 228.56)은 전무후무의 점수라고 합니다. 완벽한 기교를 넘어서 혼이 실린 연기라 하지 않을 수 없습니다. 요즘에는 예전에 상상도 못했던 세계적인 인물들이 많이 나옵니다. 반기문 유엔사무총장, 프리미어리그 박지성, LPGA 박세리, 메이저리그 박찬호 등 스포츠계뿐만 아니라 연예계의 한류 열풍은 상상을 초월합니다.

셋째, 자유민주주의(Liberal Democracy)입니다.

자크 아탈리가 언급한 부분과 맥락을 같이 합니다. 중국은 강대국이긴 하지만 선진국이 아니라고 했습니다. 폴 케네디는 더 근원적인 것을 얘기합니다. 중국은 흑묘백묘론으로 자본주의를 받아들이는 듯하지만, 그들이 표방하고 있는 사상과 이념, 체제는 부인할 수 없는 사회주의입니다. 한 해에 2,000명 이상을 사형대에 세우는데 이는 전 세계 사형수의 50%를 차지하며 미국의 30배에 달합니다. 인권을 입에 담기 어려운 나라가 어떻게 세계의 중심 국가가 될 수 있을까요?

일본은 외견상 완벽한 자유민주주의 나라인 듯합니다. 하지만 과거 주변 국가에 대한 침략 행위에 대해 진정한 사과와 배상을 한 번도 제대로 하지 않은 나라입니다. 아직도 독도를 자기네 땅이라고 우기는 나라입니다. 경제대국의 힘을 바탕으로 우경화하고 있는 일본의 실체는 군국주의, 침략주의입니다. 이런 나라가 어떻게 존경을 받고 세계의 중심 국가가 될 수 있을까요?

2008년 7월 10일자 〈서울신문〉에 이명박, 메데브데프 한—러 대통령이 환하게 웃으며 악수하는 모습과 함께 "한—러 KTR—TSR 연결 적극 검토"라는 기사가 실린 적이 있습니다. TSR(Trans Siberrian Railroad)이란 러시아의 모스크바에서 시작해 시베리아 대지를 가로질러 극동의 블라디보스토크를 연결하는 총 길이 9,288km의 세계 최장 철도를 말합니다. 지구의 1/3바퀴를 도는데 급행으로도 1주일 걸립니다. 이것을 TKR(Trans Korean Railroad), 즉 북한을 통과하여 서울—부산까지 경부선으로 연결하겠다는 구상입니다.

왜 그럴까요? 부산항에서 컨테이너 운반선이 싱가포르 말라카 해협과 수에즈 운하를 거쳐 유럽으로 가는 데는 약 25일이 걸립니다. 반면에 부산항에서 블라디보스토크를 경유하여 TSR을 타고 유럽에 가는 데는 보름이 걸립니다. 그런데 이것을 해상 환적하지 않고 철도로 북한을 거쳐 TSR을 타고 유럽으로 가게 되면 시간을 훨씬 단축할 수가 있습니다. 남북관계가 호전되어 상호협력으로 가게 되면 시너지는 무궁무진하게 되는 것이지요.

이런 희망적인 미래를 보면 우리나라 경제에 중국과의 무역수지가 많은 도움을 주리라 믿습니다. 그 시기를 준비하는 사람으로서 열심히 자신의 일에 매진하고 서로 상부상조할 줄 아는 멋있는 유학생이 되길 바랍니다. 파란불이 켜질 때 달리려면 좋은 차와 가득 채운 기름, 그리고 운전할 멋진 기사가 필요한 것이 아닐까요? 우리가 바로 그 멋진 기사가 되는 꿈을 꾸며 앞으로 달려가 봅시다.

제4장

동아리를 만들자

1. 기획

유학생회, 봉사활동 동아리 등 많은 동아리가 있지만 학생들에게 새로운 자극을 주는 동아리를 만들어 보고자 동아리를 기획해 보았습니다.

중국 유학생으로서는 누리지 못했던 강연회를 생각하고, 자원봉사 할 기회인 비전트립도 생각하여 다각적인 측면으로 활동을 계획했지만 2년이 지난 지금 되돌아보니 동아리 활동에 대한 보상이 적었던 것 같습니다. 단지 꿈만 쫓는 것에 그쳤던 것 같은데 이제는 동아리를 통한 보상도 생각해보게 되었습니다.

동아리 활동을 통한 보상이라고 하면 인턴십을 제공하여 스펙을 만드는 것이 학생들에게 도움이 된다는 사실도 이제야 알게 되었습니다. 학생들과 어른들이 함께 하는 동아리를 통해 느꼈던 점은 곳곳에 있는 전문가를 만나기가 쉬웠고, 접근하는 방식이 좋았으며, 동아리 속에 보고체계를 만들었다는 점입니다. 또한 하나의 활동을 생각하면 디자인하는 방법이 남달라 추진력과 활동력 범위가 넓었습니다.

단점이라고 한다면 동아리 체계를 시스템화 하지 않았고 번뜩이는 아이디어에만 집착해 후배들에게 가르쳐주지 못하고 중간에 흐지부지한 동아리가 되었던 적도 있었습니다. 동아리 활동이 지속가능하게 하려면 시스템화 하는 것이 필요합니다. 선배가 후배에게 가르치고 선배가 떠나면 다시 후배가 가르쳐서 한 사람의 부재가 활동의 근간을 흔들면 안 된다는 것입니다. 이런 저런 생각이 있었지만 일단 시도한 것은 아주 잘한 것이고 앞으로는 시스템을 만들어가는 것이 관건이라는 생각이 듭니다.

2. 활동

VIA(비아) 동아리 활동이 이력서에 넣을 만한 한 줄이 될 수 있을까? 서로 원하는 것을 도와주는 것이 인지상정이고 유학생들이 좋아하기에 시작한 일이었습니다. 동아리 카페도 있고 성과도 있었습니다. 강연회나 비전트립에 학생들이 지속적으로 참여해 주었고, 새로운 아이디어를 배우기 위해 학생들이 모였으며 좋은 후기들이 카페를 알차게 채워주었습니다. 그 후기들이 나를 여기까지 오게 만든 힘이 되었습니다. 앞으로도 내가 할 수 있는 것은 할 것이며 내가 없어도 학생들이 잘 엮어갈 수 있도록 준비해야겠다는 생각이 듭니다.

3. 비전

함께 일하는 지도자로서 특별한 능력도 없지만 없는 능력을 발휘해서라도 유학생이 원하는 것을 면밀히 살펴보고 그 상황에 맞추어 해줄 수 있는 것은 무엇이든 해주고 싶습니다. 위에서 말한 것처럼 유학생이 원하는 보상제도도 생각해보고 동아리를 통해 무엇이든 하나라도 얻어갈 수 있는 여건이 된다면 얼마나 좋을까요?

이 동아리 활동의 비전은 각 학교마다 있는 유학생 커뮤니티가 서울에 가서도 우리는 중국 유학생이란 의식을 심어주고 지금의 개인주의에서 벗어나 졸업을 해서도 친근하게 만나게 할 수 있는 유학생 콘텐츠로 남는 것입니다.

유학생끼리 서로 정보 나눔이 적다보니 단합이 되지 않고 더욱더 정보를 나눌 기회가 줄어드는 악순환을 겪고 있습니다. 서로 상생할 수 있는 동아리가 되어 좋은 정보를 나누고 어려운 것을 함께 하고, 자신의 이력을 위해 동아리 활동을 하는 것이 아니라 학생 전체를 위해 동아리 활동을 하면 오히려 더 많은 경험과 정보를 얻게 될 것입니다.

4. 유학생 문화원

목적

유학생 문화원의 목적은 유학생의 미래의 꿈이라는 공간마련을 마련하여 한국문화, 한국역사, 고전탐독 및 본인의 롤 모델인 선배님들을 초빙하여 서로 대화를 통하여 배워야 할 공부, 꿈을 심어주고 나누고 싶고, 현지에서 하는 동아리의 공간 활용도를 높여주고 그들이 만든 것으로 전시회를 해주고, 연극이나 음악동아리를 위하여 발표공간을 마련해 주는 것입니다.

현재 중국에는 23만 명의 유학생이 있고 50년부터 동구권에서 유학생을 받아들인 이후 중국에서 유학한 외국인은 190개국 169만 명에 달한다고 합니다. 그 중에서도 우리나라 유학생 수가 아직도 가장 많고 6만 명이 넘어 1위이고 그 뒤를 이어 미국과 일본이라고 합니다. 31개 성에 흩어져 있는 유학생에게 일일이 모든 것을 다 해

줄 수는 없지만 그 유학생 중 3분의 1이 북경에 머물고 있습니다. 지금 현재 그들과 함께 호흡할 수 있는 곳이 제일 필요한 시기라고 생각했습니다.

과정

봉사활동(학습지 / 북경 소개 / 한국 중고생에게 중국 문화 소개)

▶ 학습지 활동

중국 유학생들이 현지인들에게 봉사할 수 있는 것이 무엇인가 고민하다 보니 동북3성의 동포를 떠올릴 수 있었습니다. 그들의 부모님들은 경제적으로 조금의 풍족함이라도 얻고자 한국과 북경 등 도시로 일을 하러 떠났고, 남겨진 아이들은 조부모와 함께 생활을 합니다.

조부모님과 함께하는 생활은 좋은 점도 있지만 그렇지 못한 부분도 있습니다. 대부분의 조부모님들은 손주들의 궁금함, 부족함을 채워줄 수 없기에 어떻게 해야만 그들의 부족함을 채워줄 수 있을까 고민을 해 보았습니다. 고민을 하던 중 우리나라에 많은 아이들이 학습지 같은 것으로 공부를 하는 것이 떠올랐습니다. 학습지 형식의 책을 만든 후, 완성된 책 맨 뒷장에 자원 봉사 학생들의 학과 전공과 연락처를 적어 그 아이들이 문제를 풀 때 궁금한 점이나 도움이 필요한 일이 생길 때 마다 연락을 취할 수 있도록 했습니다. 자원봉사 학생들의 북경생활 소개와 도움으로 그 어린 아이들의 꿈과 다초점을 맞추기를 원하는 상황까지 왔습니다.

올 3월부터 시작할 이 학습지 봉사로 우리는 현지의 아이들과 친해지려 합니다. 그리고 여름방학부터는 동북 3성으로 자원봉사를 하러 가서 직접 그들을 만나려 합니다.

▶ 북경 소개 교육 및 가이드

한국인이 북경을 방문하였을 때 우리 한국 유학생들이 직접 가이드를 해주면 어떨까요? 북경대학, 청화대학 또는 인민대 등에 다니고 있는 우리 유학생들이 그 누구보다도 중국 문화에 대해서는 전문가라고 생각합니다. 많은 시간을 중국인들과 함께 보내온 그들이 직접적으로 느꼈고, 느끼고 있는 중국 현지의 문화와 정서를 한국인의 눈으로 설명을 해준다면 다른 어떤 조선족 또는 한족 가이드의 소개보다 더욱더 빠른 이해를 할 수 있으리라 생각됩니다.

이러한 과정이 북경을 방문하신 한국인분들과 유학생들이 친해질 수 있는 기회가 될 것 같습니다. 중국에 있는 한국 유학생들과 친해지고 나시면 중국에 있는 한국 유학생들에 대한 편견 역시 사라질 것이라 생각합니다. 또한 중국유학에 관한 주의사항이나, 현지에서 생활해봐야만 알 수 있는 정보 등을 알려줄 수 있고, 경험에서 나오는 유학상담을 받아 볼 수 있는 일석이조의 효과가 있으리라 생각됩니다. 그리고 유학생들에게는 학교 수업을 해야 하는 주중을 제외한 주말에 어른들과 함께 잘 알지 못했던 한국에 대한 것들을 배우면서 본인들이 경험해온 중국 생활 이야기도 공유할 수 있는 좋은 기회일 것 같습니다.

우선 학생들이 유학하고 있는 현지 북경에 대해 알려고 하면 한국을 기준으로 소개하는 것이 더 편리한 것 같아 한국에 대해 먼저 소개하고 중국의 주요 명소를 한국과 비교하여 설명했다.

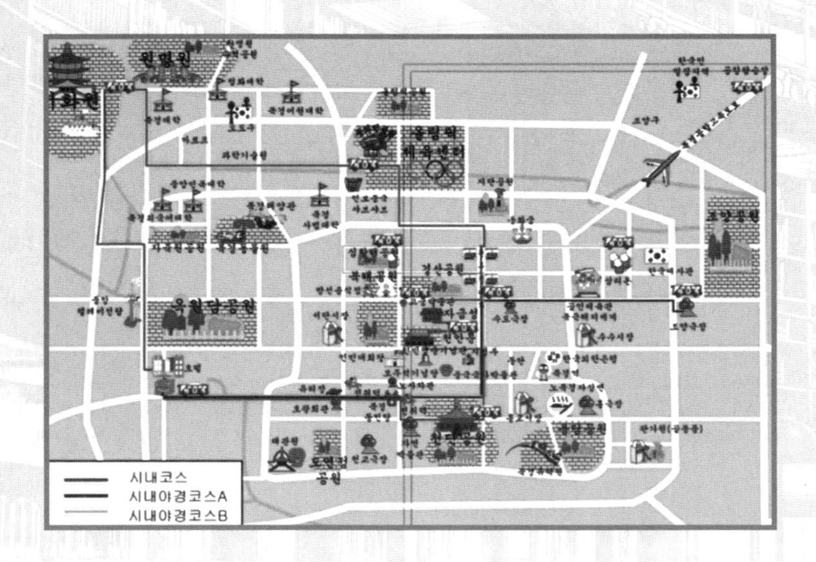

▶ 북경

북경은 약 18,700㎢로 서울의 약 30배이고, 인구는 약 2배가 넘는다. 북경은 명 초기부터 시작하여 중국의 수도로 명명된 지 700여 년이 되었으며,

이전부터 강이 없고 4개 하천이 전부라 큰 호수를 만들어 바다라 명명하였다. 그 호수가 있는 곳을 북해공원, 중남해공원 등이라 명명하였습니다. 이화원에도 큰 인공 호수 곤명호가 있지만, 그곳에 있는 곤명호는 바다가 아닌 호수라고 명명하고 있습니다. 700여 년 전 명이 시작되면서 고궁을 만들었으나 풍수로 배산임수가 되지 않아 남해, 중해, 북해, 후해 호수를 만들고 그 땅으로 경산을 만들어 배산임수의 입지를 만들었다. 현재는 그곳을 공원으로 지정하여 시민들의 휴식처가 되고 있다.

중국인은 예로부터 자연을 숭상하여 제를 지냈는데 천단, 일단, 지단, 월단 공원을 만들어 겨울, 봄, 여름, 가을에 고궁을 향한 재단을 만들어 제를 지내왔다. 현재 천단공원에서 매년 음력 1월 1일에 고궁을 향해서 제를 지낸다. 이것을 미아오후이라 한다.

3환 이내에는 장안가를 빼고는 높은 건물이 없는 것도 고도(古都)의 분위기를 내는 것 중의 하나이다. 연경산맥과 퇴행산맥으로 북경을 감싸고 있으며 천수산에 명13릉이 펼쳐져 있다. 2개 현과 16개 구로 되어 있으며 면적으로는 연경현이 가장 크며 인구로는 조양구가 가장 많다. 천안문 앞을 장안거리라 하여 동쪽으로 가면 통주이고 서쪽으로 가면 석경산구이며 고궁을 중심으로 남북으로는 용맥이 흐른다고 한다. 고궁의 용이 국가 체육관에서 승천한다고 하여 국가체육관 뒤에 삼림공원을 만들어 용맥도 묻어두었다고 한다.

인구는 약 2,200만 명이며 5환 이내 인구가 약 1000만, 그 외 1200만 인구이며 5환 이내 외국인이 약 100만 정도 된다고 한다. 160여 개 대사관, 유엔기구, 500대 기업 아시아본부, 다국적 기업 등 우리나라 8천여 개 기업 및 유학생을 포함하고, 일시적 유동인구나 관광객 수를 합하면 더 될 수 있다고 한다. 1949년 이전에 고궁을 중심으로 북경 도로계획도가 미리 세워져 있었다고 하는데 고궁을 일환으로 하여 2환, 3환, 4환, 5환, 6환이 건설되어 있으며 3개의 공항과 13개의 지하철 노선, 5개의 기차역이 있다. 3환 이내는 700년의 역사문물보호를 위하여 장안거리 빼고는 큰 고층건물이 거의 없으며 아담하고 이전의 모습을 보전하여 후통(胡同, 골목거리)을 볼 수 있습니다.

1979년 개혁개방을 시작하면서 4환과 5환 사이 동북쪽에 주택가를 설계하여 왕징(이전에 북경은 고궁 주위였으므로 왕징이란 의미는 북경을 그리워하는 마을을 뜻한다)으로 하여 주택을 개발하였으나 근처에 무기를 만드는 공장이 있었다. 당시 그 공장도 주택개발을 해야 한다, 하지 말아야 한다는 찬반논란이 있었으나 그대로 유지하자고 하여 현재 최대의 화랑 거리인 798이 남아 있게 되었다.

798은 그 당시 번지수이며 751번지에 가면 당시의 기차를 볼 수 있다. 798 거리 화랑마다 벽이 두꺼운 이유는 그 당시 벽을 그대로 두고 다시 벽을 만들었으므로 보통 벽보다 두께가 약 3배 이상 되는 것을 볼 수 있다. 지금도 겨울에 더운 물을 공급할 수 있는 파이프를 볼 수 있으며 운영되고 있는 공장도 있다고 한다.

왕징과 798 사이의 리두라는 곳은 서양인이 많이 거주하고 있으며 왕징과는 조금 분리된 상권이 형성되어 있다. 4환과 5환 사이 서북쪽으로 이미 학원가가 발달되어 있어 북경의 80여 개 대학 중 20여 개가 이미 오도구 쪽에 자리를 잡고 있다. 해정구가 중국 전역에서 유치원, 초, 중, 고, 대학의 가장 좋은 학군으로 자리를 잡고 있으며, 특히 오도구에는 북경대와 청화대가 함께 있어 한국인이 가장 좋아하는 학군 지역으로 자리매김하고 있다.

북경대 옆으로 원명원이 있고 바로 그 뒤쪽에 이화원이 있는데 원명원을 보면 중국에 서양 열강이 침입하여 황제의 궁전이 소실된 상황의 역사적 자료를 그대로 남겨두어 이제는 비껴간 세월의 흐름을 느낄 수 있다.

북경은 세계문화유산의 도시라고 불린다. 미국에는 세계자연유산은 많으나 문화유산이 없다는 사실! 북경에만 6개가 있고 한국에는 약 10개 정도가 있다.

유네스코 지정 한국 문화유산

구분	유산	지정년도	유산	지정년도
세계유산	석굴암 및 불국사	1995년	경주 역사지구	2000년
	해인사 장경판전	1995년	고창·화순·강화 고인돌 유적	2000년
	종묘	1995년	제주도 화산섬 및 용암동굴	2007년
	창덕궁	1997년	조선왕릉	2009년
	수원 화성	1997년	한국의 역사마을:하회와 양동	2010년
무형유산	종묘 및 종묘 제례악	2001년	처용무	2009년
	판소리	2003년	가곡	2010년
	강릉 단오제	2005년	대목장	2010년
	강강술래	2009년	매사냥	2010년
	남사당	2009년	택견	2011년
	영산재	2009년	줄타기	2011년
	제주 칠머리당영등굿	2009년	한산 모시짜기	2011년
기록유산	훈민정음	1997년	해인사 팔만대장경판	2007년
	조선왕조실록	1997년	동의보감	2009년
	직지심체요절	2001년	5.18 민주화운동기록물	2011년
	승정원일기	2001년	일성록	2011년
	조선왕조의궤	2007년	–	–
생물권 보전 지역	설악산	1982년	제주도 한라산	2002년

〈참조어〉 유네스코, 한국과 유네스코와의 관계
〈출처〉 유네스코 개황, 2009. 3, 외교통상부

▶ 세계문화유산

북경의 문화유산 중 가장 역사가 오래된 순으로 나열하면 주구점(저우커우뎬), 만리장성, 고궁, 천단공원, 명13릉, 이화원(이허위안)이 있다.

① 주구점(저우커우뎬)

항상 전문 가이드가 있으며 중국어로 자세한 설명을 해준다. 입장권에 가이드 비용까지 포함되어 있다.

주구점은 중국 베이징 팡산 현(房山縣)의 룽구 산(龍骨山)에 흩어져 있는 유적이다. 70만 년 전 호모 에렉투스와 호모 사피엔스의 진화와 생존양식의 대부분이 주구점의 유적지의 기본적인 틀 안에서 이루어진 것이며, 1929년 중국의 고고학자 페이원중(裵文中)이 이곳에서 원시 인류의 치아, 골격 및 완전한 형태의 두개골 하나를 발견했다. 베이징 원인이 생활하고 수렵한 흔적과 불을 사용한 흔적을 찾아내 50만 년 이전에 베이징 지역에서 이미 인류가 활동했다는 사실을 밝혀냈다. 베이징 원인이 살았던 동굴의 가장 위쪽에서 2만여 년 전의 화석인류 '산정동인(山頂洞人)'이 이미 구석기 말기로 진입했었다는 사실을 말해주는 흔적도 찾아냈다.

② 만리장성(Great Wall of China)

만리장성은 중국 역대 왕조가 변경을 방위하기 위해 축조한 대성벽. 보하이 만(渤海灣)에서 중앙아시아까지 약 6,400km(중간에 갈라져 나온 가지를 모두 합하여)에 걸쳐 동서로 뻗어 있다. 현존하는 만리장성은 명대 특히 그 후반기에 축조된 것으로, 동쪽은 보하이 만 연안의 산하이관(山海關)부터 중국 본토 북변을 서쪽으로 향하여 베이징(北京)과 다퉁(大同)의 북방을 경유하고, 남쪽으로 흐르는 황허 강(黃河)을 건너며, 산시 성(陝西省)의 북단을 남서로 뚫고 나와 다시 황허 강을 건너고, 실크로드 전 구간의 북측을 북서쪽으로 뻗어 자위관(嘉峪)에 다다른다. 지도상의 총 연장은 약 2,700㎞로 인류 역사상 최대 규모의 토목공사이다. 그리하여 중국은 세계 최대의 토목공사의 거두로 우뚝 섰으며 2천여 년 동안 유지보수를 하여 우주에서도 보이는 만리장성을 자랑하고 있다.

하지만 만리장성에 징용되어 한평생 장성만 짓다가 죽어간 인민들이 얼마나 많았겠는가? 그 많은 한을 서려두고 수많은 왕조가 바뀌면서 원나라 빼고는 내부의 혼란으로 나라가 멸망했지 외부의 침입으로 멸망하지 않았다. 왕조의 안위를 위하여 죽어간 수많은 민초들에게 명복을 빈다.

③ 고궁

자금성(중국어: 紫禁城, 병음: Zǐjìnchéng 쯔진청[*])은 베이징의 중심에 있는 명과 청 왕조의 궁궐이다. 자금성의 규모는 궁궐로는 세계 최대의 규모이다. 주

로 고궁(故宮)으로 불리고 있으며, 1925년 10월 고궁 박물원(故宮博物院)으로 변경되어 일반에게 공개되고 있다. 자금성 건축 배경에는 당시 영락제를 보좌했던 한 스님의 꿈에서 비롯되었다는 일화가 전해 내려져 온다.

어느 날 밤 스님은 천제가 살고 있는 '천상의 도시'를 꿈꾸고 나서 이와 똑같은 수도를 만들 것을 황제에게 진언했다. 천명을 받아 천하를 통치한다는 명분에 의해 영락제는 지상에서 세계를 중심으로 '천제의 도시'를 재현하고자 했다. 1420년에 만들어진 자금성은 건립된 날로부터 중국의 봉건사회가 멸망하는 그날까지 황제들이 머물렀던 황궁으로 그 방의 수만 9,999개에 달한다.

갓 태어난 아이가 하루에 한 방씩 잔다면 나이가 27살이 된다는 이야기가 있을 만큼 광대한 규모를 자랑하고 있으며, 규모가 얼마나 거대한지 건물과 건물 사이를 가로질러 걸어가는 데만 두 시간이 넘게 걸린다. 동서로 760m, 남북으로 960m, 72만㎡의 넓이에 높이 11m, 사방 4㎞의 담과 800채의 건물, 그리고 일명 9,999개의 방(실제로는 8,707칸이라고 한다)이 배치되어 있다.

1987년 '명·청 시대의 궁궐'이라는 이름으로 유네스코의 세계문화유산으로 지정되었다. 이곳의 중문인 오문의 가운데 문은 황제만 사용했으며 현재도 일반인의 출입을 엄금한다.

1406~1420년에 건조된 이래로 560년이라는 긴 세월 동안 15명의 명나라 황제와 9명의 청나라 황제가 일생을 보냈고, 현재는 105만 점의 희귀하고

진귀한 문물이 전시·소장되어 있다. 일반적으로 자금성은 외조와 내정으로 나뉘어져 있는데, 오문과 태화문을 지나면 흔히 '3전'이라 부르는 태화전, 중화전, 보화전이 나타난다. 3전에서 안쪽으로 들어가면 자금성의 내정에 이르게 되고 이곳에는 건천궁, 교태전, 곤녕궁 등이 있으며 동쪽과 서쪽에는 각각 동육궁과 서육궁이 자리잡고 있다.

이 고궁을 만들 당시 100만 명의 인원이 동원되어 고궁을 신축함에 백성들의 고초가 이루 말할 수 없어 9,999칸을 만들지 못하고 8,707칸을 만들어 황제에게는 모두 만들어졌노라고 보고를 하였다는 야사가 있다.

하지만 현재는 단체할인표도 없는 일인당 60위안(한화 10,000원 정도)의 입장료를 받고 있고, 하루 수용인원이 십만 명 내외가 된다고 하니 입장료, 숙박시설 및 교통시설 등만 해도 많은 이익을 거두는 셈이다. 후손들이 여기 있는 6개 문화유산을 가지고 굴뚝 없는 공장인 관광산업에 뛰어들어 머지않은 장래에 관광산업 세계 1위가 될 것이라 한다.

④ 천단공원

● 천단(天坛)

천단(天坛)은 베이징 시 충웬구에 있는 사적으로, 명청시대 중국에서 군주가 제천의식을 행하던 도교 제단이다. 매년 풍년을 기원하는 것은 황제의 연례행사였고, 비가 오지 않으면 기우제를 지냈다. 고대 규모로는 가장 큰 제단 규모로 만들어졌으며, 대지 면적은 약 273만㎡로 고궁인 자금성의

네 배이다.

1961년 국무원에서는 최초의 전국중점문물보호단위 중 하나로 선포를 했고, 1998년 유네스코의 세계문화유산에 등록됐다.

● 원구단

황제가 하늘에 제를 올리기 위한 의식을 거행한 장소이다. 명나라 가정(嘉靖) 9년인 1530년에 만들어졌으며, 건륭 14년, 1749년에 증축되었다. 매년 동지에 풍작을 감사하는 의식을 행하고, 가뭄이 든 해에는 기우제를 지냈다.

형태는 중국의 우주관인 천원지방(天圓地方)에 따라 원형이다. 또 난간 계단 등이 음양사상에 따라 지어졌으며 각 단의 직경을 합한다면 45장이고, 이것은 9의 배수라고 한 의미뿐만 아니라, 구오지존이라는 의미도 갖는다.

● 황궁우

원구단의 북쪽으로 황궁우가 있다. 제천 시 사용하는 신패 등은 모두 이곳에 보관되었다. 명나라 가정제 9년인 1530년에 짓기 시작했다.

● 기년전

중국에서 군주 제천 행사를 하기 위해 지은 제단 중 가장 유명한 건축물 중의 하나로서 천안문, 자금성과 함께 베이징의 상징이다. 기년전은 직경

32m, 높이 38m, 25개의 중심에 유지된 제단으로 현존하는 중국 최대의 제단이다. 중국 건축 사상 중요한 건축물로 간주 된다. 풍년을 기원하기 위해 정월에 황제가 오곡풍작을 기원하는 제를 올렸다. 목조에다가 금도금을 입혔으며, 삼층으로 유리기와를 올려 지붕을 만들었다. 명나라 시대에는 위에는 청색과 황록색으로 되어 있었지만, 건륭제가 1751년에 중건을 하면서 전부 청색으로 바꾸었다. 1889년 낙뢰에 의해 한번 소실되었지만 1906년에 재건되었다.

⑤ 명13릉

명십삼릉(明十三陵)은 중국 베이징 창평구 천수산에 있으며 명대 황제, 황후의 능묘군이다. 성조 영락제 이후의 황제 13대의 능묘가 있기 때문에 이렇게 통칭되고 있다.

이중 정릉은 발굴되어 내부 지하 궁전도 공개되고 있다. 명십삼릉은 난징의 명효릉과 함께 2003년에 세계문화유산으로 지정되었다.

명나라에는 총 16명의 황제가 있으나, 베이징의 명십삼릉에는 13개의 능묘만 있다. 몇 개의 능묘가 존재하지 않는 이유는 각기 다르다. 명조 개국 황제 주원장은 도읍을 난징에 건설했는데, 그의 사후에 난징의 종산에 있는 명효릉에 장사를 치렀다. 주원장의 장손자인 건문제 주윤문은 연왕 주체에게 정난지변을 통해 왕위를 찬탈당했기 때문에 능묘가 없다. 대종 경태제 주기옥도 황제였으나 폐위되어 정식 황제로 인정되지 않고 경태릉(景泰陵)으로 불렸으며 현재 베이징 근처에 묻혀 있다.

⑥ 이화원

이화원(頤和园)은 북경 서북부의 해정구에 위치한 정원 공원이자 궁전이다. 주로 60m 높이의 만수산과 쿤밍호에 많은 공을 들여서 공사를 하였다. 이화원의 면적은 2.9평방킬로미터이고 이중에 3/4이 호수로 구성되어 있다. 쿤밍호는 2.2평방킬로미터를 차지하며, 사람을 동원해서 바닥을 파낸 완전 수작업 호수이다. 파낸 흙은 만수산을 쌓는 데 사용되었다. 7만 평방미터의 공간에 궁과 정원 그리고 고전적인 건축을 살려낸 것이 특징이다. 이화원으로 바뀌기 이전의 이름은 청의원(清漪)이다.

1750년 건륭제 재위 15년에 공사를 개시하였다. 솜씨 좋은 장인들은 정원 양식의 다양한 궁궐을 창조해 내었다. 쿤밍호는 기존의 작은 연못을 확장하여 항저우의 서호를 모방하여 만들어졌다. 1860년 제2차 아편전쟁으로 영프연합군의 공격에 의해 수난을 당했고, 모조리 약탈당했다. 1900년 의화단운동 때도 8개국의 서양 열강에 의해 공격당하였다. 다행히도 완파되지는 않아서 1886년과 1902년에 서태후에 의해 재건되었다. 1888년 현재의 이화원이라는 이름으로 부르게 되었는데, 서태후는 이곳을 여름 피서지로 사용하였다. 서태후는 이곳을 재건하기 위해 해군 예산 30만 은을 유용하여 재건과 확장에 쏟아부었다고 한다. 1998년 12월 유네스코 세계문화유산에 등록되었다. 유네스코는 중국의 조경과 정원예술의 창조적인 예술을 빼어나게 표현하였다고 선언하였다.

▶ 북경 명품관

① 동방신천지

쇼핑몰을 비롯해 오피스와 호텔 등이 있다. 지하 1층과 지상 1층 두 층에 걸쳐 세계 각국의 유명 브랜드 지점이 빼곡히 들어서 있다.

② 중국무역중심몰

중국국제무역중심(중궈 궈마오, 中国国贸)은 CBD(베이징 도심비즈니스 구역)에 위치하며, 호텔, 사무동, 아파트, 전시실, 쇼핑센터 등 고급 비즈니스 시설들로 구성되어 있다. 다국적 기업과 무역상사들에겐 최고의 입지지역으로, 현재 중국은 물론 세계적으로도 가장 큰 규모의 종합 비즈니스 기업 중 하나이다.

③ 금융가쇼핑중심

금융거리 상업 밀집지역은 주변의 비즈니스 성업 환경에 의존하고 화이트칼라 계층이 주 소비자층인 고급 쇼핑센터이다.

④ 진바오지에

이곳에는 최고급 호텔이 줄지어 있고 초고가 소비층을 겨냥한 각종 고급 차량 대리점과 명품백화점이 있는데 현재는 왕푸징에 사람이 몰려서 조금 한가하다고 할 수 있다. 여기에 위치한 진바오후이는 명품백화점이다.

⑤ 세계무역계단

베이징 CBD구역에 위치한 더 플레이스(THE PLACE)는 각종 유명 브랜드의 쇼핑몰, 레스토랑, 노천카페 등이 한 곳에 모여 있는 문화 쇼핑 복합단지로서 베이징의 또 다른 모습을 볼 수 있는 곳이다.

초대형 LED 스크린으로 더욱 유명한 곳이다. 라스베이거스 다음으로 큰 스크린으로, 총 길이만도 250여 미터에 이른다. 밤만 되면 하늘 위를 수놓는 초대형 스크린을 감상하기 위해 여기저기서 많은 인파들이 모인다. 때

론 돌고래가 헤엄치는 바다 속이었다가, 행성이 떠도는 우주였다가, 예쁜 금화가 모여 있는 분수로 변하기도 한다. 여러 가지 콘셉트가 있는 다양한 영상을 감상할 수 있다. 이 스카이 비전은 폭 35미터, 길이 250미터, 인민폐로 2.5억 위안을 들여 만들어졌다고 한다.

최근에 발견한 색다른 점은 이 초대형 스크린에 SMS를 도입했다는 것이다! 사랑 고백이나, 생일 축하 등의 메시지를 많이 보낸다. "Rain, I Love U"도 있다.

⑥ 북경 프리미엄 아울렛(Beijing Scitech: 北京赛特奥莱)

베이징의 웬만한 브랜드와 명품 브랜드를 상설할인 하는 곳이다. 약 200개의 브랜드가 집중되어 있으며 공항과 가까운 외곽에 입점해 있다.

⑦ 수도시대광장(시단)

천안문 옆 젊은이들의 쇼핑가로 결혼식 전문빌딩부터 시작하여 없는 것이 없다.

⑧ 솔라나(행운의 거리)

정말 행운을 주는 거리일까? 색다른 분위기로 쇼핑가를 형성하여 아이스

링크, 영화관, 쇼핑센터가 다채롭게 분포되어 있다. 특히 호수를 끼고 있어 차와 식당이 멋지게 어우러져 있다.

⑨ 산리툰

제2외교지구와 함께 있으면서 식당가, 쇼핑가, 저녁엔 클럽가 등이 분포되어 있으며 특히 외국인들을 자주 만날 수 있다. 우리나라 관저도 여기에 있으며 각국 관저와 대사관도 많다.

▶ 북경의 로컬시장

① 판자위엔

골동품을 파는 시장. 판자위엔 거리는 당송시대의 고미술품을 중심으로 세상의 그림이 몰려드는 중국 최대의 미술품 거리, 서울의 인사동이라고 불리는 곳이다.

② 마리엔다오

차와 차에 관한 차판, 주전자 등을 파는 시장

③ 리우리창

문방사우를 파는 곳이다. 명나라가 황실을 북경으로 옮기기 위해 쑤조우 등 먼 곳에서 귀한 돌을 운반해 고궁을 건설하였는데, 이때 필요한 유리기와를 만든 곳이라 해서 琉璃厂(리우리창)이라는 이름을 얻었다고 한다. 이곳은 원나라 때부터 형성된 시장이다. 과거를 치르려고 북경으로 온 사람들 중 낙방한 사람들이 이곳에 모여 자신들이 가져온 서적이나 문구용품들을 팔기 시작한 것이 시초라고 한다.

④ 야바오로시장

러시아 상품을 파는 곳. 이곳은 러시아인들이 베이징으로 쇼핑을 하러 오

는 장소. 러시아 상인들이 전 세기로 와서 비행기로 하나 가득 중국산 물건들을 사 간다고 하는데, 특히나 이곳은 모피로 더욱 유명한 곳이다. 추운 러시아에선 모피 코트가 필수라는데, 아무래도 모피가 워낙 고가이다 보니 중국에서 저렴하게 사 간다.

실제로 중국에서도 밍크를 많이 사육하기 때문에 저렴한 게 사실이다. 그래서인지 이곳의 모피들은 러시아인들이 선호하는 기다란 롱코트가 주류를 이루고, 모피코트뿐 아니라 모피로 된 모자, 목도리 등 다양한 모피 아이템들로 넘쳐난다.

⑤ 시단쇼핑타운

젊은이들을 위한 쇼핑몰. 왕푸징이 외국인을 위한 쇼핑가라면 시단쇼핑타운은 현지 젊은이들과 유학생이 즐겨찾는 쇼핑몰이다. 동대문 같은 느낌이라고 할까?

⑥ 라이타이화훼시장

꽃을 파는 새벽시장. 라이타에화훼시장 근처에는 먹자골목이 있다. 여인가(女人街) 맞은편 작은 도로인 칠색북로(七彩北路)가 있는데 여기가 바로 라이타이미식가(莱太美食街)이다. 주변에는 한창 공사중인 제3대사관 구역과 평룬따사(彭伦大厦)가 있다. 이 지역에는 수십 개의 음식점들이 있는데 그 종류가 다양하다. 사천요리, 광동요리, 호남요리, 항주요리, 신강요리, 일본요리, 한국요리, 찻집, 카페 등이 있고 심지어 레바논 요리도 있다. 요즘은 꽃시장보다 더 유명해진 먹자 골목이다.

⑦ 홍교시장

천단공원 옆으로 진주를 파는 곳으로 유명하다. 중국을 흔히 '가짜의 천국'이라고 부른다. 넓은 국토만큼이나 수많은 가짜, 일명 짝퉁이 판치는 중국은 큰 상가를 이루어 전문적으로 가품을 판매하는 곳도 있어 가히 짝퉁 대국이 아닐까 라는 생각이 들게 한다. 가장 대표적으로 이러한 모습을 보여주는 곳이 북경의 홍교시장(红桥市场)이다.

▶ 북경을 대표하는 뉴랜드마크

① 제3공항

세계 10대 건축물의 하나로 인천공항 면적의 2배인 98만 6천m^2로 세계 최대 규모이다. 길이는 2.9㎞, 높이 45m의 용이 누운 모양이다. 중화인민공화국의 수도 베이징 차오양 구에 위치한 국제공항으로 중화인민공화국에서 규모가 제일 크고 가장 교통량이 많은 국제공항이다. 늘어나는 수요를 감당하기 위해 신공항 건설이 착공되었으며 2017년에 완공되는 베이징 다싱 국제공항이 베이징 난유안 공항과 함께 대체될 예정이다.

승객 수송 기준으로 2005년에 아시아에서 2위, 세계에서 14위를 기록하면서 홍콩 국제공항을 제치고 중화인민공화국 최대의 공항이 되었다. 2008년에는 5,594만 명의 수송량을 기록하여 세계 8위를 기록하였으며, 이착륙 수 431,670을 기록해 세계에서 21위에 올랐는데, 이는 아시아에서 유일하게 30위 안에 든 것이다. 화물 처리량도 빠른 속도로 증가하고 있으며, 2008년에는 1,365,768톤을 처리해 세계 18위를 기록하였다.

공항은 그 도시의 첫인상이다. 그래서일까? 세계적인 건축가가 설계한 공항을 가지고 있다는 건 그 도시의 자존심을 말해주는 것 같다. 중국은 그 책임자로 노먼 포스터의 손을 들었다. 19억 달러라는 숨넘어가는 비용을 기꺼이 투자하면서 말이다. 재미있는 사실은 홍

베이징 국제 공항의 노먼 포스터

콩의 잭 랍 콕 공항이 그 모형처럼 되었다는 점이다. 노먼 포스터가 설계하고 NACO라는 네덜란드의 공항 플래너와 ARUP이라는 엔지니어링팀이 합작으로 만든 잭 랍 콕 공항처럼 북경도 같은 방식으로 만들어지게 된 것이다. '최대'를 지향하는 중국 특유의 과시성을 증명하듯 공항은 그 어느 도시의 것보다 웅장한 위용을 자랑한다. 중국정부는 2008년 올림픽을 기점으로 이 공항의 이용자 수를 연간 2천 7백만에서 6천만 명까지 추정하고 있다. 그러니까 이 공항이 가지게 될 가장 좋은 애칭은 '동양의 관문'인 셈이다. 철제 구조를 노출하는 방식의 다소 식상한 느낌을 주는 공항 설계에서 이 공항은 과연 어떤 모습으로 위용을 드러내게 될까.

② CCTV

가장 '지금' 다운 건축, 램 쿨하스는 그런 이름으로 지었다. 건축이 무슨 장난감 만들기냐? 라는 비판마저도 그의 명성을 보태는 것으로 들릴 만큼, 약 9천억 원이 투입된 CCTV의 새로운 본사 건물은 독특한 모양 때문에 이미 Z빌딩이라는 애칭도 가지고 있다.
40만M 대지, 55층 높이 230M가 넘는 대형빌딩에 방송제작과 송출을 위한 모든 시스템이 갖추어져 있지만, 전체 외관에 유리를 쓴 점이나 불균형적인 라인을 넣은 것은 통속적으로 방송국에서 관해 가져온 생각—밀폐된

듯한 뉴스 부스와 스튜디오, 출입 제한 지역으로 드나듦이 까다로운 곳—으로부터는 전혀 다른 모습이다.

CCTV는 두 개의 건물로 이루어져 있는데 다른 작은 건물엔 호텔, 갤러리, 극장 등 대중들의 접근을 적극 필요로 하는 시설로 기획되어 있다. 하지만 작은 건물이 불꽃놀이로 전소되어 아직 재건축 중이다.

③ 국가대극원

3,600억 원을 들인 야심작, 달걀을 옆으로 누인 듯한 반구형 건축물로 3만 5천 평방미터의 인공호수가 있으며, 세계 일류 극장의 시설로 만들어 놓았다.

④ 장성각하

公社俱乐部 建筑师 承孝相(韩国)

장성(长城) 산하 공사(公社)이며 아시아에서 유명한 12명의 건축설계사가 제작한 개인 소장용 당대 예술작품이다. 중국에서 처음으로 베네치아 전시회에 참가하여 '건축예술추진' 대상을 받았다. 2005년 미국의 〈비즈니스 위클리〉에서 '중국 10대 신(新)건축 기적' 중 하나로 소개되었다. 2000년 10월 북경 교외 만리장성 부근에 60세대의 주말주택 단지를 조성하는 프로젝트를 설계하는 일에 아시아의 건축가 11명이 초청되었다. 250만 평의 산 속에 주택을 짓는 이 프로젝트는 북경의 젊고 지각 있는 디벨로퍼에 의해 아시아의 다른 지역을 배경으로 활발한 건축 활동을 보여주는 비교적 젊은 건축가들이 선정되었다. 11명의 각각 다른 건축가들은 100평 내지 150평의 견본주택을 설계하였으며 승효상 씨는 이 주말 주택의 커뮤니티 하우스 겸 회원제의 클럽하우스의 설계를 하였다. 2001년 2월 24일 각 건축가의 설계안을 모아 북경에서 'Collect the Art of Architecture'라는 이름으로 전시회가 열렸고, 2004년 10월 12일에는 클럽하우스의 준공과 함께 전체 프로젝트의 준공식을 가졌다. 완성된 11채의 주택과 클럽하우스는 일반에게 주택으로 분양하는 것 대신에 건축 호텔로 변환하기로 결정하였고, 추후에 지어질 주택들을 일반에게 분양하기로 했다. 이렇게 만들어진 장성각하는 2002년 베니스건축 비엔날레의 주제관에 초청받았으며, 클라이언트인 장신(Zhang Xin)에게 이 프로젝트를 성공적으로 수행한 공로를 인정하여 특별상이 안겨졌다. 장성각하는 장성 산하 공사이며, 앞에서 말했다시피 아시아 유명 건축설계사 11명이 제작한 개인 소장용 당대 예술 작품이다. 중국에서 처음으로 베네치아 전시회에 참가하여 '건축예술추진' 대상을 받았으며, 2005년 미국의 〈비즈니스 위클리〉에서 '중국 10대 신(新)건축 기적' 중 하나로 소개되었다.

⑤ 국가체육관

올림픽공원의 전체 구성은 베이징 남북을 잇는 용맥이라는 중축선을 이용하여 자금성을 기준으로 천안문, 경산공원을 지나는 선으로 베이징 남북

을 이어 국가체육관에서 용이 승천하는 곳으로 만들었다고 한다.

수용 가능한 인원은 10만 명, 이미 세계 최대의 규모다. 무엇보다 눈에 들어오는 것은 얼기설기 짚을 엮은 듯한 독특한 외관이다. 설계자 헤르조그와 드뫼롱은 중국의 재래시장에서 발견한 서민적인 도자기에서 영감을 얻었다고 한다.

길이 330m, 폭 220m의 최첨단 계폐형 지붕은 경기장 내부의 대기 상태를 조절하는 기능도 갖추고 있다. 경기장 밖의 호랑이 모양은 무언가 중국적인 뉘앙스를 취한 외국인 특유의 감각을 슬쩍 집어넣기도 했다. 중국정부는 이 대형 새둥지를 위해 약 6,000억 원을 투자했다. 세계에서 가장 비싼 둥지인 셈이다.

⑥ 무역센터3기

베이징 궈마오3기, 높이 330미터, 81층. 중국 개혁개방 후 고도성장을 과시하듯 주요 도시마다 세워지는 마천루가 하늘을 찌른다. 지난 30일 중국 수도 베이징에서 가장 높은 빌딩인 궈마오3기(国贸, 국제무역빌딩 3기)가 완공

되어 정식 개업했다. 1층부터 7층까지 홀, 연회홀, 중식 레스토랑 등이 들어서고 7층부터 53층까지는 오피스텔, 56층부터 68층까지는 호텔객실, 69층부터 73층까지는 수영장과 고급 레스토랑 등으로 구성됐다.

⑦ 금융거리 1.7K(金融大街)

베이징 복흥문(復興門)의 금융가(金融街)에는 중국은행 본점, 중국재보험그룹, 뉴욕은행 북경 대표처 등 많은 금융 기업들이 모여 있고, 중국 전 지역 금융자본의 60%를 차지해 명실상부한 금융기업 밀집지역이다.

금융대가는 복흥문내대가에서 서2환로, 태평교대가까지 계획용지 103헥타르로 그중 설계용지는 44헥타르, 도로용지 32헥타르, 녹화용지는 30%

이상이다.

고성고화증권유한공사 외 2회사에서 국제적으로 유명한 금융기구인 금융가를 만들어 국제화를 끊임없이 제고하고 있다. 2007년 말 금융가는 법인 금융기구 72개로 금융인원 17,000명 2007년 세수 858.6억 위안으로 시의 세수중 19.3%를 납부하였다.

2008년 상반기 금융가 세수는 1,037억 위안으로 서성구세수 1,518.4억 위안의 68.3%, 북경시의 세수총액 3,642.3억 위안의 28.5%를 부담하였다.

⑧ 전문대가

전문이라 불리는 정양문(正陽門) 앞의 남쪽대로를 전문대가라 하는데 북경시에서 올림픽을 앞두고 대대적인 재개발을 실시하여 19세기 말의 모습을 재현한 약 1㎞의 상업 보행가이다. 서양식 건물과 중국풍의 건물이 혼재되어 있고 관광용 궤도 전차가 약 800m를 엉금엉금 기어다니는 등 눈요깃거리가 많고, 북경오리구이의 대명사 전취덕이 이 거리에 자리하고 있다.

▶ 공원의 종류

① 조양공원

베이징시(北京市) 최대 규모의 도시공원이다. 중국에서 현재 가장 높은 탸오싼타(跳伞塔, 낙하

산 강하 연습탑)와 중국 최고 높이인 75m의 번지점프대가 있다.

② 후해공원

일명 십찰해라고도 하는 호우하이는 북해의 물과 연결되고 경산, 자금성을 저 멀리 바라본다. 바다라고 하지만 사실상 옛날에 황실에서만 사용했던 큰 호수이다.

③ 향산공원

베이징 근교의 산림공원으로 가을단풍과 겨울 설경이 뛰어나 연경 8경의 하나로 손꼽힌다. 금나라 시절 황제의 사냥터로 이용되었고, 이후 황실의 정원으로 이용되었다. 후에 청 건륭제가 정의원이란 황실정원으로 건설하였으나 1860년 아편전쟁으로 모두 소실되었다.

④ 홍라사

동진(东晋) 시기에 창건되었고, 당(唐)의 전성기 때 확장공사를 시행하였다. 본래 명칭은 '다밍쓰(大明寺)'였다. 이 사찰은 중국 북방 최대의 불교사원으로, 천 년 간 불교성지로 추앙되어 '징베이(京北) 제일의 사찰'로 칭송받고

있다. 이곳의 삼절(三絶)로 위주린(御竹林), 츠숑인싱(雌雄銀杏), 쯔텅지쑹(紫藤寄松)이 있다.

⑤ 옥연담공원

12세기 금나라 황제가 처음 공원으로 만든 이래 800여 년 동안 베이징 시민들의 대표적인 도심 휴식공원이 되어 왔다. 120만㎡ 크기에 동호, 서호, 팔일호 등 3개의 호수가 있으며 북쪽의 벚꽃나무 밀집지역은 벚꽃 나들이 장소로 유명하다.

⑥ 북해공원

자금성 북쪽에 위치하며 커다란 호수를 끼고 있어 북해(北海, 베이하이)란 이름이 붙었다. 중국 내에서도 보존상태가 양호한 황궁 원림에 속한다. 전체 면적이 71만㎡로 워낙 넓기 때문에 전부 돌아보려면 상당한 시간이 소요된다. 빼놓지 말아야 할 볼거리는 서문 바로 앞 경화도(琼华岛, 충화다오)에 있는 백탑(白塔, 바이타)이다. 베이징 중심부 어디에서도 눈에 띌 정도로 높은 곳에 지어진 라마탑은 티베트 양식이라서 독특한 외관을 갖추고 있으니 꼭 올라보도록 하자. 경화도 안에는 옛 황후들이 공원 유람 후 예불을 올리던 장소인 영안사(永安寺, 융안쓰)가 있으며, 공원 북서부에는 중국에서 현존하는 3대 구룡벽 중 하나를 볼 수 있다. 화려하게 채색된 아홉 마리 용의 모습은 아름답고 눈부시다. 공원의 중심을 차지하고 있는 호수에는 봄부터 초가을까지 연꽃이 가득하여 낭만적인 정취를 더한다.

⑦ 베이징 식물원

녹지면적이 2,000㎢에 이르는 중국 북부의 최대 식물원이다. 1908년에 조성된 만원생에서 비롯되었으며, 1950년 베이징 서교(西郊)공원이라는 명칭으로 일반 시민에게 공개되었으며, 1955년 4월 1일 지금의 이름으로 바뀌었다. 베이징 시민들이 피크닉을 즐기고 꽃놀이와 데이트 장소, 조류 관찰의 장소로 많이 이용하는 명소이다.

⑧ 세계공원

베이징 세계공원은 고대와 중세, 근현세 세계의 유명한 건축물들과 조형물들을 축약해서 전시해 놓은 곳이다. 따라서 세계 일반의 관점에서 유명

하다고 생각되는 건축물들을 모아 놓았다.

참고로 베이징 세계공원에는 이집트의 피라미드, 스핑크스, 파리의 에펠탑, 중국의 만리장성, 미국의 금문교, 9·11 테러의 쌍둥이빌딩 건물, 영국의 런던브리지, 바티칸시티, 성 베드로 성당, 콜로세움 등이 실물보다 축소되어 만들어져 있다.

⑨ 중화민족원

2008 베이징올림픽 주경기장 근처에 있는 소수민족 테마파크다. 총 45만 ㎡ 부지에 55개 소수민족의 생활상을 담아 놓았다. 소수민족의 풍속을 보여주는 자료를 전시하고 있는 박물관이 있으며 저녁에는 민속무용과 민속음악을 선보인다. 남원과 북원으로 나뉜 전시관은 일반 도로를 사이에 두고 양편에 펼쳐져 있다. 도로를 건널 때는 반드시 내부에서 이어지는 육교

를 통해야 한다. 도로를 건너려고 밖으로 나갔다가는 입장권을 다시 끊어야 하는 불상사가 생길지도 모른다.

▶ 예술구

① 798(과거 군수방직공장 170여 개 갤러리, 아틀리에)

미국 뉴욕에 소호(예술가들의 거리)가 있다면 중국 북경에는 798예술구가 있다. 798예술구는 원래 군수산업기지로 '798'이라는 명칭은 산업기지 내의 한 공장의 번호에서 유래됐다.
특히 일본에서 돌아온 예술가 황예가 최초로 798공장건물을 임대받고 2001년 10월 화랑개장 기념전시회를 열면서 이를 계기로 많은 사람들이 몰려들어 798예술구가 형성됐다.
값싼 임대료 덕분에 예술인들이 몰리고 카페, 화랑 등이 들어오면서 798예술구는 음산했던 폐공장의 이미지를 탈피하고 젊은이들의 공간으로 자리 잡았다.
현재 60만평방 메트의 넓은 부지에 전문화랑, 카페 등으로 개조한 독특한 인테리어의 건물 400여 동이 빼곡이 들어차 관광객들이 2009년에만 150만 명을 돌파, 명실상부한 예술, 상업, 려행의 중심지로 발돋움했다.
또 798예술구는 타임, 뉴스위크, 포춘지 등에 세계에서 가장 문화적 상징

성과 발전 가능성이 있는 예술도시로 선정되면서 '창의지역(创意地区)', '문화명원(文化明园)'의 슬로건을 내세우며 북경의 문화아이콘으로 상징되고 있다.

798예술구의 대표적인 화랑은 벨기에 컬렉터가 운영하고 있는 대형화랑 UCCA로 매년 이곳을 찾는 관람객 수만 15만 명에 달한다.

특히 대부분의 화랑등은 무료로 입장할 수 있어 중국 미술의 현주소를 마음껏 감상할 수 있는 좋은 기회이기도 하다.

② 지우창(酒厂, 1975년 양조장터를 개조한 예술특구)

지우창 예술촌은 북경 수도 공항에서 20분 거리에 있으며 북경의 코리아타운 '왕징(望京)'에 자리하고 있는 새로운 문화 명소이다. 이름에서도 알 수 있듯이 본래 중국의 전통주 '이과두주(二鍋斗酒, 얼궈더우지우)'를 만들던 술 공장이었던 것이 최근 한국과 홍콩, 싱가포르 등의 갤러리와 작품실이 하나씩 들어서면서 새로운 예술특구로 탈바꿈하는 데 성공했다고 한다.

최근 중국은 세계 미술계에서 급부상하고 있다. 세계적인 미술 경매사인 소더비나 크리스티 경매에서 중국 작가의 작품 가격이 나날이 오르고 있고, 중국 미술가들은 유명 비엔날레와 아트페어 등에서 귀빈대접을 받고

있는 소식이 적잖이 들려온다.
이러한 상황 속에서 2005년 말 '아라리오 갤러리'가 미술계의 한류 돌풍을 일으키기 위해 과감히 진출한 이래로 2006년 표 갤러리가 문을 열었고, 갤러리 문도 조만간 이곳에 둥지를 틀 예정이다.

③ 환티에(环铁, 축사를 개조하여 화랑가를 만들었다)

798예술구은 공장지대였던 곳을 예술인 촌으로 만들었다면, 환티에 국제예술성은 철도차량기지를 예술인촌으로 만든 곳이다. 우리나라도 폐교같은 곳을 예술인들이 사용하는 경우가 있는데 규모 면에서 보면 798예술구과 환티에국제예술성은 최고라 말할 수 있다.

④ 챠오창띠(草场地, 허름함, 침묵의 공간 798에서 밀려난 작가들이 만든 제2의 예술지구)

798예술구, 지우창은 자연발생적으로 시작된 예술구라면 최근 새롭게 부상하고 있는 차오창디는 북경시에서 처음부터 예술특구로 계획하고 조성한 지역으로 건물 자체가 현대적이고, 주변 환경도 훨씬 깔끔하고 분위기 있게 마련되어 있다.
미국의 대표적인 대안공간 유니버셜 스튜디오즈와 스위스 얼스마일 갤러리 그리고 중국 코트야드 갤러리 등 세계적인 갤러리가 둥지를 틀었으

며 우리나라의 pkm갤러리도 2006년 11월 18일 이곳에 진출했다. 북경미술계의 한류라고도 불리는 한국 갤러리의 활약상을 기대해도 좋을 듯 싶다. pkm은 뉴욕의 뉴 뮤지엄 갤러리 수석 큐레이터인 댄 캐머론이 기획한 '뉴욕, 인터럽티드' 개관전으로 화제를 모은 바 있다. A, B, C 세 구역으로 나누어 갤러리 전시가 이루어지는 차오창디에서 동서양 문화교류를 느껴보자.

⑤ 관인탕 문화거리

인사동 확대, 전 세계 콜렉터들이 주로 찾는 곳, 매매 중심지. 작가들의 작업실은 많지 않고 미술품을 소장하는 사람들이 판매를 위해서 전시하는 공간

⑥ 송장

중국의 북경에는 중앙에서 관리하는 곳으로 '북경화원'과 '중국화 연구원' 2곳이 있다. 하지만 중국 최초의 예술촌은 북경서부에 세워진 '위엔밍 위엔'이라는 곳이다. 1990년에 설치되었지만 작은 규모였고 1991년부터 대규모로 성장하기 시작했다. 그러다가 1995년에 정부의 압력에 의해서 문을 닫았는데 1994년쯤부터 그곳에 있던 예술가들이 하나둘씩 '송장'이라는 마을로 모여들게 되었고 지금은 1,000여 명 이상의 예술가들이 창작활동을 하고 있다. 북경에서는 30km 정도 떨어져 있는 곳이지만 농촌이어서 집세도 싸고 큰 건물들이 많아 이를 활용할 수 있는 이점이 있다. 그 후로 이곳에서는 송장예술제가 이어져왔고 이번엔 그 규모를 국제적으로 확대했지만 앞으로는 비엔날레급의 전시로 만들겠다는 것이 중국정부의 입장이다.

▶ 북경에서 우리나라를 대표하는 것

① 대사관과 영사관

1949	05월 01일 주홍콩 영사관 개설(11. 29 총영사관 승격)
1990	10월 20일 KOTRA와 중국국제상회간 대표부 개설에 관한 협의서 성명 11월 30일 대표부 창설팀 도착
1991	01월 30일 대표부 공식 개설(중국 국제무역중심건물 13층 임시청사) 07월 15일 국제무역중심내 청사로 이전
1992	08월 24일 한중 외교교관계 수립 08월 28일 대사관으로 승격(9. 4 관계법 개정 발효) 09월 07일 노재원 대표부 대사 초대대사로 발령
1993	05월 25일 노재원 대사 이임 06월 05일 황병태 제2대 대사 신임장 제정 07월 14일 주상해 총영사관 개설
1994	09월 12일 주청도 총영사관 개설
1995	12월 10일 황병태 대사 이임
1996	02월 24일 정종욱 제3대 대사 신임장 제정
1998	04월 25일 정종욱 대사 이임 04월 28일 권병현 제4대 대사 신임장 제정
1999	06월 15일 삼리둔(三里屯) 외교단지내 청사로 이전 07월 08일 주심양 영사사무소 개설
2000	08월 07일 권병현 대사 이임 08월 31일 홍순영 제5대 대사 신임장 제정
2001	08월 28일 주광주 총영사관 개설 09월 12일 홍순영 대사 이임 10월 10일 김하중 제6대 대사 신임장 제정
2003	04월 17일 주심양 영사사무소 주심양 총영사관으로 승격
2005	02월 26일 주성도 총영사관 개설
2006	09월 20일 주서안 총영사관 개설 10월 13일 동방동로(東方東路) 현 청사로 이전
2008	03월 11일 김하중 대사 이임 05월 27일 신정승 제7대 대사 신임장 제정

2009	12월 25일 신정승 대사 이임 12월 28일 류우익 제8대 대사 취임
2010	01월 11일 류우익 제8대 대사 신임장 제정 10월 25일 주무한 총영사관 개설
2011	05월 07일 류우익 대사 이임 05월 19일 이규형 제9대 대사 취임

② 문화원

북경 광화루에 가면 한국문화원이 있다. 그곳에는 한국 학생을 위한 도서관이 있어 책을 빌려주기도 하고 강당과 전시실을 대여하여 재중 한국인에게 많은 도움을 주고 있다. 주중 한국문화원이 제공하는 서비스 중 가장

큰 부분은 교육이다. 세종학당을 개설해 중국인들에게 한글을 가르치고 문화교실을 통해 한국 요리, 무용, 전통 악기, 태권도 등을 가르친다.

둘째로 전시와 공연의 기능을 담당하여 지하 전시장에서 연중 각종 전시회가 개최되고, 강당에서는 음악 공연과 더불어 매주 정기적으로 한국 영화가 상영된다.

이 두 가지가 문화원의 장소적 기능이라면 세 번째는 문화원장의 외교관적 기능이 있다. 문화 외교를 담당하며 총 아홉 개의 중국정부 부서와 접촉하는데 정기적으로 현지 관계자들을 만나고 교류하며 튼튼한 연결고리를 유지하는 것 역시 한국 문화의 보급을 위한 중요한 기능이다.

문화원은 외국 현지인들에게 한국의 문화를 알리고 그들과 문화적 교류를 맺는다. 이렇게 적극적으로 한국 문화의 긍정적인 면을 소개해서 현지인들이 한국에 대해 좋은 이미지를 갖게 되면 이는 자연스럽게 국익으로까지 이어진다. 반드시 국익 증진과 연결되지 않더라도 우리의 새로운 문화를 접촉하고 향유하게 함으로써 현지인들의 삶을 더 풍부하게 하자는 취지가 있다.

문화원의 가장 큰 기능은 아카데미로서의 역할이지만, 편안한 여가공간으로 인식되도록 1층에 카페가 설치되어 있다. 현재 개방하고 있는 자료실의 주 이용객들은 한국어나 한국에 대한 공부를 하는 중국 대학생들인데 대학들이 밀집되어 있는 오도구에서는 이곳까지 왔다 갔다 하기가 쉽지 않다. 또 문화원 버스를 이용한 이동도서관이 만들어져 주1회 정도 대학 캠퍼스에서의 자료대출 서비스가 제공되고 있다.

③ 관저

산리툰의 옛 주중한국대사관 자리에 건설된 대사관저는 연 건평 2,339㎡ 4동의 건물이 자리를 잡았다. 원래 동독대사관 자리였던 이곳은 독일 통일 후 1999년 한국대사관이 입주해 2006년 10월 량마허의 신청사로 이전하기 전까지 사용했다.

대사관저 4동 가운데 한 동은 아름다운 한옥으로 지어져 북경에서 한국 전통가옥의 미를 중국인들에게 보여줄 수 있게 했다. 신관저는 한국 국경절 행사를 치르는 장소로 이용되며 주요 인사 방문 시 숙소로 활용되고 있다.

▶ **한국 역사 공부**(일주일에 2번 이상)

오랜 시간 중국에서 유학을 해온 학생들에게 한국의 역사는 너무나도 생소합니다. 그 학생들에게 본인의 뿌리인 한국의 역사를 올바르게 가르쳐 주려 합니다. 중국에 계신 학부모님들 중에 전직 역사 선생님이나 한국 역사를 올바르게 가르쳐 주실 수 있는 분을 섭외해서 우리 유학생들이 자신의 나라 역사를 알게 해주고 싶습니다.

▶ **중국어 번역 시간**

중국어를 잘한다고 해서 모든 학생들이 번역 역시 잘하는 것은 아닙니다. 매일 조금씩 번역을 하면서 연습하다 보면 실력은 어느 순간 향상됩니다. 이렇게 학생들이 번역한 문서들을 문화원에 제출하여 메일로 여러 회사들에게 전달해주면, 회사에서 그 번역된 문서를 보고 번역 실력이 좋다고 생각이 든다면 학생에게 번역 의뢰를 하게 만들려 합니다. 그렇게 된다면 학생의 번역 실력이 향상될 뿐만 아니라, 학생과 회사 간에 친분도 쌓이고 교감도 형성되리라 생각합니다. 북경대나 청화대 동아리에서는 이미 번역 동아리가 있습니다. 그 활동을 전체 유학생들을 대상으로 하면 좋으리라 생각합니다.

▶ **한국어로 보고서 작성**

▶ **전시**(사진, 그림, 본인 작품)

전시장에 유학생 작품을 걸어두고 자신의 실력을 친구들과 공유하며 자신의 마케팅 시장을 만들어 보는 것도 의미가 있는 시간이 될 것 같습니다.

▶ **도시락**

유학생활 중 가장 그리운 것 중의 하나가 집 밥인 것 같습니다. 간단한 메뉴이지만 언제라도 한국 밥을 먹을 수 있는 공간을 마련하여, 정성스레 준비한 '집 밥'을 어느 한식 식당보다 저렴한 가격으로 배부르게 먹으며 엄마의 손맛을 느낄 수 공간을 만들어 보려 합니다.

▶ **한국전통문화 배움 및 전파**

북경에 있는 '얼쑤 베이따'나 '천명' 같은 동아리는 한국 전통을 배우는 동아리입니다. 하지만 악기나 옷을 따로 보관해 놓을 수 있는 장소가 없어 학생들이 이곳저곳을 헤매며 장소 구하기에 바빠 정작 사물놀이와 한국 문화를 배울 수 있는 시간은 적습니다. 학생들에게 북경에 있는 국악인과 연결시켜 한국전통문화를 배울 수 있게 해주고, 장소 제공을 하면서 중국인들에게 한국의 사물놀이를 보여주며 한국 전통 문화의 아름다움을 전파시키려 합니다.

▶ **동아리활동 지원**

북경에 있는 한국인 유학생들이 조직한 동아리들은 수없이 많습니다. 하지만 이들에게 개방되어 있는 동아리 실은 따로 마련되어 있지 않습니다. 그래서 학생들이 동아리 활동을 하기 위해 학교 안에 빈 강의실을 찾아 다니거나, 그것조차 없다면 카페에서 동아리 활동을 하고는 합니다. 그러한 학생들을 위해 회의실 등을 만들어 토론의 자유공간을 만들어 주고 싶습니다.

이것 외에도 여기에 있는 부모님들에게 조언을 듣고 구하는 장소도 좋습니다.

▶ **시설**

세미나실(전시실), 회의실, 상담실, 동아리실, 도서관(월간지/인문서적/신간) 등을 만들어 24시간 개방을 하려 합니다. 그래서 학생들이 원하는 시간에 자유롭게 공부하고 토론도 할 수 있는 공간을 만들어 주고 싶습니다,

조그만 공간을 활용적으로 분리하여 그때마다 맞추어 공간활용을 하면 되기 때문에 그렇게 큰 공간은 필요 없을 것 같습니다. 하지만 가장 중요한 도서관은 좀 더 크게 만들 수 있으면 좋을 것 같습니다. 도서관에 인문서적, 신간서적, 영어, 중국어, 한국어 그리고 월간지 및 주간지를 비치해두고 이것들을 가까이 하면서 세상과 시사에 눈을 뜨는 시간을 갖게 하고 싶습니다.

북경대 도서관은 자습실은 아침 6시, 열람실은 8시에 개관하여 밤 10시에 폐관합니다. 모든 대학교의 도서관이 북경대와 거의 같은 시간에 개관하여 폐관을 합니다. 지금 북경에 있는 많은 유학생들은 밥 먹듯이 밤을 새가며 공부를 합니다. 이러한 학생들에게 학

교의 도서관 개방 시간은 너무나도 짧습니다. 그래서 저는 유학생 문화원 도서관만은 24시간 개방하여 학생들이 원할 때마다 항상 공부할 수 있도록 면학 분위기를 만들어 주고 싶습니다.

그리고 북경에 계시는 변호사님이나 교수님 등 전문분야에 종사하고 계신 분들께서 잠시 틈을 내어 학생들에게 훈수를 주시고 그들의 멘토가 되어 주신다면 얼마나 좋은 도서관이 될까요? 생각만 해도 설레어 옵니다.

▶ **파급효과**

유학생 문화원의 파급효과는 클 것이라 생각합니다. 유학생 문화원에서는 민간외교로 유학생이 직접 현지인에게 한국 문화와 글을 가르칠 수 있고, 후배 유학생들에게 꿈을 주며, 혹여 유학에 관한 바른 상담을 직접 경험을 해온 유학생 선배들이 직접 도와줄 수 있어 조금 더 좋은 유학생활들을 만들어 나갈 수 있습니다. 중국을 바로 알아 중국과 한국의 다른 점, 그리고 각 나라의 장단점을 유학생들이 함께 비교 분석하여 교류하며 성장해 나갈 공간이 될 것입니다.

유학생을 사랑하는 마음으로 우리의 미래가 될 학생들을 위해 민간 주도로 정성을 다하여 운영하다 보면, 어느 순간에는 후원자가 생겨 그 어떤 공간보다 좋고 실용적인 공간이 될 것이며, 사랑이 넘쳐나고 우리 모두가 하나되는 공간이 되리라 확신합니다. 또한 유학생 문화원을 통해 많은 활동을 하다 보면 아이들이 부모님 등 어른들의 마음을 이해하고, 세대간의 벽을 허물고 소통할 수 있게 되리라 생각합니다.

아직은 서툰 방식이지만 한국의 민들레 영토처럼 시작하여 북경뿐만이 아닌 각 중국 지역에 무궁화 한 송이, 유학생 문화원을 피울 수 있으리라 생각합니다.

▶ **방법**

〈문화소식〉 동북아역사재단 한중유학생 포럼

1. 베이징 韓 유학생, 중국어 논문경연대회 개최 보고서 발표회

2. 자기소개서나 보고서 작성 방법
3. 유학생에게 한국 역사 및 상식
4. 강연회(멘토링서비스)
5. 학생들의 발표 코치
6. 한국 문화를 사랑하는 학생들에게 도움 주기

지금 현재 유학생들에게는 포럼 활동 기회가 턱없이 부족합니다. 대학생들이 참여할 수 있는 포럼과 세미나를 좀 더 다각적으로 만들어 학창 시절 친구들과 함께 할 수 있는 팀워크를 만들어 가는 방법을 배우게 해주고 싶습니다. 어른들이 이런 기회를 만들어 다양한 장학금 제도 등 공부에 힘이 될 수 있는 여러 가지 방면의 것들을 준비해야 한다고 생각합니다.

아직 우리들은 부족한 것이 많습니다. 그래서 발전해야 합니다. 이 글을 읽는 독자나 여러 방면의 인생 선배님들께서 중국 전문가를 양성하기 위한 유학생 문화원 설립에 함께 참여하여 주신다면 후에 더 많은 후원자 분들이 우리를 위해 도와주시리라고 믿습니다.

도서 기증, 간담회 주최 등 다양한 방면으로 어머니들의 자녀교육을 도와드릴 수 있고, 북경에서 생활하는 한국유학생들이 편하게 '집 밥'을 먹을 수 있는 공간이 만들어지는 그날이 하루라도 빨리 오기를 기대해 봅니다.

▶ **추신**

한국정부는 유학을 장려하는 나라가 아닙니다. 또한 그렇게 해서도 안 됩니다. 현재 한국은 세계적으로 유학생이 많이 배출되어 있습니다. 이미 G2가 되어 버린 중국, 그 안에서도 중국 수도인 북경의 유학생들의 인원수와 중요도에 비추어 볼 때 개인이 유학생 문화원을 만들 공간을 만든다면 한국 정부나 여러 기업에서 찬조가 있으리라 믿습니다.

이 글을 읽는 분들 중에서 유학생 문화원에 관심이 있는 분이 계시면 좋겠고, 또한 다양한 방법으로 협조하는 분위기가 있으면 좋겠습니다.

제5장

비아보고서

2011-2012
Visioning International students' Association
보고서

저는 대학생과 함께 하는 조그만 동아리를 만들어 활동하고 있습니다. 자식 같은 아이들과 함께 식사하며 의견을 나누고 그들을 도와줄 수 있는 방법을 모색하고 있지요. 아이들은 엄마의 사랑을 느끼고, 엄마는 아이들에게 정을 느끼는 상부상조의 좋은 시간이라 생각합니다.

일주일에 한 번씩 대학생을 만나는 일은 기쁘고 즐거우며 아이들과 함께 할 프로그램을 생각하면 희미해져 가던 설렘이 생기고 삶에 새로운 기대가 생겨났다고 할까요? 처음엔 어색하고 선생님이라 부르는 학생들의 눈망울 속에 나에게 선생님이란 말을 들을 수 있는 능력이 있을까? 라는 고민을 하고 또 고민했습니다. 늙으면 고집은 버리고 지갑은 열라고 했는데 둘 다 버리고 여는 것은 쉽지 않았습니다. 특히 고집은 말이죠. 하지만 아이들의 눈과 저의 눈이 다른 것을 알기 시작한 뒤부터 나의 눈을 낮추고, 아이들이 원하는 것이 무엇인가를 늘 고민하게 되었고 약 4년이 지난 지금은 처음보다 좋은 사이가 되었습니다.

그 과정 중에서 아이들과 충돌도 제법 있었습니다. 내가 생각한 유학생과 우리 아이들이 느끼는 유학생으로서의 원하는 것이 달라 토론 때 부딪치기도 하고 배가 산으로 올라가는 경우도 왕왕 있었지만 토론 문화가 아직 정착되지 않은 사회에서 겪는 부모자식간의 대화(대놓고 화내는 것)였습니다.

지금은 좀 더 회복되어 잘 지내고 있습니다. 서로 원하는 것을 나누며 앞으로 우리 동아리가 나아갈 길을 모색하고 있습니다. 대학생에게 교육하면서 느끼는 것은 일을 마치고 난 다음 어떤 형태로든 보상이 필요하다는 것이지요. 학생들이 원하는 보상은 인턴십 또는 아르바이트 등인데 이것을 위하여 다시 다른 사람들과 만나야 하는 것이 저의 업무입니다. 업무가 더 늘어나고 있는 셈이지요.

아이들이 모두 대학을 졸업하고 난 뒤 50대 주부가 대학생과 함께 동아리 활동을 하며 20대 때의 나를 돌아보고, 아이들과 눈높이를 함께 하는 시간은 나에게 에너지와 삶의 의지를 주는 촉매제 역할을 하고 있습니다. 나의 학창시절인 30년 전을 생각하며 함께 할 수 있는 프로그램을 짜고, 아이들과 함께 나눌 수 있는 간담회를 준비하면서 가슴 깊은 곳에서 에너지가 돌고 있는 것을 느낍니다. 돌고 있는 에너지를 표출하며 젊은이들과 함께 하는 이 봉사활동을 통해 내가 더 배우고 열정을 느끼며 살아있음을 알게 됩니다. 나의 가지고 있는 열정을 재능으로 생각하고 재능기부를 할 수 있는 것에 기쁨을 느끼며 동참할 수 있는 여러 사모님들을 기다리고 있습니다. 젊은이와 호흡하려는 여러 사모님들과 우리 동아리 활동을 함께 하고 싶습니다.

1. 2011&2012년 VIA 활동

1. VISION TRIP

봉사활동, GLOBAL TOGETHER 주최

▶ 중국 지역 : 북경, 상해, 청도, 동북삼성 등

2010. 08 한국 중고생 북경 탐방

2010. 10 중국 다문화가정 아이들 '엄마의 나라' 중국 방문하기

2010. 11 한국 중고생 청도 방문

2011. 01 한국 중고생 북경—바추이 학교 9박 10일 탐방

2011. 02 한국 중고생 북경 방문

2011. 06 한국 연세대학교 의과대학생 북경 방문

2011. 08 중국 연변 중학생 북경 탐방

2011. 08 한국 시흥시청 중고생 북경, 연길 탐방

2011. 05 한국 연세대 최고 경영자 북경 탐방:

연세대학의과대학과 북경대학 의과대학 자매결연

2011. 10 한국 점촌고등학교 학생들 북경 탐방

2012. 02 한국 초등학생 북경 탐방

2012. 02 한국 중고생 북경 탐방

2012. 05 한국 시흥시청 중고생 상해,북경 탐방

▶ 기타 국가

2011. 05 베트남 다문화 가정 아이들과 '엄마의 나라' 베트남 탐방

2011. 07 싱가포르&말레이시아 문화 탐방

2011. 09 위타로이 국제학교 미국대학 탐방

2012. 01 태국 UN기구 및 난민 탐방(연세 NGO주최)

2. 저명 인사 강연회

우리들의, 우리들에 의한, 우리를 위한 강연

- 이명근 박사님
- 김정현 작가님
- 이미지 메이킹 강연회
- 외무고시 간담회
- 공무원제도 간담회
- 이채경 선생님 강연회

3. 기업/기관 탐방

- 2011기업탐방(현대, 삼성, 대한생명, 국민은행)
- 주중한국대사관 탐방
- 만도(안성환 CEO와의 만남)
- 하나은행

4. 세미나

- 2012. 04 북경 798함철훈 손청 사진전시회 자원봉사
- 2011. 07 All about International Organization 실무자가 직접 전하는 국제기구설명회(Mercy Corps, IMF, UNESCO, UNDP등)

5. 사은회

2012. 06. 02 1기 VISIONIA졸업식 기념사은회

6. 학습지 제작

2012. 04 동북3성 어린이들을 위한 학습지 사업 시작

7. 지속적인 자기계발

사설, 시사토론, 기사 번역 등

2. 종합평가 및 후기

【VISION TRIP】

▶ 2010. 11 청도 "나의 비전에 터보 달기"

1) 종합평가

전체적으로 학생들에게 비젼을 가지게 해주고 넓은 시야를 가지게 해주는 목적에 있어서는 어느 정도 성과를 거둔 것 같습니다. 다만 아쉬운 점이 있다면 비젼트립이 너무 관광 쪽으로 치우쳐졌다는 생각이 들었습니다. 중국을 관광하러 온 것이 아니라 중국에 대해 조금 더 이해하고 조금 더 알기 위해 온 만큼 조별 활동을 통해 중국인과 접촉하고 중국문화를 몸소 부딪히는 기회가 조금 더 많았으면 어떨까 하는 생각이 들었습니다.

이번 비젼트립이 끝나고 학생들에게 가장 큰 도움이 된 것은 많은 친구들을 만난 것이라고 생각합니다. 고작 4박 5일이었습니다.

고작 4박 5일이라는 짧은 시간 동안 학생들은 헤어질 때 눈물이 날 만큼 돈독한 사이가 되었습니다. 서로 살아가는 환경에 교집합이 없지만 마음이 통하고 서로를 이해해서 고민도 마음 놓고 털어놓을 수 있는, 그리고 언제나 내편인 그런 친구들이 생겼다는 것은 정말 값진 재산을 얻은 것이라 생각됩니다. 또한 전국 각지에서 온 친구들을 만나고 자신의 꿈에 대해 이야기하면서 자신의 꿈을 다시 한 번 다짐할 수 있는 계기도 되고 자신의 꿈을 응원해주는 지지자들이 생긴 게 정말 큰 도움이 되었을 것이라 생각합니다. 학생들은 다음에 또 다른 환경에 들어섰을 때 다른 사람과 마음의 문을 열고 대화할 수 있을 것입니다. 학생들이 비젼트립이 끝나고도 계속 이메일이나 핸드폰 메신져를 통해 계속 연락을 주고 받고 서로에게 힘이 되어줄 것이라 생각합니다.

2) 봉사의 의미

사람들은 현대 사회에 살아가면서 점차 물질적인 것만을 중요시 하게 되었습니다. 외적 부유함과 욕구충족을 위해 살아가는 이 세상에서 봉사란 물질적인 것 만을 보상으로 간주하게 된 냉담한 현실 속에서 가장 따듯한 보상을 받을 수 있는 일이라 생각합니다.

봉사의 사전적 의미는 "국가나 사회 또는 남을 위하여 자신을 돌보지 아니하고 힘을 바쳐 애씀" 입니다. 봉사의 사전적 의미에도 이미 봉사는 희생 이라는 의미를 내포하고 있음을 알 수 있습니다. 게다가 많은 사람들은 봉사를 대가 없는 선행으로 여기고 있고 실제로도 봉사를 통하여 물질적인 보답을 받을 수 없습니다. 그렇다면 봉사를 통해 얻을 수 있는 이익이 많지 않음에도 불구하고 여전히 많은 사람들이 봉사를 하는 이유는 무엇 때문일까요? 봉사를 하는 사람들은 그것은 봉사를 통해 얻는 내면의 보상이 값지기 때문이라고 말합니다. 사실 저는 얼마 전까지만 해도 이 말을 이해할 수가 없었습니다. 하지만 이번 청도에서 자원봉사를 한 후에 이 말이 무슨 뜻인지 조금이나마 이해를 할 수 있었습니다. 청도에서 만난 학생들은 내가 해준 것이 많지 않음에도 불구하고 저를 선생님이라 부르고 믿고 따라줬습니다. 그런 학생들과 미래에 대해 얘기를 하고 과거의 경험을 이야기 하면서 저는 감정이 같이 공유되는 것을 느꼈고 가슴에 뜨거운 열정이 차오르는 것을 느꼈습니다. 저는 이번 자원봉사를 통해 학생들에게 미안할 만큼 많은 것을 배웠습니다. 제가 봉사를 하는 입장이지만 학생들보다 훨씬 얻은 게 많았다 생각합니다. 사실 봉사는 보상을 바라지 않는 게 맞지만 아마 이러한 가슴속에 뜨거운 보상을 느끼기 위해 봉사를 하지 않을까 생각합니다.

봉사를 할 당시 아무리 힘들었다 해도 이를 통해 받은 그 내면의 보상은 정말 값집니다. 또한 봉사를 한 그들만 그 보상을 받은 것이 아닙니다. 봉사를 받은 수많은 사람들, 봉사할 수 있는 기회를 제공해준 사람들 또한 그 값진 보상을 받았다 생각합니다. 지금 바로 이순간에도 전세계의 수많은 사람들이 그 보상을 위해 함께 웃고, 울고 있고, 나누고, 느끼고 있을 것입니다.

3) 느낀 점 및 각오

짧디 짧은 4박5일이라는 시간 동안 정말 많은 것을 느꼈습니다. 학생들과 미래의 꿈에 대해 이야기 하면서, 꿈이 확실한 학생들을 보면서 비록 내가 무언가를 도와주려고 온 입장이지만 오히려 그 학생들보다 못하다 생각했습니다. 아이들은 아직 어리기에 미래에 대한 확신은 없지만 자기가 하고 싶은 일이 무엇인지는 명확했습니다. 아이들을 보면서 이렇게 어린 아이들도 꿈이 뚜렷한데 나는 지금까지 무슨 생각으로 살아가고 있었나 하는 생각이 들었습니다. 사실 전 아직까지 미래에 무엇인가 하고 싶다고 갈망한적이 없었기에 더욱 그랬습니다. 학생들을 보면서 얼른 나의 꿈과 비젼을 찾아야겠다는 생각을 했습니다. 꿈과 비젼이라는게 하루 아침에 생기는 것이 아니기에 좀더 많은 것들을 보고, 많은 것을 배워야겠다는 생각을 했습니다. 앞으로도 이러한 기회가 있으면 참가할 생각이고 많은 책들을 읽을 생각입니다. 얼른 내 꿈을 찾아 앞으로는 공부를 위한 공부가 아닌 꿈을 위한 공부를 할 것입니다.

4) 비전트립을 위해 도움을 주신 기관 및 도움을 주신 분들

청도리커의료기계유한공사, 재중국한국인회와 하나은행의 지원, 이재곤 사무처장님, 정효권 회장님, 이채경 운영위원님, 한성현 교수님, 이호건 선생님, 박순복 부원장님 그리고 글로벌투게더를 통해 모이게 된 자원봉사자들 8명(하동인, 김신아, 김정민, 이윤주, 서정욱, 황선영, 조민경, 김안나)과 글로벌투게더 스텝분들의 도움으로 "나의 비젼에 터보 달기"라는 주제로 청도에서 비젼트립이 무사히 진행되었습니다.

▶ 2012. 02 북경비전트립

1) 개요

나만의 빛나는 꿈을 찾아나가는 글로벌투게더 리더십프로그램 글로리! 글로벌투게더의 리더십프로그램은 경제력에 따라 교육 격차가 심해지는 한국 사회의 부정적인면에 주목하여 소외계층 학생들이 향후 도적전인 비전과 리더십을 고취시켜 글로벌한 큰 그릇의 포부를 갖게 하기 위한 목적으로 진행되고 있는 교육 프로그램입니다. 각 지역의 나눔 장학회를 통해 선별된 학생들이 다양한 교육의 혜택을 누릴 수 있도록 정치, 경제, 문화 등 사회 전반의 주요 기관에서 강의수강 및 체험학습, 놀이 등을 하도록 구성되어 있습니다. 더불어 프로그램 수료, 백일장대회, 상장 수여 등을 통하여 참여학생의 자발적이고 적극적인 참여태도 또한 길러주고 있습니다.

2) 주제 : "나만의 빛나는 꿈을 찾아서"

3) 일시 : 2012. 2. 18~2012. 2. 27

4) 장소 : 북경일대

5) 참가인원

2012. 2. 18~2012. 2. 22 초등학생 29명, 자원봉사자 10명 총 39명

2012. 2. 23~2012. 2. 27 중, 고등학생 29명, 자원봉사자 9명 총 38명

6) 활동 내용

BEIJING BEST LEADERSHIP PROGRAM(중고등학생)					
시간	23일(목)	24일(금)	25일(토)	26일(일)	27일(월)
9AM		9:00am *리더십 강의 -중국개황 #2	9:00am *리더십 역사탐방 -천안문&자금성 (조별미션)	9:00am *리더십 강의 -중국비전	
10AM				10:30am *리더십교육탐방 -북경대 견학	10:00am *리더십 역사탐방 (베이징의 발전사) -수도박물관
11AM		11:00am *리더십기업탐방 -북경현대자동차			11:30am 점심식사
12PM	12:30pm 점심식사	12:00pm 점심식사		12:00pm 점심식사	
1PM	1:30pm *리더십 문화탐방 -798예술거리 (조별미션)	1:30pm *리더십 역사탐방 -이화원 (조별미션)	1:00pm 점심식사	1:30pm *리더십 역사탐방 -만리장성 (단체미션)	1:00pm *리더십 문화탐방 -스차하이거리
2PM			2:00pm *리더십 문화탐방 -왕푸징 -구로따지에 -수슈웨이 (조별미션)		
3PM					북경공항집합 (15:30) ↓ 북경출발 아시아나336편 (17:30) ↓ 인천공항도착 (20:25)
4PM	4:30pm *주중한국문화원 방문 -리더십 강의	4:30pm *리더십기업탐방 -북경CGV			
5PM				5:00pm 평가회 준비	
6PM	6:00pm 저녁식사			6:00pm 저녁식사	
7PM	7:30pm *입소식 *Ice Breaking *리더십 강의 -중국개황 #1 *소그룹 세션 #1	7:00pm 저녁만찬		7:30pm *평가발표회 및 심사	
8PM		8:00pm *소그룹 세션 #2 -강점강화하기	8:00pm *소그룹 세션 #3 -비전설계하기		
9PM					

▶ 기업 탐방

2기 중국유학생 한국 정부기관 및 기업탐방

2013년 한국 정부기관 및 기업탐방 "Vision Wing" 계획서

1) 주제 : 2013년 한국정부기관 및 기업탐방 "Vision Wing"

2) 목적 : 중국에 거주하는 대학생과 조선족 대학생들을 대상으로 한국 대표기관 및 기업방문을 통해서 글로벌 리더십을 증진시키고 자신의 비전을 모색한다.

3) 목표

- 참가자들의 80% 이상이 한국의 대표기업을 방문한다.
- 참가자들의 80% 이상이 프리젠테이션 발표를 한다.
- 방문 기업에 대한 이해도를 15% 이상 향상시킨다.

4) 기대 효과

- 한국의 기업문화를 체험함으로써 대한민국의 정치·경제·문화에 대한 관심을 증진시킨다.
- 글로벌리더의 강의 및 만남의 시간을 통해서 글로벌리더가 무엇인지에 대해 이해하고 자신의 비전을 키운다.
- 사회로 나가는 첫걸음을 떼는 시기에 현지전문가의 강의에 참관하고 강사들과 생각을 주고 받는 시간을 통하여 학생들이 자신의 생각을 자유롭게 표현하고 정리하며 세상을 바라보는 관을 넓힌다.

5) 개요

- 지역 : 대한민국 서울 일대
- 사업 시기 : 2013년 1월 28일(일)~2월 2일(금)
- 참가인원 : 36명
  - 참가자 : 20명
  - 스텝 : 5명(총괄 1명, 담당 1명, 강사 2명, 참관 1명)
- 참가 자격
  - 큰 비전을 품은 열정이 있는 대학생
  - 가항에 속하면서 중국에 거주하고 있는 한국학생
  - 해외여행에 결격 사유가 없고, 글로벌투게더 봉사자 우대
- 내용
  - 교육 : 글로벌 리더의 강의
  - 한국기업문화 탐방 : 한국을 대표하는 기업방문 및 기관
  - 프리젠테이션 : 탐방한 곳에 대한 프리젠테이션

2차 "vision wing" 프로그램 일정표

시간	1/28(월)	1/29(화)	1/30(수)	1/31(목)	2/1(금)	2/2(토)
7AM	북경 출발 서울 출발 ↓ 국제청소년 센터 유스호스텔	7:00am 기상	7:00am 기상	7:00am 기상	7:00am 기상	7:00am 기상
8AM		7:30am 아침식사	7:30am 아침식사	7:30am 아침식사	7:30am 아침식사	7:30am 아침식사
9AM			9:00am 연구포럼 조별미션	9:00am 커피 익스프레스 네이버	9:00am 가산디지털 단지 국민은행	9:00am 아디다스
10AM	북경 출발 서울 출발 ↓ 국제청소년 센터 유스호스텔	10:00am 삼성전자 (수원)	9:00am 연구포럼 조별미션	9:00am 커피 익스프레스 네이버	9:00am 가산디지털 단지 국민은행	9:00am 아디다스
11AM						
12PM		12:00pm 점심식사		12:00pm 점심식사	12:00pm 점심식사	12:00pm 점심식사 (국회식당)
1PM				1:30pm KOICA		1:30pm 국회의사당 강의 5# 김용태 국회의원
2PM		2:00pm 국정원 안보전시관			2:00pm 서울마리나 해양경찰청	
3PM	3:00pm 기업연구 품평회			3:30pm KOTRA		3:00pm 수료식 및 시상식
4PM		4:00pm 증권거래소				
5PM						해산 ↓ 인천 출발 & 귀가
6PM	6:00pm 저녁식사 (유스호스텔)	6:00pm 저녁식사	6:00pm 저녁식사	6:00pm 저녁식사 (유스호스텔)	6:00pm 저녁식사	
7PM	7:00pm ·강의#1 –국제MIA 최영훈 대표 ·Ice Breaking	7:30pm 강의 #2 KBS 1TV 인간극장PD	7:30pm 조별 발표회 준비	7:00pm 발표 회 리허설		
8PM				8:00pm PPT발표회 –이명근, 소은아, 문상기	8:00pm 강의 4# 소은아	
9PM						
10PM	10pm 취침	10pm 취침	10pm 취침	10pm 취침	10pm 취침	

▶ **지원자들이 바라는 기대효과**

• **김윤○**

대학을 갓 졸업한 사회 초년생들이 삼성전자와 같은 기업을 방문하는 일은 대입 준비를 하는 고등학생들이 각국의 명문대 캠퍼스를 탐방하는 것과 같은 맥락이라고 생각한다. 삼성전자와 같이 브랜드 가치가 높고 대한민국을 대표하는 기업은 업무 현장과 실무자들의 태도 그 자체가 풍기는 분위기 만으로도 참가자들에게 일정한 깨달음과 남다른 느낌을 갖게 해줄 것이라고 생각한다.

나아가 한국 정치 경제 및 문화에 깊은 관심을 갖고 공부하는 학생으로서 삼성전자, 국민은행, 중소기업 진흥공단 등 한국 대표기업 및 기관 문화체험을 통해 한국의 정치, 경제 매크로 조직에 대한 거시적인 이해도를 높이고 자신과 대한민국 대표기업들과의 연결고리를 찾아 더 큰 미래에 대한 상상의 나래를 펼칠 수 있는 기회를 갖고 싶다.

또한, 존스홉킨스 이명근 박사님, KBS정기윤 부장님, 김용태 국회위원 등 각 분야 리더들의 강연을 통해 그들의 리더쉽과 성공요인을 분석하고 자신의 현재위치와 가치관에 부합하여 자신이 갖고 있는 강점을 찾고 앞으로 만들어 나가야 할 나만의 리더쉽이 무엇인지 생각해보는 시간을 갖고 싶다.

더 나아가 이러한 글로벌리더들과의 직접적인 만남을 통해 우리 모든 신청자들이 자신의 꿈은 머나먼 곳에 있는 이룰 수 없는 목적이 아닌 나 또한 이루어 낼 수 있는 희망이라는 것을 인지 할 수 있는 기회가 되었으면 좋겠다.

앞으로 여러 분야에서 외교를 펼치고 한국과 다른 나라들의 이해관계를 높이고 싶다는 목표를 가진 학생으로서 KOTRA, KOICA, 한국 관광공사 등 기관을 방문한다는 점은 흥미로울 수 밖에 없다. 현재 대한민국의 공공기관 PR상황, 외교홍보 수단, 최근 이루어낸 업적에 대해서 자세한 질문을 던지고 실무자들의 대답을 얻고 싶다. 뿐만 아니라 국정원, 청와대 등 국가업무와 직접적으로 관련된 기관을 방문 함으로서 외교정치를 공부하려는 보람을 느끼고 자신의 꿈과 국가에 대한 이념을 더 확고히 할 수 있을 것 같다.

위에 나열한 프로그램 이외에도 타국 참가자들과의 교류 기회는 본 기업 탐방을 한 층 더 의미 있게 만들어 줄 것이라고 생각한다. 각 기업 및 기관에서 배우고 느낀 점을 노트에 필기하는 것으로 끝내는 것이 아니라 다른 참가자들과의 자유로운 교류를 통해 자신의 생각을 표현하고 이를 통해 자신이 느끼고 배운 것들을 더욱 깊숙이 각인시키고 사회와 현실을 바라보는 시각을 확실히 넓힐 수 있기를 바란다.

• 하현○

올 7월 달에 대학교를 졸업한 뒤 약 4개월 동안 취업준비를 하면서 아직 준비가 많이 되어있지 않는 스스로를 돌아볼 수 있었습니다. 간절함도, 뚜렷한 목표도 없는 저였기에 어디든 가겠다는 막연한 생각을 가지고 있었던 것이 취직이 되지 않은 원인이라고 생각합니다. 저는 이번 프로그램을 통해서 여러 기업과 멋진 Mentor의 강연회를 들으며 많은 것을 보고 듣고 싶습니다.

그분들의 조언을 얻고, 또 우리나라를 대표하는 기업과 공공기관을 방문하여 각 분야에 대한 이해도를 높이며 동시에 아직 좁은 저의 시야를 넓히고 싶습니다. 또 단순한 기업 탐방이 아닌 함께 하는 친구들과의 조별 미션을 통해 문제 해결 능력도 함께 기르고 여러 강연회를 통하여 그분들의 리더십과 성공하기까지의 과정을 통해 제가 부족한 점을 배우고 개선해 나가고 싶습니다.

저는 다양한 곳을 방문하는 이번 프로그램이 저로 하여금 제 자신이 어느 분야에 관심이 더 많은지, 내가 하고 싶은 일은 무엇인지를 한 번 더 생각할 수 있는 좋은 기회라고 믿습니다. 또 대학 졸업을 하고 항상 조급한 마음에 방황을 하며 다른 곳으로 마음을 두지 못하는 저에게 다른 분야로 시선을 돌리고 바라볼 수 있는 좋은 기회가 될 것 같아 이렇게 지원하게 되었습니다.

• **김기○**

개인적으로 비전이란 자신을 알고 세상을 아는 데서 얻을 수 있는 무언가라고 생각합니다. 아무리 자기 자신에 대한 이해가 뛰어난 사람이라도 세상을 알지 못하면 자신을 펼칠 무대를 찾지 못한 것이며 세상을 속속들이 알고 있는 사람이라도 정작 진정한 자신을 발견하지 못한다면 세상이란 무대에서 펼칠 자신을 갖지 못한 것이라는 생각입니다.

이번 프로그램을 통해 진정한 제 자신에게 다가가고 세상을 이해할 수 있길 기대합니다.

3학년은 시기적으로 위치는 졸업 후 사회 속에서의 입지를 확고히 준비하는 기간이라고 봅니다. 한국의 유수 기업들을 탐방하여 직접 그 곳의 운영방식과 문화를 체험하여 향후 진로 및 계획의 갈피를 잡고 중국이라는 타국 땅에서 소홀할 수도 있는 한국의 정치, 경제, 사회문화적 흐름을 몸소 느끼는 계기가 될 것입니다. 또한, 글로벌 리더 분들의 강연을 통해 세상을 바라보는 시야가 한 층 더 성숙해지고 입체적으로 변화하길 소망합니다. 아는 만큼 보고 보는 만큼 해낸다고 하였습니다. 이번 프로그램을 성숙하고 원대한 비전을 품는 기회로 삼고 싶습니다. 위에 서술한 것들이 이번 프로그램에 기대하는 점이라면 개인적으로 제 스스로에게 기대를 하는 부분이 있습니다. 지금까지 살면서 많은 것을 보고 배웠지만 대부분 그 수준에 그쳐 결과적으로 아쉬움을 낳았습니다. 부디 이번 기회를 통해서 보고 배운 것을 다시 한 번 곱씹어 적용하고 실천하여 제 인생에 두둑한 밑거름으로 삼고 싶습니다.

▶ 기업 탐방 후기

• **하동○**(북경대 국제관계)

한국에 와서 TV를 보면서 제게 많은 생각을 하게끔 해준 광고가 있었습니다. 어느 회사의 커피믹스 광고였는데 카피문구 내용은 "세상이 스마트해지는 사이 친구의 전화번호를 잊어버렸습니다. 손바닥 안의 세상에 눈을 빼앗기더니 생각마저 빼앗겨 버린 건 아닐까요. 커피를 마시는 동안 생각해봅니다. 내 생각이란 녀석은 잘 지내고 있는지……" 이러했습니다. 우리의 생각이란 녀석은 정말로 잘 지내고 있을까요. 저는 이번 비전윙을 통해 여러 가지 생각을 하게 되었습니다.

이번 기업탐방이 다른 참가자 분들에게 어떠한 감동을 받았고 고민을 했고 어떤 아쉬움을 남겼는지는 모르지만 개인적으로 기업탐방도 좋지만 중간중간에 스스로에 대해 고민하고 생각할 시간이 많았으면 더 좋지 않았을까 하는 생각이 들었습니다. 삼성전자와 네이버를 방문하면서는 외관에 반하는 것뿐만 아니라 기업이 성공할 수 있었던 이유, 앞으로 직면한 과제를 돌파하기 위한 방법에 대한 대학생들만이 할 수 있는 문제해결 등에 대한 고민을 해보는 것이 어땠을까 하는 생각이 듭니다. 또한 가산에서는 왜 중소기업은 중소기업에 머물러 있는지에 대한 고민, 커피익스체인지에서는 아이디어가 중요할까 시스템이 중요할까와 같은 근본적인 창업에 대한 고민, 국제원조에 대해서 들으면서 왜 막대한 양의 원조로도 빈곤을 퇴치하지 못하고 국내 빈민 퇴치보다 외국 빈곤에 대해서도 신경을 쓰는지에 대한 고민, 공기업은 왜 부패하고 태만하게 일을 하는가에 대한 고민 등 각 강의와 기업마다 다니면서 할 수 있는 고민들이 너무나도 많은데 우리들은 기업탐방을 하면서 그러한 고민보다는 외관이나 내부 시설에 압도되어 좀 더 깊은 성찰을 하지 못하고 했더라도 서로간에 이야기를 나눌 수 있는 시간이 주어지지 않아 너무나도 아쉬웠습니다.

더더욱 아쉬웠던 것은 고등학생 비전트립과 달리, 조별모임에서 스스로에 대한 고민을 가질 시간이 전혀 없었다는 점입니다. 대학생인 만큼 더 심도 있는 자아탐구 관련 활동들이 있었다면 마지막 날 진행했던 모의면접을 할 때 더욱 잘할 수 있지 않았을까 하는 생각이 듭니다. 무엇을 좋아하는지, 무엇을 잘하는지, 강점과 약점은 무엇인지, 관심이 가는 분야는 어디인지, 무엇을 이루고 싶은지, 왜 살고 있는지, 기업탐방을 통해서 무엇을 얻어가고자 하는지 등 기본적이고 모두가 알고 있을 것 같지만 쉽게 답할 수 없는 내용들의 질문을 가지고 조별끼리 모여 고민하고 이야기하다 보면 기업탐방을 마치면서 보다 많은 것을 얻어갈 수 있지 않았을까 하는 생각이 듭니다. 대학생을 다르게 보면 사회의 유치원생이라고도 볼 수 있다고 생각하는데 유치원생들에게 가장 중요한 것 중 하나가 올바른 자아형성인 만큼 사회의 유치원생 즉 대학생들에게 가장 중요한 것 중 하나는 올바른 자아인식이라고 생각됩니다. 그리고 올바른 자아인식은 이러한 기본적인 질문들에 대한 생각과 답을 하면서 얻을 수 있다고 믿기 때문에 하루 일과 후의 조별모임을 통한 심도 있는 자아탐구 시간이 없었던 점은 조금 아쉬웠습니다.

하지만 이렇게 아쉬울 수 있는 것도 이러한 프로그램이 존재하기 때문이라고 생각합니다. 그 어느 기업을 다니면서 저희처럼 기업을 방문하는 단체를 만나지 못했을 만큼 저희의 방문은 특별했던 것 같고 웬만한 비용으로는 절대로 들을 수 없는 귀중한 강의들을 들었습니다. PPT 발표 후 전문가의 피드백은 정말로 값진, 정말로 탄성을 자아내게 한 내용들이었습니다. 비록 중간중간 생각할 시간도 없이 너무 숨가쁘게 일정이 돌아간 점이 있지만 기업탐방 강의 그리고 PPT를 통해 여러 기업과 사회문제 그리고 스스로에 대해 다르게 생각할 수 있는, 생각의 전환을 할 수 있는 하나의 터닝포인트를 만들어 주신 것에 대해 너무나도 감사합니다.

이채경 위원님이 해주셨던 이야기를 인용하면서 마무리하고자 합니다. 사람은 태어날 때 하늘에서 한 가지씩 사명을 띠고 내려온다고 합니다. 그게 바로 '業'입니다. 그리고 사람이 살아가면서 그 業을 이루기 위해 구하는 것이 바로 '職'입니다. 이 두 한자를 합하면 '직업(職業)'이 됩니다. 많은 사람들이 직업을 찾는데 본인의 業보다는 화려한 職에 집착하여 회사를 힘들게 다니고 삶을 힘들게 사는 것은 아닌지 하는 생각이 듭니다. 그래서 아직 대학생인 만큼 자아에 대해 좀더 많은 고민을 해보고 職보다는 業에 대한 고민을 더 많이 해보는게 어떨까 하는 생각을 해보았습니다. 이번 비전윙 프로그램을 통해서 많은 것을 봄으로써 제 業에 대해서 또 한 번 생각할 수 있게 되었습니다. 이러한 고민을 할 수 있는 시간이 더 있었다면 더 좋았겠지만 이러한 기회를 제공해 주신 것 자체에 대해 심심한 감사의 뜻을 전합니다.

3. 2013년 상반기 계획

1월

- 13~19일 : 연변 병원장 및 시 서기 15명 한국 병원 방문(통역)
- 28일~2월 2일 : 기업 탐방

2월

- 2013 한국 정부기관 및 기업 탐방
- 무관부 공무원과 연락하여 군대 간담회 준비
- 이명근 박사님 강연 홍보, 기획
- 무관부, 공무원 연수생 연락

3월

- 군대 간담회

• 공무원 간담회 : 현직 공무원 연수생과 함께
• 한미약품 방문
• 이명근 박사님 유엔기구 강의
• 고아원 방문
• 아트 베이징 자원봉사자 모집
• 현대자동차, 대사관 탐방 기획
• 국민은행 탐방기획

4월

• 김정현 작가님 간담회
• 자기소개서 강의
• 한미약품 기업 방문
• 국민은행 방문
• 4월 30일~5월 3일 아트베이징
• 유엔기구, 각 대사관 문화원 접촉

5월

• 한국에 있는 유엔기구 및 NGO 단체 방문
• 만도 방문
• 기업인과 간담회
• 고아원 방문
• 북경에서 유엔기구설명회
• 외무고시간담회

• 7월 하계 자원봉사자 모집 및 장소 선정
• 사은회 준비

6월

• 고아원방문
• 비아 사은회
• 7월 자원봉사자 결정 공지

7월

• 학습지 자원봉사(2주)
• 부녀활동 중심
• 연변
• 하북성
• 내몽고

포스터

특별 강연회

UN? 국제기구?

International organization

국제 기구, 얼마나 아니?

2011년 4월 16일 오후2시 / 清华园宾馆 贵宾楼 5层 会议室 / 강사 : 이명근 박사

꿈꾸는 유학생들의 모임
Visioning International student`s Association
주최 : VIA 동아리 / 후원 : Global Together (북경)
신청 & 문의 : http://cafe.daum.net/chinahk 오한백 159 1052 8862 하현지 135 2293 8754

VIA

No.2

김정현 작가의

중국인 이야기

소설 '아버지' 의 '김정현 작가' 가 들려주는

우리가 몰랐던 중국 구석구석의 새로운 이야기

2011년 4월 23일 오후2시 / 清华园宾馆 贵宾楼 5层 会议室 / 강사 : 김정현 작가

2011 June 27/28
The International Organization(IO) Seminar
presented by Current IO executives
Applicants
Should - have interests in IO
- be able to speak conversational English
Location
798 Art District T-Art Center
Fees
400RMB
Admission
1. Register at announced places
2. Wire fees to VIA Bank Account
- will require confirmation E-mail
Complete details
http://cafe.daum.net/chinahk
Contacts
152 0164 2395
131 2045 7023
Reference
Presents
– Panelists : Current IO executives
– Subject : Roles and activities of IO
Special Benefits
– An Internship Opportunity at Mercy Corps will be provided (C5 applicants)
Invitation of Wine Party with the executives and VIP
2011.6.27 AM10 Mercy Corps
PM2 IMF
PM4 WHO
PM6 Dinner Reception
2011.6.28 AM10 UNESCO
UNDP
PM2 Global Environmental Institute
UNDP Lecture can be varied upon condition
Promoters
Supporters MercyCorps 在中國韓國人會 北京高麗學院

2011 June 27/28
国际组织首席工作员亲自转告的
国际组织说明会
对象
对国际组织有兴趣的且能用英语交流的人
场所
798艺术地区 T-Art Center
报名费
400元
参加方法
方法1 在指定场所缴纳费用
方法2 向指定账户存款后发送E-mail
欲知详情请浏览我们的网站
http://cafe.daum.net/chinahk
询问
152 0164 2395
131 2045 7023
注意事项
邀请国际组织的实务者讲演
演讲人：在国际组织首席工作员
讲演主题：各个国际组织的作用及其活动范围
奖励
- 通过提交报告书而被选拔的5名参加者将有在Mercy Corps实习的机会
与各位实务者及贵宾一起参加 Wine Party
2011.6.27 AM10 Mercy Corps 国际美慈组织
PM2 IMF 国际货币基金组织
PM4 WHO 世界卫生组织
PM6 Dinner Reception
2011.6.28 AM10 UNESCO 联合国教科文组织
UNDP 联合国开发计划署
PM2 Global Environmental Institute 全球环境研究所
主管
赞助 MercyCorps 后援 在中國韓國人會 北京高麗學院

No.5
대한민국 공무원 제도
대한민국 공무원 제도, 국가고시 그리고 공무원 실무에 관해
현직 공무원이 직접 설명해 드립니다.
2011년 11월 12일 오후 2시 / 차이나로 학원 / 강사 : 김영일 통일부 과장 외 2명
꿈꾸는 유학생들의 모임
Visioning International student's Association
주최 : VIA / 후원 : Global Together (북경)
신청 : http://cafe.daum.net/chinahk
참가비 : 10元
VIA

No.6

소설 <아버지>, <중국인 이야기> 김정현 작가님의

아버지가 들려주는 이야기

중국이라는 나라에서 유학중인 우리 아이들아
나는 너희가 이렇게 컸으면 좋겠단다

2011년 11월 26일 오후 2시 / 차이나로 학원 / 강사 : 김정현 작가님

꿈꾸는 유학생들의 모임
Visioning International student s Association
주최 : VIA / 후원 : Global Together (북경)
신청 : http://cafe.daum.net/chinahk
참가비 : 10元

No.7

공무원 특집 제 2탄

대한민국 외무고시

내가 묻고 싶었던 외무고시에 관한 궁금증
합격자들과 만나 시원하게 한방에 풀어보자!

2011년 12월 3일 오후 2시 / 차이나로 학원 / 강사 : 06년도 외무고시 합격자 김광우,오유진

꿈꾸는 유학생들의 모임
Visioning International student s Association
주최 : VIA / 후원 : Global Together (북경)
신청 : http://cafe.daum.net/chinahk
참가비 : 10元

설문지

국제기구, 얼마나 아세요? 이명근 박사님의 국제기구에 대한 모든 것을 들으러 와주신 여러분 잠시만요! 저희 VIA가 다음에 더 좋은 강연회를 열기 위해서 여러분의 피드백이 필요합니다. 번거로우시겠지만 잠시만 시간을 내서 성심 성의껏 작성해 주시기 바랍니다.

▶ 국제기구에 대한 이해도 조사

1. 국제기구의 종류를 몇 얼마나 알고 계세요?

    1) 0~2가지

    2) 3~5가지

    3) 6~10가지

    4) 11가지 이상

2. 알고 계시는 국제기구를 써주세요.

3. 국제기구가 하는 일에 대해서 얼마나 아세요?

    1) 잘 모른다

    2) 대충 안다

    3) 잘 안다

4. 국제기구의 역할에 대해서 아는 대로 간략하게 써주세요.

▶ 강연회 조사

1. 국제기구에 대한 강연을 들어본 적 있으세요?

    1) 있다

2) 없다

2. 이번 강연회 어떻게 오셨어요?

1) 지인을 통해

2) 포스터를 보고

3) 인터넷에서 보고

3. 이번 강연회에 오게 된 계기는? (다수 선택 가능)

1) 장래 희망 진로가 국제기구와 관계가 있어서

2) 국제기구에 대해 알고 싶어서

3) 친구 따라서

4. 강의 어떠셨어요? 더 알고 싶은 내용이 있다면?

5. 이번 강연회에 대해 아쉬운 점이 있다면? (위치, 시간 등)

6. 다음에 또 국제기구에 대한 강연회가 열린다면 참가할 의향 있으신가요?

▶ 이명근 박사님-설문지 객관식

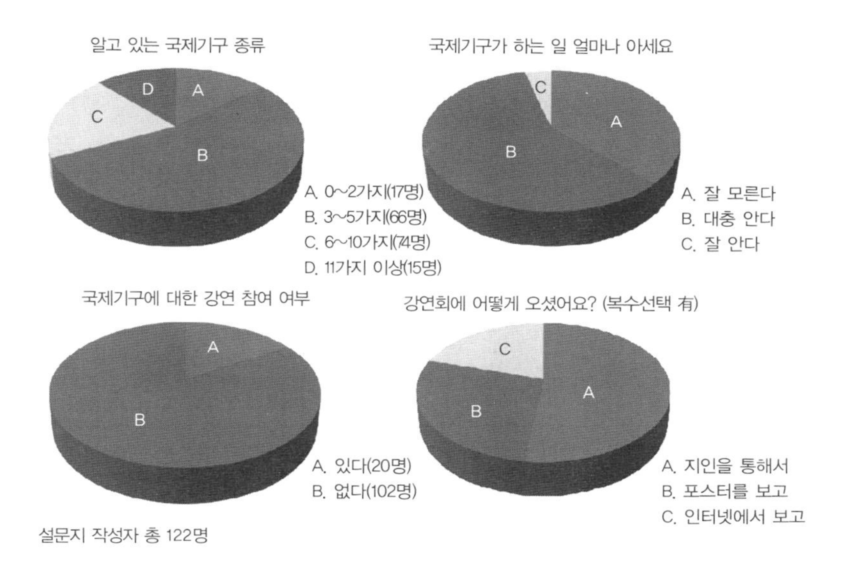

▶ 이명근 박사님-설문지 주관식(후)

1. 알고 계시는 국제기구를 써주세요.

WTO	61명
IMF	53명
UN	36명
WHO	46명
KOICA	6명
ILO	8명
UNICEF	69명
FAO	11명
IRC	13명
CARE	2명
World Bank	12명
World Vision	18명
UNESCO	6명
UNHCR	4명
UNDP	8명

UNEP	4명
UNHCR	3명
MSF	3명
HOLT	4명
구세군	2명
적십자	3명
UN	2명
OECD	1명
ICAO	3명
WFP	7명
EU	2명
Green Peace	1명
OPEC	2명
Mercy Corps	2명
NGO ???	5명
WEP ???	1명

2. 국제기구의 역할에 대해서 아는 대로 간략하게 써주세요.

- 국제 사회의 평등과 자유를 위해 설립된 비영리기구들. 혹은 국제관계에서 정부협조를 위해 설립된 기구들
- 국가간의 마찰과 갈등 해소, 인권, 여성문제
- 정부가 해결하지 못하는 점들을 해결해 주는 기구
- 인권, 복지 등 세계 보편적 가치를 실현하기 위해 나라를 뛰어 넘어 일하는 단체/기구
- 세계적인 문제에 대해서 관심을 가지고 실질적인 도움을 준다고 생각합니다. 그것을 위하여 예산을 짜고 조직을 구성하고 실질적인 도움을 주고 있는 것으로 알고 있습니다. 세계적인 작은 정부라고 생각합니다.
- 난민과 어려운 국가를 도와주고 국제관계를 윤활시켜주는 역할
- 전 세계인이 화합할 수 있도록 하는 매개체
- 세계 각국의 문제들을 각 산하 기구들이 맡아 해결, 방안 제시 등을 수행하는 기구
- 가난한 국가나 지역을 지원해주어 스스로 발전할 수 있도록 도와주는 기구
- 시민사회의 발전에 기여하여 지속성을 가지고 주민참여를 유도하는 단체
- 이명근 박사님의 강의를 듣기 전에는 UN은 그냥 단순히 세계 각국의 사람들이 모여 각 방면을 도와주는 조직인 줄 알았는데 강의를 듣고 나서 UN은 세계 발전을 위해 2가지의 차이 사이에 다리를 놓는 역할을 하는지 알게 되었다.

3. 강의 어떠셨어요? 더 알고 싶은 내용이 있다면?

- 만족합니다. 그동안 알지 못했던 국제기구 일에 대해 알게 되었고, 더 발전해야겠다고 느꼈습니다.
- 어떻게 자기가 하고 싶은 일을 빠르고 정확하게 알 수 있는지?
- 국제기구가 하는 일에 대해서 추구하는 가치와 기준
- 더욱더 상세한 루트에 대해서 알고 싶습니다.
- 국제기구 시험이 YPP로 통폐합되면서 더 들어가기 힘들어졌는데, 왜 들어가기 힘들어졌는지요?
- 국제기구가 정말 많은데 각 기구에 대한 필요인재와 요구들
- JTO라는 국가가 운영하는 시험이 있다고 하는데 UN국제기구에서 활동할 수 있는 정확한 정보가 필요합니다.
- 국제기구 종류 중 인권에 관련된 내용. 업무 시 실질적인 국제적인 스탠더드에 대한 내용
- 내용이 너무 포괄적입니다.

다음 국제기구 강연회 참여 의향

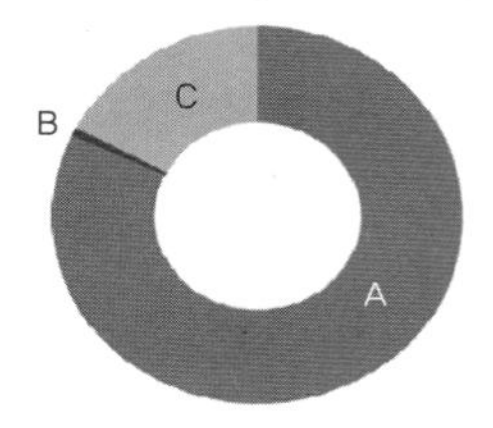

A. 있다(101명)
B. 없다(1명)
C. 기권(21명)

강연회에 오게 된 계기(복수선택有)

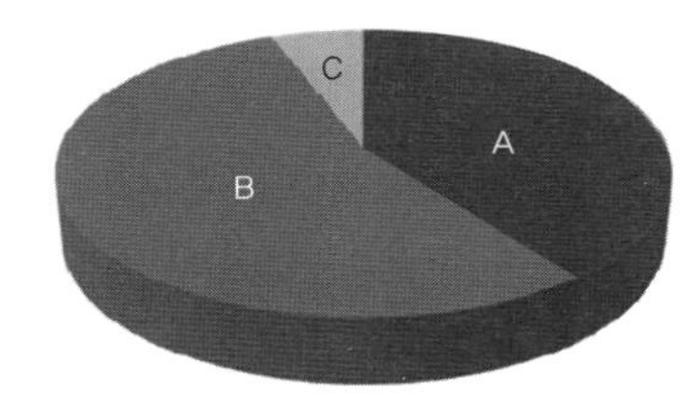

A. 장래 희망 진로가 국제기구와 관계가 있어서(62명)
B. 국제기구에 대해 알고 싶어서(85명)
C. 친구 따라서(9명)

4. 이번 강연회에 대해 아쉬운 점이 있다면?

- 강사님이 필기할 수 있는 칠판 등 도구가 약간 미흡했습니다. 전문적인 강의 장소가 조금 아쉽습니다.
- 더 많은 개인적인 질문을 하고 싶습니다.
- 뒷자리 화면이 잘 안 보였어요.
- 너무나도 개인적인 unnecessary 질문, 개인적인 답으로 많은 시간 소비했습니다.
- 강연 시간이 조금 짧았던 것 같습니다.
- 신청하고 왔음에도 불구하고 자리가 있지 않아 사전에 신청한 의미가 아쉬웠습니다.
- 다수를 수용하기엔 살짝 부족한 장소, 질문 시 질문자 마이크 미제공, 홍보 부족

▶ **중국인 이야기-설문조사 주관식**

1. 강의 어떠셨어요? 더 알고 싶은 내용이 있다면?

- 중국인들의 사상들에 대해 더 깊게 알고 싶어서 오게 되었는데 평소 알고 쉽게 접할 수 있었던 것들을 대부분 듣고 가게 되어 좀 아쉽습니다.
- 시간상 역사에 대해 조금 조금씩 하고 넘어갔는데, 그러다 보니 조금 더 파헤치고 싶은 생각이 들었어요. 중국에 대해 너무나 재미있게 설명해 주셔서 흥미도 유발되고, 집중도 잘되고, 너무 유익했습니다.
- 꼭 묻고 싶습니다. 〈한국인 이야기〉 쓰실 계획이 있으신지요?
- 강의 너무 좋았어요. 작가님의 소박한 모습 그리고 입담 좋았어요.
- 너무 좋았습니다. 북경에서 생활하면서 중국인들과 교류하기가 생각보다 쉽지 않은데, 어떤 방법으로 더 활발한 교류를 할 수 있는지 알고 싶습니다. 또 중국 여행의 팁도 알고 싶어요!
- 역사 시간 같아요. 좋았어요!
- 같이 여행가고 싶어요.
- 중국인을 좋아하려면?
- 중국의 미래와 현재 유학생들이 고쳐야 할 부분
- 좋았습니다. 중국에 관련된 더 많은 이야기, 나아가 50, 60년대 부모님들의 이야기를 더 나누고 싶습니다.

2. 이번 강연회에 대해 아쉬운 점이 있다면?

- 다음 번에는 작가님이 직접 겪으면서 느꼈던 우리나라 사람들의 사상과 다른 점들과 그와 관련된 역사들에 대해 알고 싶습니다. 중국에서 학교를 다니는 유학생으로써 학교에서 중국관련 역사를 배워도 그냥 추측으로만 '이 사람들이 이런 역사가 있었기 때문에 이런 행동들을 하는구나' 하고만 생각하기 일쑤입니다. 기회가 된다면 다음 번에는 작가님의 직접 체험기와 연구 결과들을 듣고 싶습니다.
- 현장의 생생한 이야기를 다음 기회에 꼭 더 듣고 싶습니다. 데이트를 신청합니다.
- 시간이 짧아 아쉽네요.
- 10년 동안 많은 것을 보고 느끼셨을 텐데, 그 많은 경험을 다 제대로 듣지 못한 것 같아서 그런 점이 많이 아쉬웠습니다. 중국인들의 생각, 문화, 경향을 좀 더 알 수 있었다면 더 좋았을 것 같습니다.
- 내용이 과거에만 국한되어 있는 것 같습니다.
- 너무 감사했던 강연이며, 욕심이겠지만 더 '나눌 수' 있는 강연이었으면 더욱 좋았을 것 같습니다.

끝까지 성의 있게 응답해 주셔서 진심으로 감사합니다.

제6장

유학생에게 부탁하고 싶은 것

1. 미래는 콘텐츠 시대이다

빌게이츠, 스티브 잡스는 국가의 울타리를 없애고, 공간 이동의 자유로움을 선물해 주었으나 우리는 참으로 바쁜 시대를 살고 있습니다. 시공을 초월한 이메일과 여러 가지 일들로 이전에 한 달 걸릴 일들이 한 시간 만에 끝이 나면서 우리는 바쁜 시대를 살고 있는 것입니다.

이것을 도와주는 것이 컴퓨터라고 생각하지만 우리가 접하는 다양한 콘텐츠 덕분이라 생각합니다. 만남으로 서로에게 도움을 주고 그것으로 인해 우리가 활동하는 영역이 커지고 있는 것입니다. 학생 때는 느끼지 못할, 사회에 나가면 생각지도 않은 많은 일들이 우리를 기다리고 있을 것입니다. 그때를 대비하여 다양한 콘텐츠를 만들어 한중 문화, 한미 문화, 한일 문화, 대학생 문화를 많이 경험하고 한 번 만나더라도 그 만남에 최선을 다하고 친해질 수 있는 무기를 가지기 바랍니다. 만난 뒤 이메일을 주고받고, 안부를 묻는 그런 습관을 들이는 것도 좋은 방법이 될 수 있습니다.

열정과 성실도 꿈(좋은 사람)만 생기면 저절로 생길 것이라는 기대는 착각에 불과하며, 좋은 습관을 길들여 유학생만의 콘텐츠를 만들어 가기를 바랍니다.

2. 유학생의 꿈을 알기 위하여 다양한 경험을 하라

한국 탐방을 통하여 한국 대학생과 역사, 문화의 경험을 함께 하고, 중국의 기업이나 문화 탐방을 통하여 중국인과의 경험을 다양화하며, 조선족 친구를 사귀며 약 150여 년 동안 떨어져 살았던 우리 민족의 하나 됨을 찾아보는 경험도 좋을 듯합니다. 1860년대부터 연변으로 이주한 조선인들은 넓은 만주에서 터를 닦으며 중국인도 아닌 소수민족으로 지금은 한국인도 아닌 중국인으로서 살아오고 있습니다. 그들을 만나 모두가 한민족이라는 하나 되는 경험을 쌓는 시간은 참으로 유익할 것입니다. 내몽고 사막화 방지를 위한 나무심기운동이나, 세계적 동아리 아이젝을 통한 봉사활동, 모의 MUN을 통해 연합국의 법도를 알고 그 토론 방식에 참여하여 토론법을 배우는 등 다양한 방법을 찾아나가기를 바랍니다.

3. 짝퉁이 아닌 명품 유학생의 꿈을 꾸기를 바란다

공짜는 없어도 짝퉁은 있습니다. 꿈도 사람이 자라온 환경, 성격, 기질, 재능, 경험이 다르므로 타인과 똑같은 꿈을 갖더라도 꿈을 이루는 방식은 다르며 자신과 맞는 꿈을 이루어야 자신에게 맞는 명품 꿈이 되는 것입니다. 누군가의 목소리를 부러워하여 모창만 하면 짝퉁이 되지만 모창에서 창조를 위한 끊임없는 노력을 해야만 진정한 자신의 꿈을 찾을 수 있기에 짝퉁에서 명품을 만들 수 있습니다. 나다움을 위해 하루에 조금씩 꿈을 키워가다 보면 내가 생각한 것 이상으로 발전되어 가고 있는 나를 만들 수 있습니다.

예를 들어 훌라후프를 이용하여 하루에 0.1cm를 줄이면 1년에 3.65cm를 줄일 수 있는 것과 같이 꿈은 나의 시간, 정력, 정성을 끊임없이 쏟아 부었을 때 이룰 수 있는 것입니다.

4. 멘토는 지식이 많은 사람이 아니라 지혜가 많은 사람이다

지식은 전수가 가능하지만 지혜는 전수가 불가능합니다. 그래서 우리는 지혜가 많은 스승을 찾으려고 노력합니다. 요즘에는 성공의 종류가 많아 성공에도 등급이 있는 것 같지만 한 사람 인생의 꿈은 하나로 그 사람에게 있어서만큼은 최고라 말할 수 있습니다. 나의 꿈을 찾기 위한 멘토는 나 자신이며 멘토를 찾는 이는 멘토 수집가입니다. 멘토를 찾기 전 자신과의 대화를 나누어야 합니다.

자신과의 충분한 대화를 나누지 않아 멘토를 만날 때마다 듣는 조언이 달라 혼란스러운 것은 멘토링을 받을 준비가 되어 있지 않고 자신에게 집중되어 있지 않다는 것을 뜻합니다.

5. 꿈이란 성취가 아니고 과정이고 성장이다

꿈을 결과 중심이라고 본다면 성공 위주의 꿈이고 보여주기 위한 꿈이며 현재는 언제나 미래의 희생양일 수밖에 없고, 결과 중심이면 돈 많은 사람, 유명한 사람, 졸부 등 비교에 의한 꿈이기에 현재 우리는 패배감에 위축될 수밖에 없습니다.

꿈을 과정 중심이라고 한다면 우리는 평생 동안 지속적으로 꿈을 만들어가고 키워갈 수 있습니다. 성공은 그 과정 중에 어쩌다 일어나는 흥미로운 이벤트라 볼 수 있지요. 20대의 진정한 멋을 찾기 위해 명품 유학생을 꿈꾸며 현재는 DREAM TIMING임을 명심하고 하루하루 나다운 유학생의 그림을 완성하기 위해 나만의 인생의 숙제를 해 나가길 빕니다.

부록

청화대 입학정보
북경대 학과(문과) 정보

청화대 입학정보

청화대 이과 지원가능학과

분류	학과	세부 전공
공학학원	건축학(5년제)	건축학(소묘 시험 추가)
	건축환경 설비공정	건축환경 설비공정
	토목공정	토목공정
	공정관리	공정관리
	수리수전공정	수리수전공정
	환경공정	환경공정
	기계공정 자동화전공	기계공정 자동화전공
	제조자동화 관측제어기술	제조자동화 관측제어기술
	에너지원 동력 시스템 자동화과	에너지원 동력 시스템 자동화과
	차량공정	차량공정
	공업공정	공업공정
	전자정보과학	전자정보공정, 전자과학기술, 미전자학
	컴퓨터과학기술	
	자동화	
	컴퓨터소프트	
	전기공정 자동화 공정	
	화학공정과 공업 생물공정전공	
	고분자재료공정 전공	
	재료과학 공정전공	
	수리기초과학	응용수학, 정보계산과학, 물리학
이학학원	화학	
	생물과학	
	수학과 응용수학	수학, 응용수학
	물리학	물리학

굵은 표시를 한 학과는 선호학과입니다.

* 자료 제공 : 북경고려입시학원

2008년 청화대 이과 지원자 및 합격자 수

연도	지원자수	합격자수	경쟁률
2008	328명	92명	3.6대 1

2008년 청화대 이과 학과별 합격자 수

학과	합격자수	학과	합격자수
경제와 금융&공상관리	18	전자정보과학	10
건축학	9	컴퓨터과학과 기술	5
건축환경	4	자동화	5
토목공정	5	컴퓨터소프트	2
공정관리	5	전기공정	5
환경공정	5	화학공정과 공업생물공정전공	0
기계공정	2	고분자재료와 공정전공	0
정밀기계	9	재료과학과 공정전공	0
에너지원동력시스템과 자동화	2	수리기초과학	0
차량공정	5	화학	2
공업공정	3	생물과학	2

* 참고사이트 : 청화대학 한국인 유학생 홈페이지 www.tsinghua.co.kr

학과 및 적성, 진로 소개

▶ 경제와 금융

학과소개	오늘날 경제정책의 당면목표는 완전고용, 물가안정, 경제성장, 소득분배 및 국제수지 균형 등이다. 경제금융학은 이와 함께 공해문제, 소득격차문제, 남북문제, 동서문제, 지역문제, 기술개발 등 폭넓은 범위를 다루고 있다. 본 학과에서는 경제이론은 물론 경제현실을 정확히 분석할 수 있는 능력을 함양시켜 장차 사회의 지도적 역할을 다할 수 있게 지도하고 있다. 또한 시장개방 등 세계화에 적극 대응하는 능력을 함양시키는 데에도 주력하고 있다.
적성	사회현상을 논리적으로 분석하고 수학적 모형을 응용할 수 있는 능력이 필요하다. 컴퓨터 시스템을 통한 처리가 일반화되고 있으므로 컴퓨터 활용능력이 요구된다. 수학에 흥미가 있어야 하고, 경제 및 경영학에 관심을 가진 학생들에게 적합하다.
졸업 후 진로	각종 기업이나 금융기관, 행정고시를 통한 고급공무원, 공인회계사(C.P.A), 증권투자상담사, 금융자산관리사(FP) 등, 또는 졸업 후 경제관리 부문, 증권회사, 투자은행, 상업은행, 보험회사, 각 종 투자 기금 및 관리회사 등 금융기관이나 또는, 재무관리 컨설턴트회사나 대형공상기업에 취직할 수 있다.
전공과목	미적분, 기하와 대수, 경제학원리, 정치경제학, 거시적경제학, 경제통계학, 국제경제학, 금융경제학, 통계학, 정보와 인터넷기술, 투자학, 보험정산, 위험관리, 투자은행업무 등

▶ 공상관리

학과소개	현대 경제 사회의 중심 조직인 기업과 그 관리를 연구 대상으로 하며, 산업 사회 및 정보 사회의 다양한 조직이 필요로 하는 고급 인력을 양성함을 목적으로 하고 있다. 본 학과는 금융, 재무, 보험, 세무, 회계 등에 관한 제반이론과 실제적인 응용방법을 연구하는 학문으로, 경제학, 경영학, 법학, 사회학, 수학 등이 종합적으로 응용된 학제 간 학문이기도 하다. 연구 분야는 자금 배분원리, 자본시장의 기능 및 투자 원리, 기업의 자금조달과 운영, 보험의 금융적·법적 원리 및 경제주체의 위험관리, 금융기관의 경영 등 금융전반과 금융 보험 경영이론, 재무회계, 관리회계, 세무회계, 회계정보시스템, 회계감사, 비영리회계, 금제회계 등이 있다.
적성	진취적 사고와 함께 문과, 이과의 속성을 겸비하고 있는 학생, 사회과학에 대한 관심과 외국어와 수학에 흥미를 가지고 있는 학생, 윤리의식이 강하며 현실적응력과 합리적 사고, 수리력을 갖춘 학생에게 적합하다.
졸업 후 진로	국제통화기금(IMF), 세계은행(IBRD), 세계무역기구(WTO), 경제개발협력기구(OECD), 아시아개발은행(ADB), 그리고 국제금융공사(IFC) 등과 같은 국제기구, 금융감독원, 금융결제원 등과 같은 공기업, 은행, 증권사, 투신사, 보험회사, 언론사, 회계 컨설팅회사, KDI(한국개발연구원), 대외경제정책연구원, 한국경제연구원, 기업의 경제연구소(삼성경제연구소, LG경제연구소, 현대경제연구소), 공인회계사 사무실, 세무사 사무실, 변리사 사무실 등

전공과목	회계학, 투자학, 금융과 재무원리, 기업관리, 시장마케팅, 경제학, 국제회계, 보험, 거시경제학, 미관경제학, 국제금융, 프로그램설계언어, 컴퓨터원리와 시스템, 데이터베이스원리 및 응용, 정보시스템 등 ★첫 2년은 학원 공공 수업을 위주로 해서 수학, 물리, 컴퓨터 등 기초 수업을 본다. 3학년 때에는 '회계학', '정보관리과 정보계통' 전업으로 나누어서 배양한다.

▶ 건축학

학과소개	건축학은 인간생활을 영위하는 공간 창조를 위한 학문으로, 건축 전반에 걸친 공학 기술과 예술적 측면을 비롯하여 건축의 계획 및 설계, 시공에 대한 전 과정을 연구한다. 세부적 연구 분야는 주택, 사무실, 오피스텔, 아파트 등과 같은 건축물을 설계하는 '건축설계' 분야, 건축설계 이전의 건축에 대한 모든 분야를 전반적으로 이해하는 '건축설계이론' 분야, 건축의 역사에 대한 이해를 위한 '건축사' 분야로 구분된다.
적성	사람들이 사는 생활공간에 관심이 있는 학생에게 적합하다. 건축학은 공학 분야이므로 수학, 과학 등 자연과학 분야의 기초 지식이 있어야 한다. 건축이라는 분야의 특수성 때문에 예술적 재능과 미적 감각이 있으면 학업수행에 도움이 된다. 학업과정 중에도 건축설계 프로젝트를 며칠씩 밤낮으로 수행하기 때문에 인내심과 체력이 요구되기도 한다. ★색맹인은 지원 불가
졸업 후 진로	건설 및 광업관련 관리자, 건설 견적원(적산원), 건설 기계운전원, 건설자재시험원(건설공사품질관리원), 건축 및 토목 캐드원, 건축 감리기술자, 건축 공학기술자, 건축구조기술자, 건축설계기술자, 건축시공기술자, 건축안전기술자, 건축자재영업원, 공학계열교수, 제도사(캐드원), 토목감리기술자, 플라스틱제품조립 및 검사원 등
전공과목	수학, 컴퓨터기초, 건축설계, 도시계획과 설계원리, 설계초보, 공간형체표현기초, 소묘, 수채, 공정기술, 구조역학, 건축구조, 건축환경, 중국고대건축사, 외국 고대·근현대 건축사, 건축경제, 건축사 업무실천 등

▶ 건축환경과 설비공정

학과소개	건축·설비공학은 기능적이고 문화·예술적인 감각이 살아 있는 최적의 삶의 공간을 창조하기 위하여 건축물을 연구하는 학문으로 건축설계, 환경, 역사, 구조, 시공 도시 등 다양한 분야를 포괄하는 학문이다. 건축·설비공학 분야는 '인간'과 '환경'의 상호관계를 이해함으로써 인간의 생활과 활동을 편리하고 쾌적하게 만들기 위해 건물단위에서부터 도시규모에 이르는 물리적 환경을 다각적으로 다루는 종합학문이다. 연구 분야는 크게 건축계획 및 설계, 건축구조 및 시공, 건축 환경 및 설비분야로 구분할 수 있다
적성	건축설비를 전공하려면 먼저 수학, 과학 등 자연과학 분야의 기초지식이 있어야 하며, 건축이라는 분야의 특수성 때문에 예술적 재능과 미적 감각이 있으면 학업수행에 도움이 된다. 분석적 사고와 논리성이 갖추어지면 더욱 좋다.

졸업 후 진로	건설 및 광업관련 관리자, 건설 견적원(적산원), 건설 기계운전원, 건설자재시험원(건설공사품질관리원), 건축 및 토목 캐드원, 건축 감리기술자, 건축 공학기술자, 건축구조기술자, 건축설계기술자, 건축시공기술자, 건축안전기술자, 건축자재영업원, 공학계열교수, 제도사(캐드원), 토목감리기술자, 플라스틱제품조립 및 검사원 등
전공과목	수학, 물리, 화학, 컴퓨터기초, 건축환경학, 전열학, 공정역학, 유체역학, 공정열역학, 기계설계기초, 건축개론, 에어컨과 제냉기술, 공열공정, 건축자동화, 건축통풍공정, 청결기술, 건축배수, 건축전기, 공정경제학 등

▶ 토목공정

학과소개	토목공정은 도로, 항만, 공항, 교량, 철도, 댐, 상하수도 등 공공복지를 위한 산업기반과 사회 간접자본을 확충하기 위하여 토목구조물을 설계, 시공하고 효율적인 유지 · 관리를 연구하는 분야다. 특히, 생활을 편리하고, 안전하고, 쾌적하게 영위할 수 있도록 환경을 개선하여 문명발달에 기여하는 학문 분야이다. 토목공정은 자연환경을 최대한 활용하여 인류문명에게 최대한의 편의를 제공할 수 있는 방법론을 연구하는 학문이다. 연구 분야로는 구조공학, 지반공학, 수공학, 환경공학, 도시공학 등이 있다.
적성	다리, 도로, 댐 등 구조물에 대한 호기심을 갖춘 사람이 학업수행에 유리하다. 수학, 물리, 역학 등에 학문적 관심이 있으면 더욱 좋다
졸업 후 진로	건설 및 광업관련 관리자, 건설 견적원(적산원), 건설자재시험원(건설공사품질관리원), 건축공학 기술자, 건축구조 기술자, 공학계열교수, 측량사, 토목공학기술자, 토목구조기술자, 토목시공기술자, 토질 및 기초기술자, 해양공학기술자(엔지니어) 등
전공과목	수학, 물리, 컴퓨터기초, 공정역학, 건축재료, 방우건축학, 토역학, 수역학, 구조역학, 공정경제학, 건축시공기술, 콘크리트구조, 공정항목관리, 강 구조, 고층건축, 교량공정, 지하구조 등

▶ 공정관리

학과소개	공정관리는 생산 활동에 있어서 인력, 자재, 설비, 기술, 자금 등 종합적 시스템의 설계, 개선 및 설정에 관한 문제를 다루는 기술 또는 개념의 체계를 말한다. 다른 공학 분야가 특정산업과 기술의 전문적 기술을 제공한다면, 공정관리는 공학기술과 경영전략을 접목하여 기업의 종합적 경영전략을 기획하고 전반적 경영체제를 관리하는 학문이다. 청화대학에서의 공정관리는 건축공학의 성격을 많이 띠고 있는 것이 특징이다.
적성	공정관리는 공학적 바탕 위에 관리시스템 기술을 다루므로 기본적인 공학적 소양과 함께 수리능력을 갖추고 컴퓨터 활용에 관심이 높은 학생에게 적합하다. 특히 일상생활의 개선의지가 강하고 체계적인 문제해결에 관심이 많다면 더욱 좋고 이를 위해서 논리적 사고방식과 독창성이 요구되기도 한다.

졸업 후 진로	공정관리는 효율적인 시스템구축과 관리를 목표로 하고 있기 때문에 일반제조업체, 정보통신업체 등 다양한 분야에 진출이 가능하다. 제조업체(자동차, 항공, 기계 전자업체 등), 유통·물류업체, 정보통신업체, 의료기관, 금융업체, IT업체, 컨설팅회사, 도시계획업체, 리서치회사 등
전공과목	수학, 물리, 컴퓨터기초, 공정역학, 구조역학, 건축재료, 건축경제학, 공정경제학, 건축시공기술, 건축설비, 공정항목관리, 건축기업관리, 건설항목평가, 부동산투자와 금융, 부동산관리, 위험관리와 안전관리, 건설감시 개론 등

▶ 수리수전공정

학과소개	수리수전공정은 토목공정전공 가운데 도로, 항만, 교량, 댐, 상하수도 등 수공공정부분을 전문으로 연구하는 학문이다. 공공복지를 위한 산업기반과 사회간접자본을 확충하기 위하여 토목구조물을 설계, 시공하고 효율적인 유지·관리를 연구하는 분야다. 특히, 생활을 편리하고, 안전하고, 쾌적하게 영위할 수 있도록 환경을 개선하여 문명발달에 기여하는 학문분야이다. 수리수전공정은 자연환경을 최대한 활용하여 인류문명에게 최대한의 편의를 제공할 수 있는 방법론을 연구하는 학문이다.
적성	다리, 도로, 댐 등 구조물에 대한 호기심을 갖춘 사람이 학업수행에 유리하다. 수학, 물리, 역학 등에 학문적 관심이 있으면 더욱 좋다.
졸업 후 진로	건설 및 광업관련 관리자, 건설 견적원(적산원), 건설자재시험원(건설공사품질관리원), 건축공학 기술자, 건축구조 기술자, 공학계열교수, 측량사, 토목공학기술자, 토목구조기술자, 토목시공기술자, 토질 및 기초기술자, 해양공학기술자(엔지니어) 등
전공과목	수학, 물리, 화학, 컴퓨터기초, 구조역학, 탄성역학, 수역학, 토역학, 수공건축물, 수자원기획과 이용, 도시물환경, 공정경제학, 수이공정정보화, 항구와 항운공정, 도로와 교량공정, 근해공정, 강구조 등

▶ 환경공정

학과소개	환경공정은 자연을 구성하는 대기, 물, 토양, 생물을 대상으로 환경의 변화과정, 환경오염의 발생원인 및 확산경로, 오염물질의 분석, 환경이 인간에게 미치는 영향 등을 자연과학적인 접근방법으로 연구하는 학문이다. 특히 오늘날 심각하게 겪고 있는 환경문제의 원인과 그 해결 방안에 관한 연구가 많이 이루어지고 있다. 그리고 환경오염물질을 효과적으로 처리하고 이미 훼손된 환경을 복원에 대한 연구는 환경공정에서 이루어진다.
적성	평소 환경에 대한 관심과 사명감이 있어야 하며, 지적 호기심이 많고, 체계적이고 합리적인 사고를 가진 진취적인 학생에게 적합하다. 응용 분야가 광범위하므로 환경학 전반을 이해할 수 있는 폭넓은 시야를 가지는 것이 필요하다.
졸업 후 진로	수자원공사, 환경관리공단, 토지공사, 한국환경자원공사, 환경전문 엔지니어링업체, 건설 및 플랜트분야 종합엔지니어링 업체, 건설 및 플랜트분야 종합시공업체, 환경오염방지시설운영업체, 환경영향평가업체, 환경오염물질 분석 전문업체, 국립환경연구원, 보건환경연구원, 한국환경정책평가연구원, 국토개발연구원 등

전공과목	수학, 물리, 컴퓨터기초, 측량, 무기화학, 유기화학, 물리화학, 분석화학, 환경공정원리, 수처리공정, 대기오염통제공정, 고체폐물처리처치, 환경관리 등 ★입학 후에는 학점제도가 실시되며, 고학년에 올라가면 '환경공정'과 '급배수공정' 2개의 전공으로 나뉜다.

▶ 기계공정 자동화

학과소개	기계공정 분야는 각종 산업기계와 관련 장치 설비의 설계, 제작, 이용, 관리 등에 이론과 응용 기술을 연구하는 학문이다. 연구 분야로는 재료 및 파괴, 동역학 및 제어, 생산 및 설계공학, 열공학공학, 유체공학, 에너지 및 독립공학, 고체 및 구조역학 분야가 있다. 최근에는 전기공학, 전기공학 컴퓨터, 정보기술, 의학 및 생물학과의 연계를 통해 활동 영역을 넓혀가고 있다.
적성	주위에서 일어나는 다양한 현상에 흥미를 가지고 이를 응용해 보는 것에 관심이 있으면 더욱 좋다. 응용범위가 넓은 만큼 기계, 전기, 전자 등 관련 분야에 흥미가 있고 세심한 주의력과 탐구심, 도전정신을 지닌 학생에게 적합하다.
졸업 후 진로	산업기계제작회사, 자동차회사, 항공기 제작회사, 항공기부품회사, 조선회사, 선박검사기관(한국선급협회), 선박안전기술원, 전기, 전자 반도체, 통신, 화공 금속 관련업체, 건설기계공학기술자, 공학계열교수, 기계공학기술자, 메카트로닉스공학기술자, 발전설비공학기술자, 산업안전관리원, 선박기관사, 선박조립 및 검사원, 엔진기계공학기술자, 열관리(냉난방) 기계공학기술자, 자동차공학기술자, 조선공학기술자, 품질관리원, 항공공학기술자, 항공기정비원, 해양공학기술자(엔지니어) 등
전공과목	수학, 물리, 화학, 컴퓨터하드웨어기술기초, 컴퓨터프로그램설계기초, 기계원리, 기계설계기초, 제조공정기초, 측정과 검측기술, 공정재료기초, 이론역학, 재료역학, 유체역학, 공정열역학, 전열학, 재료가공원리, 기계시스템마이컴통제, 현대제조시스템, 특종가공공예 등

▶ 제조자동화와 관측제어기술

학과소개	본 학과는 일반 기계공학을 응용한 학문으로, 이 학과에서는 모든 기계를 정밀하게 설계 가공하고 계측 검사하는 과정을 연구하여, 기계의 자동화 과학화에 기여할 수 있는 정밀기계 전문가를 양성하는 데 주력한다. 본 학과는 기계와 전기전자를 조화시키는 학과이므로 물리학, 기계공학, 전기전자공학, 전자공학, 등 폭넓은 교과과정을 개설하고 있다.
적성	물리학, 기계공학, 전기전자공학, 전자공학 등 폭넓은 학문을 연구하고 특히 정밀 측정 및 측량에 관한 부분을 연구하기 때문에 여느 전공보다 폭넓은 지식과 관심 그리고 세심함이 동시에 요구된다.
졸업 후 진로	기계계열 전 분야 및 군수산업에서 항공우주사업에 이르기까지, 모든 산업분야에 적용되므로, 진로의 폭이 매우 넓다.

전공과목	공정역학, 기계설계기초, 열공기초, 전공과전자기술기초, 컴퓨터일련의 과목, 재료가공 공예와 설비, 측정과 검측기술, 정밀공정과 제조, 응용전자기술, 컴퓨터와 통제기술, 측정과 신호처리기술, 공정광학, 레이저응용과 광전기술, 미측량기술, 정밀가공공예 등 2년 동안 수학, 물리, 컴퓨터 등 기초과정을 거친 후 3학년 때 '기계공정과 자동화', '관측기술측량', '마이크로 시스템공정'의 3개로 나뉜다. ① 기계공정과 자동화 전공은 기계설계, 제조, 자동화 기초, 기계지식의 응용능력을 바탕으로 기계공정과 자동화 영역 내의 설계제조, 과학기술개발, 응용연구와 운행관리 등의 방면의 고급과학기술 인재를 배양한다. ② 관측기술과 기기전공은 정밀기기, 광학공정, 미세공정과 제어기술을 바탕으로 과학연구, 공정설계와 개발의 능력을 갖추어 설계제조, 생산운행, 과학기술개발과 기술경제관리 방면으로 진출한다. ③ 마이크로 전기시스템 전공은 기계, 전기, 마이크로 기계의 기초의 종합적 영역으로서 마이크로 전기시스템 방면의 설계제도, 생산운행, 과학기술개발과 기술경제관리 방면으로 진출한다.

▶ **에너지원 동력 시스템 자동화**

학과소개	에너지는 모든 산업의 근간이 되는 분야로, 본 학과에서는 현재의 기술을 보다 발전시키고 향상시킴으로써 현 지구상의 에너지의 활용성을 증대시키고, 태양, 지열, 해양에너지 등 미래의 새로운 에너지 자원을 탐사, 개발, 활용함을 목표로 한다. 에너지의 중용성은 국가 기반 사업으로써 모든 국가 원동력은 이 에너지로부터 나온다고 볼 때 이를 다루고 심도 있게 연구 할 수 있는 분야의 중점 육성이야 말로 21세기를 이끌어 갈 인재양성의 측면에서도 바람직한 일이라 할 수 있을 것이다.
적성	일단 기본적으로 물리학에 대한 기초지식이 요구된다. 위험성이 따르는 실험이 있기 때문에 세심하고 차분한 성격이 필요하다. 많은 연구와 개발이 요구되는 기술 분야이므로 상상력이 풍부하고 탐구심이 강한 사람에게 적합하다.
졸업 후 진로	정부 관련 기관으로 지식경제부, 한국석유공사, 한국농촌공사, 한국지질자원연구원, 대한광업진흥공사, 대한석탄공사, 한국해양수산개발원, 한국광해관리공단, 한국수자원공사, 에너지관리공단 등이 있으며, 일반 기업체로는 해외석유, 천연가스 등의 자원개발과 터널, 비축시설, 도로 등의 각종 건설현장이 있고, 지반조사와 수자원조사 및 개발, 석재개발 회사, 시멘트회사, 소재산업관련회사, 건설회사, 기술용역회사, 엔지니어링 회사 등이 있다. 또한 화약류관리기사, 응용지질기사를 취득하여 건설현장에 진출하고, 관련 기술사 자격을 취득하여 고급인력으로서 활동하고 있다.
전공과목	수학, 물리, 화학, 컴퓨터기초, 전공과 전자기술, 자동통제, 열역학, 전열학, 유체역학, 이론역학, 연소이론, 동력시스템통제, 유체기계와 공정, 열량동력시스템, 에너지원 동력시스템, 신에너지원 동력기계 등

▶ 차량공정

학과소개	차량공정은 기계공학을 근간으로 하여 제어 및 계측, 재료공학, 설계 및 해석 등이 복합된 응용 분야로, 자동차공업의 핵심기술을 연구하는 학문이다. 이를 위하여 자동차의 공학적인 개념, 설계, 해석, 제작, 평가 등의 기술을 연구하고 개발한다. 이 분야는 자동차의 설계 및 제조와 관련된 이론과 기술을 연구하는 응용과학으로, 전기·전자, 컴퓨터, 화학·재료 등의 신기술을 접목하여 자동차 기술 환경을 변화시키는 첨단학문이다. 연구분야로는 내연기관, 자동차 전기전자, 차량 동역학, 자동차 설계 자동차 성능해석, 자동차 환경 등이 있다.
적성	물리와 수학을 응용한 학과로서 수학적인 처리 능력이 뛰어나야 하고, 기계 및 항공기, 선반, 전기, 전자 등에 흥미가 필요하다. 자동차의 연구 설계, 개발 및 제조 공정, 설치, 조작, 유지에 대한 공학적 개념과 원리를 이해하고 응용할 수 있는 학습 능력과, 작은 부품을 정밀하게 다루고 부품을 조립, 정비하기 위해서는 정교한 주의력과 손재능 및 조절 능력이 있어야 한다. ★본 과는 빨간색, 노란색, 녹색에 대해 색맹인 학생과 휘발유에 심한 과민을 보이는 학생은 지원할 수 없다.
졸업 후 진로	자동차 업체 설계 부서, 연구부서, 기술 개발 부서나 관련 회사, 자동차 생산업체, 자동차 부품 생산업체, 자동차 정비업체, 일반기계 분야로 진출할 수 있다. 자동차 관련분야의 연구소나 학술계, 국가 기관 등에서 연구 활동과 관련 법규 및 정책 수립을 위한 각종 업무를 담당할 수 있다. 그리고 기계공학 전공자의 일반적인 진출 분야인 자동차, 철도차량, 건설 장비, 공작 기계 등 주요 중공업 분야와 로봇, 제어기기 등 첨단 기계전자공학 분야로 진출할 수도 있다.
전공과목	수학, 물리, 컴퓨터기술, 공정제도, 기계원리, 자동차구조, 자동차이론, 자동차설계, 내연기원리, 내연기설계, 자동차전자학, 자동차와 내연기 시험기술 등 ★입학 후, 만약 '자동차모형과 차체설계' 방면으로 지원한다면, 차체설계 방면의 선발 시험에 꼭 참가해야 한다.

▶ 공업공정

학과소개	공업공정은 생산 활동에 있어서 인력, 자재, 설비, 기술, 자금 등 종합적 시스템의 설계, 개선 및 설정에 관한 문제를 다루는 기술 또는 개념의 체계를 말한다. 다른 공학 분야가 특정산업과 기술의 전문적 기술을 제공한다면, 공업공정은 공학기술과 경영전략을 접목하여 기업의 종합적 경영전략을 기획하고 전반적 경영체제를 관리하는 학문이다. 공업공정은 '생산시스템분야', '정보시스템분야', '인간-기계시스템분야', '시스템통합 및 분석분야' 등 크게 4가지로 나눌 수 있다. '공업공정'과 '물류관리' 두 방향의 과로 나뉘어 학생들은 둘 중 흥미 있는 과를 선택하여 공부할 수 있다.
적성	산업공학은 공학에 기초하여 관리시스템 기술을 다루므로, 기본적인 공학적 소양과 수리능력, 컴퓨터 활용능력이 요구된다. 또한 체계적인 문제해결능력, 논리적 사고력, 독창성이 요구되기도 한다.
졸업 후 진로	제조업체(자동차, 항공, 기계, 전자업체 등), 유통·물류업체, 정보통신업체, 의료기관, 금융업체, IT업체, 컨설팅회사, 도시계획업체, 리서치회사, 공학계열교수, 기술영업원, 변리사, 비파괴검사원,산업공학기술자(엔지니어),산업안전관리원,생산관리원, 품질관리원 등

전공과목	수학, 물리, 컴퓨터기초, 공업공정개론, 운주학, 응용통계학, 도론과 계산법, 물류분석과 시설기획, 생산기획과 통제, 질량공정, 시스템공정, 시스템제도, 정보관리시스템, 공정경제학 등

▶ 전자정보과학

학과소개	전자정보과학은 반도체, 초고주파공학, 전력전자, 제어공학, 통신공학, 컴퓨터시스템, 전자응용시스템 등 고도 지식기반 사회의 성장 동력이 되는 첨단 전자 및 정보통신 기술을 다루는 학문분야다. 우리의 일상생활을 크게 변화시킨 컴퓨터, MP3, 핸드폰을 비롯하여 냉장고, 에어컨과 같은 생활가전제품들은 전자공학의 성과라고 볼 수 있다. ★전자정보과학과에는 전자정보공정, 전자과학기술, 마이크로 전자학 3개 학과가 있다.
적성	전자에 대한 전반적인 이해와 컴퓨터에 관한 지식이 필요하므로 수학, 물리 등과 같은 과목에 대한 흥미를 가지고 있는 학생에게 적합하며, 모든 면에 의문을 갖는 탐구심이 필요하다. 또한 급속히 발전하는 전자기술을 습득하기 위해서는 끊임없이 공부하는 끈기가 필요하다.
졸업 후 진로	전자부품설계 및 제조업체, 전자기기 설계 및 제조업체, 각종 전자장비운용 및 유지보수업체, 음향기기, 화상기기, 유무선통신장비업체, 첨단의료장비제조업체, 이동통신·위성통신 및 위성방송 관련업체, 반도체소자, 마그네트레이저 등 전자소자 제조업체 등
전공과목	마이크로파 이론과 기술, 전자파응용기술, 전자전기 회로응용기술, 컴퓨터응용기술, 나노미터광자학, 광섬유 통신시스템과 광인터넷 지능화기술, 광전자기계부품과 응용기술, 정보나노미터재료와 기계부품, 고성능 고속전자 기계부품, 미세기술과 재료평가 및 검측기술, 반도체기계부품 물리, 초대규모 집성전기회로CAD, 나노 전자학도론, 미전자학 개론 등 입학 후 학점제를 실시하며, 2학년까지 수학, 물리, 데이터 구조, 신호와 시스템, 전로이론, 컴퓨터와 인터넷, 전자기력과 전자파, 고체와 반도체 물리, 전자기술기초, 통신 전로 등의 과목을 이수하며, 3학년 때에는 3개의 전공으로 나뉘어 공부한다. 색맹인 학생은 본 과에 지원할 수 없다.

▶ 컴퓨터과학기술

학과소개	컴퓨터는 어느덧 우리생활에 없어서는 안 되는 존재가 되었다. 컴퓨터를 모르면 글을 모르는 문맹자와 비슷한 취급을 받는 세상이다. IT라는 말이 자주 등장하고 무선으로 인터넷에 접속하며 휴대폰으로 인터넷을 사용하는 등 IT분야의 발전 속도는 우리가 가늠하기 어려울 정도이다. 컴퓨터공학은 컴퓨터 시스템의 주요 구성요소인 하드웨어와 소프트웨어를 포괄적으로 다루는 학문이다. 즉, 컴퓨터 내부구조가 어떻게 구성되어 있는지, 하드웨어를 어떻게 설계하여 구축할지, 어떤 원리에 의해 컴퓨터가 작동하는지, 필요한 소프트웨어를 개발할 때 어떤 프로그래밍 언어로 작성하는 것이 좋은지 등을 배우는 분야이다.
적성	컴퓨터에 대한 제반 지식과 기능을 다루기 때문에 기계에 대한 흥미와 능력이 있어야 하며 특히 컴퓨터에 관심이 있어야 한다. 공학 및 과학에 기초한 논리적 추리력과 창의력이 필요하다. 학문의 발전 정도가 타학문에 비해 빠르기 때문에 항상 탐구하고 학습하는 자세가 필요하다.
졸업 후 진로	기업체 전산실, SI업체, 컴퓨터제조업체, 컴퓨터 관련 협회, 컴퓨터 교육기관, 금융회사, 은행, 증권회사 전산실, 소프트웨어 용역회사, 반도체 산업, 컴퓨터 유지보수업체 게임기획자, 게임프로그래머, 공학계열교수, 교육과학용 응용소프트웨어엔지니어, 기술지원전문가, 네트워크관리자, 네트워크엔지니어, 데이터베이스관리자, 디지털영상처리전문가 등
전공과목	수학, 물리, 프로그램설계기초, 전기회로원리, 컴퓨터원리, 컴퓨터시스템구조, 컴퓨터인터넷, 조작시스템, 데이터구조, 시스템분석과 통제, 소프트웨어 공정 등

▶ 자동화

학과소개	기계공학 및 전기전자공학의 단위기술 습득 및 이를 복합하여 응용한 생산공정의 자동화 교육을 통해 현대 산업현장에서 요구하는 자동생산 시스템의 설계, 제작, 제어 및 운영분야 등을 담당하고 이를 발전시켜 나갈 전문기술자 및 관리자를 양성한다.
적성	컴퓨터에 대한 제반 지식과 기능을 다루기 때문에 기계에 대한 흥미와 능력이 있어야 하면, 특히 컴퓨터에 관심이 있어야 한다. 공학 및 과학에 기초한 논리적 추리력과 창의력이 필요하다. 아울러 체계적인 문제해결능력, 논리적 사고력, 독창성이 요구되기도 한다.
졸업 후 진로	공장 자동화시스템개발업체 및 연구소, CAD/CAM분야의 하드웨어 및 소프트웨어 관련업체, 각종기계부품의 컴퓨터이용설계 및 가공업체, 자동화센서 및 계측장비 관련업체에 진출이 가능
전공과목	수학, 물리, 전기회로원리, 전력전자기술기초, 데이터구조, 컴퓨터원리, 컴퓨터소프트웨어기초, 신호와 시스템분석, 통신원리개론, 컴퓨터인터넷응용, 인공지능, 검측원리, 컴퓨터통제시스템, 양식식별, 시스템판별 등

▶ 컴퓨터소프트웨어

학과소개	기술의 발달에 따라 산업의 구조는 하드웨어에서 소프트웨어 기반으로 점차 변화하고 있으며, 기존의 냉장고나 자동차와 같은 하드웨어 제품도 내장 소프트웨어를 탑재하여 점점 더 인텔리젠트화 되어 가고 있다. 더욱이 인터넷의 발전은 이러한 소프트웨어 기반 사회로의 변화를 더욱 촉진시키고 있다. 컴퓨터소프트공학은 소프트웨어 기반 사회로의 진전에 따라 소프트웨어 설계와 개발, 프로그래밍 언어와 관련된 원리 등을 연구하는 학문 분야이다. ★'컴퓨터 소프트웨어'와 '숫자매체설계'로 나뉜다. 학생들은 이 둘 중 흥미 있는 과에 선택 지원할 수 있다.
적성	컴퓨터에 대한 제반 지식과 기능을 다루기 때문에 기계에 대한 흥미와 기계적 능력이 있어야 하며 특히 컴퓨터를 좋아하고 관심이 있어야 한다. 공학 및 과학에 기초한 논리적 추리력과 창의력이 필요하다. 학문의 발전 정도가 타 학문에 비해 빠르기 때문에 항상 탐구하고 학습하는 자세가 필요하다.
졸업 후 진로	기업체 전산실, SI업체, 컴퓨터제조업체, 컴퓨터 관련 협회, 컴퓨터 교육기간, 금융회사, 은행, 증권회사 전산실, 소프트웨어 용역회사, 반도체 산업, 컴퓨터 유지보수업체, 게임프로그래머, 네트워크관리자, 모바일콘텐츠개발자, 웹마스터, 전자상거래전문가, 컴퓨터프로그래머 등
전공과목	수학, 물리, 프로그램설계기초, JAVA프로그램설계, 데이터구조와 계산법, 컴퓨터인터넷, 데이터베이스원리, 컴퓨터시스템구조, 데이터베이스시스템과 그 응용, 소프트웨어 공정, WEP프로그램설계, 인터넷기술과 그 응용, 다매체 기술기초와 그 응용 등

▶ 화학공정

학과소개	화학공정은 기초관학지식을 이용하여 천연물질로부터 인간에게 필요한 물질과 에너지를 얻어내고 그것을 경제적으로 사용할 수 있는 다양한 화학공정에 관해 연구하는 분야다. 화학이 화학반응의 원리에 관심을 가진다면, 화학공정은 그 반응이 잘 일어나게 하여 경제적으로 사용할 수 있도록 장치와 방법 등에 더 관심을 갖는 차이가 있다. 즉 화학공학자나 화학자는 화학을 응용하여 유용한 결과를 추구하는데 공통목적을 가지고 있으나 화학공학자는 지식의 탐구에서 오는 만족보다 실용적 기여에 더욱 치중한다는 데 차이가 있다. 최근의 화학공학은 기존의 화학의 경계를 넘어 정유, 석유화학, 재료 및 신소재, 섬유, 정밀화학, 반도체, 대체에너지, 환경, 식품, 제약 및 생명과학 등을 다루는 전자, 정보산업, 생명공학, 고분자산업, 에너지 산업, 환경산업 등으로 영역이 넓어지는 추세에 있다.
적성	화학공학은 화학적 이론과 실험을 바탕으로 하는 만큼 화학에 대한 흥미는 필수적이며, 제품생산과 관련한 장치 등을 제조, 설계하기 위해 물리와 수학에 대한 흥미와 재능이 있으면 좋다. 화학계통의 실험실습에서는 약품, 가스 등의 해독물질을 접하기 때문에 세심한 주의력과 판단력이 필요하다. 또한 하나의 제품 생산 공정이 실행도기 위해서는 지속적인 연구와 실험이 필요하므로 끈기가 있어야 한다.

졸업 후 진로	제조업체(정유회사, 석유화학회사, 섬유회사, 제약회사, 화장품회사, 식음료회사 등), 엔지니어링업체(공장설계, 건설, 관리업체), 환경업체, 화학연구원, 기업의 연구소(LG화학기술연구원, 삼양사, 애경화학연구원, 삼성종합기술연구원 등)
전공과목	수학, 물리, 컴퓨터기초, 무기화학, 유기화학, 분석화학, 물리화학, 생물화학, 분자생물학, 화학공업원리, 화학반응공정, 화학공업설계, 화학공업 전달과정원리, 기인공정원리, 공업미생물 등

▶ 화학과

학과소개	화학은 물질의 성질 및 변화를 분자수준에서 이해하고 연구하는 자연과학의 중심학문이며 첨단 과학기술의 연구, 개발의 기초가 되는 학문이다. 또한 우리의 일상생활과 가장 밀접히 연관된 기초과학이다. 21세기 국가적인 차원에서 신소재, 신약개발 및 환경 분야의 산업들에 집중적인 투자와 육성이 예상되어 앞으로 전망이 대단히 밝다.
적성	평소 주위의 자연현상들에 남다른 호기심과 관찰력이 있고, 궁금증을 풀기 위해 적극적으로 행동하는 추진력을 갖춘 학생에게 적합하다. 실험을 통해 탐구하는 것을 즐기고 실험의 결과를 논리적으로 분석할 수 있는 합리적인 사고방식을 가지면 좋다. 화합물의 조성이나 구조, 화학반응의 과정들을 눈으로 관찰하기 어렵기 때문에 이것을 밝혀내기 위해 꾸준하고 성실하게 연구하는 자세가 요구되며, 끊임없이 새로운 현상에 관심을 기울이고 실험하는 도전정신, 탐구력, 창의력 등을 갖춘 학생에게 좋다.
졸업 후 진로	염료업체, 화장품 제조업체, 제약회사, 정밀화학업체, 반도체업체, 석유화학업체, 특허청, 한국 정밀 화학공업진흥회, 산업기술진흥협회, 한국화학연구원, 과학기술정책연구소, 환경부, 국립환경연구원 등
전공과목	수학, 물리, 컴퓨터기초, 무기화학, 분기화학, 기구분석, 유기화학, 물리화학, 구조화학, 생물화학, 고분자화학, 화학공정기초, 통계열역학, 촉매동력학, 분리원리와 기술, 유기합성 등

▶ 생물과학

학과소개	지구상에 존재하는 모든 생명체를 대상으로 이들의 생명현상을 밝히고 생물과 주변 환경과의 관계를 이해하는 학문이다. 또한 모든 생명현상을 분자 수준에서 미시적으로 분석하여 생명현상이나 생물의 기능을 밝히는 생명과학은 의학, 약학, 농학, 수산학, 식품영양학, 유전공학, 에너지, 환경, 화장품 등 다양한 응용 분야의 기초가 된다. 최근에는 DNA기술 및 조작을 통하여 새로운 생물 기법의 응용이 학문적 주류를 이루고 있다. 21세기를 주도할 세 가지 기술 중의 하나인 BT(생명공학)의 근간이 되는 학문이기도 하다.
적성	자연법칙과 과학적 연구방법을 이해하고 이를 적용할 수 있는 추론적 판단력이 필요하다. 생명현상을 객관적이고 정확하게 관찰하는 능력과 논리적인 사고, 도전정신, 분석력 등을 두루 갖춘 학생에게 적합하다. 실험을 많이 하기 때문에 끈질기고 강인한 추진력, 풍부한 상상력이 있으면 더욱 유리한 전공이다.

졸업 후 진로	의학, 제약, 환경, 식품, 비료, 화장품, 생명공학 등 제조업체, 보건환경연구원, 생명공학연구원, 국립과학연구소, 한국해양연구소, 식품의약안전청, 농업, 임업, 제약, 생명공학, 식품관련 민간 연구소 등
전공과목	수학,물리, 컴퓨터기초, 무기화학, 분석화학, 유기화학, 물리화학, 분자생물학 및 실험, 보통생물학 및 실험, 생물화학, 및 실험, 세포생물학 및 실험, 미생물학 및 실험, 유전학 및 실험, 동물생리학 및 실험, 생물물리학, 신경생물학, 면역학, 생물정보학 등

▶ 전기공정 자동화

학과소개	본 전공에서는 전기의 생산, 수송, 응용, 측량과 제어 등에 관련된 복합형 인재를 배양한다. 주요 전공내용은 전력시스템과 자동화, 고전압기술과 정보처리, 전기기계와 제어, 전기시스템과 전자기공정 등이 있다.
적성	전기, 전자에 대한 전반적인 이해와 컴퓨터에 관한 지식 이 필요하므로 수학, 물리 등과 같은 과목에 대한 흥미를 가지고 있는 학생에게 적합하며, 모든 면에 의문을 갖는 탐구심이 필요하다. 또한 급속히 발전하는 전자기술을 습득하기 위해서는 끊임없이 공부하는 끈기와 상상력, 창의력이 필요하다.
졸업 후 진로	전자, 전기 연구소, 정밀기계업체, 반도체업체, 석유화학업체, 특허청, 한국 정밀화학공업진흥회, 산업기술진흥협회, 한국화학연구원, 과학기술정책연구소, 환경부, 중국 SMIC
전공과목	주요 과목으로는 수학, 물리, 전기회로원리, 전기기계학, 모의전자기술기초, 디지털전자기술기초, 전력전자기술, 신호와 시스템, 자동제어원리, 컴퓨터하드웨어와 소프트웨어기술기초, 계획학, 통신기술과 네트워크응용, 마이크로기계원리와 응용, 전자기측량, 자기장, 전력시스템 분석, 고전압공정 등이 있다.

▶ 화학공정과 공업생물공정

학과소개	본 학과에서는 석유화공, 환경보호, 에너지원, 식품 등 전통석유화학공업과 생물공정의 기술, 생활화학공정, 생물의약공정 등의 신 산업의 인재를 배양한다.
적성	평소 주위의 자연현상들에 남다른 호기심과 관찰력, 궁금증을 풀기 위해 적극적으로 행동하는 추진력, 실험을 통해 탐구하는 것을 즐기고 실험의 결과를 논리적으로 분석할 수 있는 합리적인 사고방식, 꾸준함과 성실함, 끊임없는 새로운 현상에 관심을 기울이고 실험하는 도전정신, 탐구력, 창의력 등을 갖춘 학생에게 적합하다.
졸업 후 진로	화학연구원, 의약학연구원, 석유화학공학기술자, 도료페인트화학공학기술자, 비누화장품화학공학기술자, 재료공학기술자, 화학분석원, 교사, 교수 등 염료업체, 화장품 제조업체, 제약회사, 정밀화학업체, 반도체업체, 석유화학업체, 특허청, 한국 정밀화학공업진흥회, 산업기술진흥협회, 한국화학연구원, 과학기술정책연구소, 환경부, 국립환경연구원 등

전공과목	주요 과목으로는 수학, 물리, 컴퓨터기초, 무기화학, 유기화학, 분석화학, 측정기기분석, 물리화학, 생물화학, 분자생물학, 화공원리, 화공열역학, 화학반응공정, 화공설계, 화공테스트의 최적화, 화공전달과정원리, 기본공정원리, 세포배양공정, 공업미생물 등이 있다.

▶ 고분자재료공정

학과소개	본 학과에서는 전형적인 이공계열의 특징을 가지고 새로운 중합재료의 연구를 하는 인재를 배양한다.
적성	평소 환경에 대한 관심도가 많으며 기존의 물질이나 물체들을 새로운 것으로 바꾸려는 탐구심이 많거나 자연현상에 변화에 관찰력, 호기심이 많아 새로운 현상에 관심을 기울이는 도전정신이 강하고 창의력을 갖춘 학생이 적합하다.
졸업 후 진로	학생들은 신형 중합(聚合)자재 연구에 종사할 수 있으며 자재 제조과정, 가공공예기술개발과 생산기술관리 부문에서 일할 수 있다.
전공과목	주요 과목으로는 수학, 물리, 컴퓨터기초, 무기화학, 유기화학, 분석화학, 측정기기분석, 물리화학, 생물화학, 화학공정, 고분자화학, 고분자물리, 고등유기화학, 물질구조, 재료학개론, 재료과학기초, 중합반응공정, 중합물성형가공과 응용 등이 있다.

▶ 재료과학 공정

학과소개	재료, 에너지원, 정보는 현대문명사회의 3대 요소이다. 청화대 재료과학과의 연구방향은 정보기능재료와 부속품, 생물의학용 재료, 비평형재료의 제조와 응용, 나노재료와 부속품, 에너지원과 환경재료, 고성능구조합금재료, 선진금속재료, 고성능고분자구조재료와 복합재료, 계산재료학, 재료가공성형이론 등이 있다.
적성	높은 추리력과 논리적인 사고력이 요구되며, 화학반응의 과정들을 눈으로 관찰하기 어렵기 때문에 이것을 밝혀내기 위해 꾸준하고 성실하게 연구하는 자세가 요구되며, 끈질기고 강인한 추진력, 풍부한 상상력이 있으면 더욱 유리한 전공이다.
졸업 후 진로	제약회사, 정밀화학업체, 반도체업체, 석유화학업체, 특허청, 한국 정밀화학공업진흥회, 산업기술진흥협회, 연구소 등
전공과목	주요 과목으로는 수학, 컴퓨터기초, 공정역학, 양자와 통계, 고체물리학, 재료과학기초, 합금역학성능과 통계, 재료물리성능기초, 재료역학성능기초, 재료화학실험, 현대복합재료, 신형합금과 공예학, 금속재료와 질량제어, 전자 마이크로분석 등이 있다.

▶ 수리기초과학

학과소개	수학과학과 물리학을 합친 수리기초과학학과는 2학년까지 수리기초과학의 수학 중요 부분과 물리기초과정을 수강한다. 3학년부터 수학과 응용수학, 정보와 계산과학, 물리학의 세 가지 전공으로 분류된다.
적성	높은 추리력과 논리적인 사고력이 요구되며, 자연현상을 주관성보다 객관성에 의해 판단할 수 있는 능력이 필요하다. 침착성과 끈기가 있으며 수학문제 풀기를 좋아하는 학생에 적합하다
졸업 후 진로	은행, 보험회사, 기업체 전산실, 교직, 연구기관 등
전공과목	① 수학과 응용수학 전공은 수학 부문의 고급인재를 배양하는 것을 목적으로 한다. 주요 과목으로는 대수와 수론, 기하와 위치기하, 확률통계, 계산수학, 계획최적화, 대수, 기하, 미분, 추정수학, 과학계산과 계획, 정보와 컴퓨터, 현대수론 등이 있다. ② 정보와 계산과학 전공은 수학을 기초로, 정보를 대상으로, 컴퓨터를 도구로 사용하는 고도의 과학기술인재를 배양한다. 2학년까지 기초수학과정을 배우는 동시에 컴퓨터프로그램과 수학소프트웨어의 사용을 숙련한다. 3학년부터 수학의 기초를 강화하는 동시에 정보과학, 네트워크기술, 대규모 과학계산, 최적화이론과 방법 등을 수강한다. ③ 물리학 전공은 물리학과 응용물리 두 부문으로 나뉜다. 기초과학연구부문과 응용물리의 신기술분야의 인재 배양을 목적으로 한다. 주요 과목으로는 고등미적분, 고등대수와 기하, 미분방정식, 보통물리, 분석역학, 전동역학, 양자역학, 통계역학, 고체물리, 보통물리실험, 근대물리실험, 전기전자공학기초, 프로그램설계, 컴퓨터기술기초 등이 있다.

▶ 수학과 응용수학

학과소개	튼튼한 기초 훈련과 수학의 제일 중요한 부분까지 심도 있게 가르치며 현대수학사상과 구조, 넓은 지식영역, 고도의 창조의식과 능력을 배양한다.
적성	높은 추리력과 논리적인 사고력이 요구되며, 자연현상을 주관성보다 객관성에 의해 판단할 수 있는 능력이 필요하다. 침착성과 끈기가 있으며 수학문제 풀기를 좋아하는 학생에게 적합하다
졸업 후 진로	은행, 보험회사, 기업체 전산실, 교직, 연구기관 등
전공과목	주요 과목에는 분석, 대수와 수론, 기하와 위치기하, 비율통계, 수학계산, 대수, 기하, 미분방정식, 임의수학, 과학계산과 운수, 정보와 컴퓨터, 현대수론 등이 있다.

▶ 물리학

학과소개	본 과는 '물리학'과 '응용물리' 두 학과로 나뉜다. 물리학은 기초과학연구의 종사하는 인재를 배양한다. 교육상 일반 물리학습과정 외에도 물리실험지능, 전자기술, 컴퓨터 응용 등의 방면에서 인재 배양에 더 힘쓰고 있다.
적성	논리적인 사고와 수리력, 과학에 대한 호기심, 눈에 보이지 않는 세계를 이해할 수 있는 창의적인 사고, 주위 현상에 대한 남다른 호기심과 관찰력, 궁금증을 풀기 위한 적극적인 추진력, 실험을 많이 해야 하므로 꾸준한 인내력과 꼼꼼한 관찰력이 필요하다. 체계적인 업무를 정확히 수행할 수 있는 학생에게 적합하다.
졸업 후 진로	반도체를 비롯한 신소재 관련업체, 전자공학 관련업체, 항공 관련업체, 컴퓨터 관련업체, 정보통신 관련업체, 한국전력공사 등 반도체, 신소재, 전기 및 전자, 통신, 컴퓨터, 정보처리, 관전자, 기계, 광학, 재료, 중공업, 우주항공, 물리학연구원, 자연과학연구원, 반도체공학기술자, 전자공학기술자, 재료공학기술자, 에너지공학연구원, 기술영업원 등 다양한 분야에 취업 가능
전공과목	주요 과목에는 고등미적분, 고등대수와 기하, 미분방정식, 함수와 수리방정식, 일반물리, 역학분석, 전동역학, 양자역학, 통계역학, 고체 물리, 일반물리실험, 근대물리실험, 전공전자기술기초, 프로그램설계, 컴퓨터 기술기초 등이 있다.

청화대 문과 지원가능학과

학과 및 단과대		세부전공	비고
문과	중어중문학	한어, 문학	
	영어학	영어	본고사 시 영어 면접 5점 추가
	일어	일어	중국어, 일어 면접
	법학	법학	
	신문학	신문, 방송 방향	

학과 및 단과대		세부전공	비고
실험반	인문과학실험반	중어중문학, 역사학, 철학	4학기까지 학부수업 → 5학기부터 전공 선택
	사회과학실험반	사회학, 경제학, 국제정치	3학기까지 학부수업 → 4학기부터 전공 선택 수학시험 추가

2008년 청화대 문과 지원자 및 합격자 수

연도	지원자수	합격자수	경쟁률
2008	483명	103명	약 4.67대 1

2008년 청화대 문과 학과별 입학 현황

학부	08년 모집인원
중어중문학	69명
영어	46명
일어	7명
법학	12명
신문학	20명
인문사회실험반	4명
사회과학실험반	3명

학과 및 적성, 진로 소개

▶ 인문과학실험반(2008년 신설)

학과소개	본 학부는 연구와 열독을 많이 중시한다. 인문정신과 과학정신을 많이 배양한다. 인문학과의 기초적인 연구, 국제화 교류 등 유관 전업의 복합적, 창신적, 국제적인 인재를 배양한다. 1, 2학년에는 전공을 나누지 않고 중국경전독해, 서양경전독해, 고대한어, 중국근현대사, 문학 · 역사 · 철학입문 등의 기본과목을 배운다. 2학년 2학기에는 학생이 각자의 취미에 따라서 〈중국언어문학〉, 〈역사학〉, 〈철학〉세 전업을 선택할 수 있다.
졸업 후 진로	① 중국언어문학:한중수교 이후 중국문제 전문가에 대한 사회적 수요가 폭발적으로 증가함에 따라 중국학전공 학생들의 사회 진출은 다양한 분야에서 눈부시게 이뤄지고 있다. 졸업 후의 진로는 대체적으로 대학원 진학과 취업의 경우로 나누어 볼 수 있다. 취업의 경우 정부기관(외무부, 공보처 및 기타 세계화 관련기관), 언론기관, 한국무역진흥공사, 한국관광공사, 중국관계연구소, 중국과의 무역 및 투자 관련 기업체, 관광관련업체 등으로 진출하고 있다. ② 역사학:유네스코 한국위원회와 같은 국제기구, 한국문화재보호재단, 방송사, 언론사, 출판사, 중앙정부 및 지방자체단체(문화관광부, 행정자치부 등), 박물관(국립중앙박물관, 국립민속박물관, 시·도립 박물관, 대학 박물관 등), 문화재청, 지역문화원, 국가기록원, 문화재 및 관련 문화 연구소(국립문화재연구소, 민족문제연구소, 한국정신문화연구원, 역사학연구원), 중고등학교 교사, 감정평가사, 기록물관리사, 도서관장, 문리학원강사, 문화재감정평가사, 문화재보존가, 박물관장, 사서, 역사학연구원 등 ③ 철학:언론사, 출판사, 광고회사, 문화예술 관련 분야, 시민사회단체, 윤리위원회, 환경단체, 연구소 연구원, 언론기관, 방송사, 공무원 그리고 기업의 윤리문화 관련 부문의 진출, 윤리 관련 전문가, 교무(원불교), 목사, 문화재감정평가사, 문화재보존가, 사서, 철학연구원 등
전공과목	① 중국언어문학 전공의 주요 과목으로는 중국고대문학사, 중국현대문학사, 중국당대문학, 한어사 주제, 외국문학 주제, 중국고대문학 주제, 현대한어, 문자학, 언어학이론, 음운학, 훈고학, 비교문학, 중국현대사상과 문학, 문학명작과 작문훈련 등이 있다. ② 역사학 전공의 주요 과목으로는 선진사, 만청사, 진한사, 위진남북조사, 수당오대사, 송원사, 민국사, 세계근대사, 사학이론과 사학사, 역사문선, 고대중국사회와 문화, 현 · 당대중국사 주제, 세계지역과 국가별 역사, 중국사회사주제, 중국근현대사상사 등이 있다. ③ 철학 전공의 주요 과목으로는 논리학, 철학개론, 논리학원리, 종교학원리, 미학원리, 중국철학사, 서양철학사, 현대서양철학, 중국현대철학, 과학기술철학, 영미분석철학, 고대그리스철학, 가치철학, 송명리학 등이 있다.

▶ 사회과학실험반(2008년 신설)

학과소개	본 학과는 전공의 연구방법과 기능의 배양, 수학과 외국어의기초를 중시하는 편이다. 학생들의 시야를 넓히고 착실하게 사회과학을 배우고 사회실천을 많이 한다. 1, 2학년 때에는 기초 과목를 위주로 공부하는데 주로 대학수학, 경제학원리, 사회학개론, 정치학개론, 중국사회, 국제관계분석, 중급미시경제학, 당대 세계경제와 정치, 문화인류학 등을 배운다. 3학년에는 각자의 취미와 전업의 요구에 따라 〈사회학〉, 〈경제학〉, 〈국제정치〉전업을 선택할 수 있다.
졸업 후 진로	① 사회학:방송기자, 방송대본작가, 방송제작관리자, 사회계열교수, 사회단체활동가, 사회복지관련관리자, 사회복지사, 사회학연구원, 시장 및 여론조사 사업운영관리자, 시장 및 여론조사 관련 사무원, 심리학연구원, 외교관, 잡지기자, 정치학연구원, 지방의회의원, 직업상담원, 행정학연구원, 헤드헌터, 홍보부서관리자 등 ② 경제학:국제통화기금(IMF), 세계은행(IBRD), 세계무역기구(WTO), 경제개발협력기구(OECD), 아시아개발은행(ADB), 국제금융공사(IFC) 등과 같은 국제기구, 금융감독원, 금융결제원과 같은 공기업, 은행, 증권사, 보험회사, 투신사, 언론사, 경영컨설턴트, 경제학연구원, 관세사, 구매인(바이어), 금융관련관리자, 마케팅전문가, 물류관리전문가, 부동산투자신탁운용가, 세무사, 손해사정사, 스포츠마케터, 신용분석가, 영업 및 판매관리자, 외환딜러, 재무 및 회계관리자, 전문비서, 증권중개인, 채권관리원, 투자분석가(애널리스트), 투자인수심사원(투자언더라이터), 해외영업원, 호텔관리자, 회계사, 회의기획자, M&A전문가(기업인수합병원) 등 ③ 국제정치학:기업에 진출했을 경우 기획실과 총무부 및 해외담당부서 등의 부서에서 활동하고 있으며 정당국회의원 및 전문 외교관으로서 국내외 정치일선에서 활동하는 경우도 있다. 그밖에 교직을 이수하여 중고등학교의 일반사회과목 교사가 될 수 있다. 외교관, 정치학연구원, 교육행정사무원, 국회의원, 기획사무원, 도로운송사무원, 문리학원강사, 법률행정사무원, 비서, 사회계열교수 등
전공과목	① 사회학 전공의 주요 과목으로는 경제사회학, 사회계층의 이동, 사회조사와 연구방법, 사회통계학, 발전사회학, 도시사회학, 농촌사회학, 정치사회학, 조직사회학, 서양사회학사상사 등이 있다. ② 경제학 전공의 주요 과목으로는 중급거시경제학, 중급정치경제학, 중국경제테마, 계량경제학, 경제사상사, 산업경제학, 수리경제학, 금융경제학, 국제경제학, 공공경제학, 제정경제학, 발전경제학, 환경경제학, 구역경제학, 경제법, 국제금융, 세계경제사, 미국경제사, 국제정치경제학개론 등이 있다. ③ 국제정치 전공의 주요 과목으로는 국제관계학개론, 현대국제관계사, 세계근현대사, 비교정치제도, 국가안전개론, 과학기술과 국제안전, 당대서양정치사조, 국제경제법, 국제조직, 중국대외정책, 외교학, 국제법, 민주와 법치의 이론과 실천, 국제정치논리, 국제관계전문영어, 일본연구, 미국정치와 외교 등이 있다.

▶ 중어중문학

학과소개	중국어와 문학, 사회, 문화의 전반적인 이해와 지식습득으로 중국어와 중국문화연구의 기초를 마련한다. 중어중문과는 외국유학생으로만 구성된 독립학과를 구성한다.
적성	언어 일반에 대한 기초적인 소양과 외국어를 공부하는 데 필요한 기본적인 열의와 끈기를 가진 사람에게 비교적 적합한 전공이라고 할 수 있다. 물론 깊이 사고하는 통찰력이나 폭넓은 호기심과 창의성을 두루 갖춘 사람이면 더욱 좋다. 우리나라, 일본, 중국 등 동양문화에 관심이 있고, 특히 중국의 역사와 급변하고 있는 중국의 현실에 대해 남다른 애정과 호기심이 있는 학생이라면 재미있게 공부할 수 있다. 중국어는 한자로 이루어져 있기 때문에 인내심을 가지고 공부하는 자세가 필요하다. 그러므로 한자공부를 싫어하는 학생에게는 다소 어렵고 따분하게 느껴질 수 있다.
졸업 후 진로	중국과 무역 및 투자 교류를 하는 일반기업, 대한무역진흥공사와 같은 정부투자기관, 한/중 합작회사, 호텔, 여행사, 항공사, 무역사무원, 번역가, 서예가, 언어학연구원, 외국어교사, 외국어학원강사, 중국어학원, 인문계열교수, 카지노 딜러, 통역가, 항공기객실승무원, 해외영업원, 행사기획자, 호텔 및 콘도접객원, 회의기획자 등
전공과목	주요 과목으로는 중국간사, 현대한어, 고대한어, 언어학개론, 한자개론, 한어작문, 중국 당대 문학작품강독, 중국 현대 문학작품강독, 중국 고대 문학작품강독, 중국현대문학사, 중국고대문학사, 외국문학, 문학개론, 학술작문, 중국어연구주제, 중국당대문학주제, 중국현대문학주제, 중국고대문학주제 등이 있다.

▶ 영어

학과소개	영어의 이론과 실제 및 학문연구에 필요한 언어구사능력을 기르고 이를 바탕으로 영어권 지역에 대한 전반적인 지식 및 문학적 지식을 쌓고 이해를 깊게 하는 데 그 목표를 둔다. 영문학사와 문학이론에 대한 포괄적인 지식을 학습하여 이를 바탕으로 영문학의 작품이해 및 영문학의 묘미를 이해시킨다.
적성	영미문학과 언어에 대해 공부하므로 영어에 대한 관심과 흥미가 무엇보다도 필요하다. 영어 관련 서적, 영미문학 및 영화 등에 관심이 있고, 외국어에 소질이 있는 학생에게 유리하다. 영어를 과학적으로 탐구하기 위해서는 치밀하고 꼼꼼한 성격과 종합·분석하는 능력이 요구된다. 영어를 사용하는 국가가 많은 만큼 다양한 국가의 문화, 사회에 관심을 두는 것도 도움이 된다.
졸업 후 진로	외교통상부와 같은 중앙정부, 지방자치단체(일반공무원, 교육직), 외국대사관, 대한무역진흥공사와 같은 정부투자기관, 무역회사, 외국기업체, 호텔, 여행사, 항공사, 외국문화원, 무역사무원, 문리학원강사, 방송번역작가, 번역가, 아나운서, 언어학연구원, 외국어교사, 외국어학원강사, 인문계열교수, 출판물기획원, 통역가, 항공기승무원, 해외영업원, 행사기획자, 회의기획자 등
전공과목	주요 과목으로는 종합영어, 영어듣기, 영어회화, 통역, 영어작문, 번역, 고급영어, 영어국가개황, 서양사회와 문화, 영자신문강독, 국제상무영어, 과학영어독해, 영어어휘학, 영어사, 영어문체학, 언어학유파, 컴퓨터언어학, 기기번역개론, 영국문학, 미국문학, 유럽문학작품강독, 영어 명작가 강독, 영어희곡강독 등이 있다.

▶ 법학

학과소개	사회의 모든 분야에서 필요한 법에 관한 전문지식과 건전한 법적 사유의 소양을 갖춘 인재를 키우는 것을 목표로 하고 있다. 학생에게 덕과 인을 갖추게 할 뿐만 아니라 탄탄한 법률이론기초와 체계적인 법학전공지식, 자연과학, 경제관리지식과 인문소양(유창한 외국어실력 및 컴퓨터 응용능력)을 갖추도록 하여, 법률 혹은 관련기관에서 종사하거나 연구형 전문인재로 배양한다.
적성	법학은 실생활에 적용되는 응용학문의 성격이 강하므로 주어진 상황을 잘 분석하고 정리할 수 있는 능력, 논리적으로 합당한 결론을 끌어낼 수 있는 사고방식, 공정한 판단력 등이 요구된다. 자기의 생각과 주장을 말이나·글로 정확하고 사리에 맞게 표현할 수 있는 능력이 필요하다.
졸업 후 진로	국제변호사, 관세사, 노무사, 법률행정사무원, 법무사, 법학연구원, 변리사, 부동산중개인, 세무사, 입법공무원, 행정고위공무원, 회계사, M&A전문가(기업인수합병원), 일반기업 법무팀, 언론사, 형사정책연구원, 한국법제연구원, 판사, 검사, 검찰수사관 등
전공과목	주요 과목으로는 법학서론, 헌법학, 민법총론, 상법총론, 형법총론, 국제법학, 민사소송법학, 행정법과 행정소송법학, 중국법제사학, 경제법총론, 형사소송법학, 지적재산권법, 법리학, 국제사법학, 중국법률사상사, 서양법률사상사 등이 있다.

▶ 신문방송학

학과소개	신문방송이론, 신문방송법, 방송예술과 매체기술과 더불어, 유창한 외국어 실력과 컴퓨터 응용능력을 갖추게 하는 것을 기본적으로 한다. 이에 그치지 않고 사회적 책임감과 사명감, 다양한 지식과 국제적인 시야를 갖춘 전문 인재를 배양하는 것을 목표로 한다. 흔히 신문방송학이라 하면 신문과 방송에 관해서만 배우는 것으로 알기 쉬우나 일상생활과 밀접한 매스미디어(신문, 영화, TV, 라디오, 잡지, 광고 등)에 관한 모든 연구와 매스커뮤니케이션의 전반적인 형상과 흐름 그 이외에도 이에 수반된 모든 문화 형태와 이에 따른 대중들의 삶의 방식까지 속속들이 연구하는 학문이다.
적성	대중매체를 공부하기 위해서는 우리말과 글에 남다른 감각과 능력이 있어야 한다. 말과 글의 기능, 효과에 관심을 가지고 있는 학생에게 적합한 전공이다. 자료분석을 위해 통계도 많이 다루기 때문에 수리에 대한 자질도 요구된다. 대중매체로 매개되는 예술현상을 이해하기 위해서는 예술적 감수성도 필요하다.
졸업 후 진로	졸업 후 신문출판, 인터넷방송, 광고 등의 관리, 기획, 편집, 제작 등 방면의 사업에 종사할 수 있다.
전공과목	주요 과목으로는 신문학원리, 중국신문방송사, 외국신문방송사, 뉴스취재와 작문, 방송학원리, 뉴스평론, 신문편집, 방송뉴스, 신매체개론, 영상예술, 미디어경영과 관리, 매체논리와 법규, 매체비평, 뉴스촬영, 방송과 진행 등이 있다.

▶ 일어

학과소개	본 학과는 착실한 일어기초와 심층적인 일어구사능력, 폭넓은 인문, 과학기술, 경제무역과의 지식 가진 학생을 배양함을 목적으로 한다. 일어 전공은 일본어 구사력을 향상시키고 다양한 장르의 일본문학 작품을 읽고 감상함으로써 일본 문화에 대한 이해를 높인다. 일본 문화 전반에 대한 심도 있고 수준 높은 교과목을 개설하여 지식을 습득하게 하고, 인문, 과학기술, 경제무역 등의 전공지식을 갖추어 학생들이 진취적으로 미래를 설계할 수 있도록 돕는다.
적성	국제화 시대에 능동적으로 대처할 수 있는 진취적 소양과 국제 감각을 지닌 학생이 적합하다. 또한 일본에 관한 선입관에서 벗어나 일본을 정확하게 보고 학문분야별 전공지식을 배양하여 한일관계 발전에 기여하고자 하면 더욱 좋다.
졸업 후 진로	졸업 후 번역, 교육, 상무, 관리와 국제문화교류 등의 분야에 종사할 수 있다. 또한 한국 내 기업, 일본계 회사, 인문 계열 교수, 대사관, 은행, 여행사, 일본어강사, 공무원, 일본어 관련 교육기관, 언론사, 호텔, 각종 유통업계, 무역 등의 분야에도 종사할 수 있다.
전공과목	주요 과목은 기초일어, 듣기, 회화, 범독, 정독, 받아쓰기, 어법, 영화감상, 기초작문, 일어사회, 일본문화, 일본문학사, 일본문학, 신문읽기, 고전어법, 일본어언연구기초, 일본문화연구기초 등이 있다.

▶ 청화대학미술학원

학과소개	전공과목
예술설계학과	염색디자인/ 패션디자인/ 자기공예/ 자기디자인/ 그래픽디자인/ 도서디자인/ 광고디자인/ 실내디자인/ 조경디자인/ 상품디자인/ 전시디자인/ 교통수단디자인/ 정보디자인/ 애니메이션과 게임디자인
조형예술학과	중국화/ 유화/ 판화/ 옥화/ 조소/ 금속예술/ 페인트예술/ –유리예술/ 섬유공예
예술사론과	예술설계사론/ 미술사론
입시요강	
입시 전에 기본 미술 실력이 있어야 하며, 매년 늘어나는 유학생 때문에 입시요강은 매년 다르다. 대체로 1차 시험은 소묘, 색채, 2차 시험은 면접이다.	
과사 위치 및 연락처	
http://cafe.daum.net/Tsinghuameiyuan	

청화대 입시요강

<table>
<tr><th>신청자격</th><th>신청시기</th><th>시험일자</th><th>합격발표일</th></tr>
<tr><td>25세 이하,
고등학교졸업(검정고시 출신자는 불가)
외국인여권소지
HSK 6등급</td><td>인터넷접수
3월~4월 초순경까지,
서류 제출 4월 중순경까지</td><td>5월 두 번째 주 주말</td><td>6월 초순경</td></tr>
<tr><th colspan="2">신청서류</th><th colspan="2">시험과목</th></tr>
<tr><td colspan="2">고등학교졸업장(졸업예정증서, 중문 혹은 영문) 5통
고등학교 6학기 성적증명(중문 혹은 영문) 5통
HSK 6급 이상 증서(원본)
학교추천서 2통(청화대학 별도 양식)
여권, 비자 복사본
여권용 사진 2장
18세 이하 후견인 공증서 원본
등록비 600위안</td><td colspan="2">문과, 법학:기초한어, 작문, 상식, 영어
이과, 관리:수학, 물리, 화학, 영어
영어, 일본어:면접 추가
사회과학실험:수학 추가</td></tr>
<tr><th colspan="4">시험배점</th></tr>
<tr><td colspan="4">문과 : 어문 100점, 영어 100점, 상식 20점, 작문 80점
사회과학실험반 : 어문 100점, 영어 100점, 수학 100점, 상식 20점, 작문 80점
영문과 : 어문 100점, 영어 100점, 상식 20점, 작문 80점 + 영문구술 5점
이과 : 영어 100점, 수학 100점, 물리 100점, 화학 50점(총 350년 만점)</td></tr>
</table>

북경대학 학과(문과) 정보

▶ 경제학원

총이수과목

<table>
<tr><th>1학년</th><th>2학년</th><th>3학년</th><th>4학년</th></tr>
<tr><td colspan="4">체육 4과목</td></tr>
<tr><td colspan="4">정치 관련 3과목</td></tr>
<tr><td>경제학원리(1)(2)</td><td colspan="2"></td><td>전공분류</td></tr>
<tr><td>정치경제학(1)(2)</td><td colspan="2"></td><td rowspan="7">경제학
국제경제무역
재정학
금융학
보험학
환경자원과 발전경제학
(각 전공에 따른 필수과목은 개별 제공)</td></tr>
<tr><td>고등수학(1)(2)</td><td colspan="2"></td></tr>
<tr><td>컴퓨터기초(1)(2)</td><td colspan="2"></td></tr>
<tr><td></td><td colspan="2">선형대수(1)</td></tr>
<tr><td></td><td colspan="2">계율통계(2)</td></tr>
<tr><td></td><td colspan="2">미시경제학(1)</td></tr>
<tr><td></td><td colspan="2">거시경제학(2)</td></tr>
</table>

▶ 고고박물학원

총이수과목

<table>
<tr><th>학습내용 / 학년</th><th>학습목표</th><th colspan="2">주요 이수 과목</th></tr>
<tr><td>1학년</td><td>4가지 전공의 기초지식을 두루 알고 활용하기</td><td colspan="2">중국고대사, 고고학도론, 박물관학도론, 문화재보호개론, 고건축도론, 고고학(신석기, 구석기, 夏商周)</td></tr>
<tr><td>2학년</td><td>문이과 계열 심화 및 실습준비</td><td colspan="2">고고학(秦漢~明), 역사문헌, 소묘, 세계고대사, 고고기술</td></tr>
<tr><td rowspan="2">3학년
3학년</td><td rowspan="2"></td><td>고고학</td><td>박물관학</td></tr>
<tr><td>야외발굴실습(4달가량)</td><td>박물관현장실습(2달가량), 박물관설계와 환경설계</td></tr>
<tr><td>4학년</td><td colspan="3">졸업논문준비</td></tr>
</table>

▶ 광화관리학원

총이수과목

	총학점	필수과목	임의 선택과목	3학년	4학년
인력자원 관리	137	103	32	관리사상사, 회사재무관리, 인력자원관리, 생산작업관리, 심리 및 인사측량, 조직리론, 기업리론, 중국경제개혁 및 발전	사회학, 관리학 연구방법
재무관리	137	92	45	중급재무회계, 성본 및 관리회계, 관리정보시스템, 회사재무관리, 정권투자학, 재무보고서분석, 재무사례분석, 기업윤리, 중국경제개혁 및 발전, 금융시장 및 금융기구	
회계학	137	92	45	관리회계, 회계정보시스템, 회사재무관리, 중급재무회계(하), 고급재무회계, 사회주의개혁 및 건설, 세법 및 세무회계, 기업윤리	회계 감사학
시장경영	137	90	47	기업재무관리, 시장연구, 시장분석 및 예측, 관리정보시스템, 기업윤리, 소비자행위, 국제경영, 인력자원관리, 사회주의개혁 및 건설	전략관리, 경영사례 분석

▶ 국제관계학원

총이수과목

학과명	시간	학점
국제정치개론	3	3
국제정치경제학	3	3
세계사회주의리론 및 실천	3	3
정치학리론	3	3
외교학	3	3
국제패턴 및 국제조직	3	3
국제관계 및 국제법	3	3
현대국제관계사	3	3
제3세계발전학	3	3
비교정치제도	3	3
영어경독	4	2
영어경독	4	2

학과명	시간	학점
중화인민공화국대외관계	3	3
영어듣기말하기	2	1
중국정치개론	3	3
등소평리론개론	3	3
모택동사상개론	3	3
번역리론 및 실천	4	4
영어저작	2	2
전업영어 원작 선택 독서	4	2
중국어 간행물 선택 독서*	3	3
전업 중국어*	3	3
유학생 영어*	3	3

▶ 법학원

총이수과목

1학년	2학년	3학년	4학년
체육 4과목			
한선(限选) 40학점			
법학원리(1)	물권법(1)	국제공법(1)	
중국법제사(1)	형법분론(1)	국제사법(1)	
헌법학(1)	형사소송법학(1)	상법총론(1)	
컴퓨터기초(상)(1)	경제법학(2)	행정법(1)	
민법총론(2)	민사소송법학(2)	국제경제법(2)	
형법총론(2)	법리학(2)	지식산권법학(2)	
컴퓨터기초(하)(2)	채권법(2)		

*괄호 안의 숫자는 학기를 나타냄
*학기마다 과사의 상황에 따라 변동될 수 있습니다.

▶ 사회학과

총이수과목

1) 전공필수과목 : 12점(학점)

과목번호	과목명칭	주시간	학점	개강시간
00831610	문과계산기기초(상)	3	3	가을
00831611	문과계산기기초(하)	3	3	봄
04030150	사상품덕수양	2	2	
	체육 계열 학과		4	

2) 사회학 전업 필수과목

과목번호	과목명칭	주시간	학점	개강시간
00130241	문과고등수학	4	4	가을
03130010	사회학개론	4	4	
	사회작업개론	4	4	
	과목명칭	주시간	학점	개강시간
	사회심리학	4	4	http://www.pkukorean.net
	국외사회학학설(1)	2	2	

과목번호	과목명칭	주시간	학점	개강시간
	국외사회학학설(2)	2	2	
	사회통계학	4	4	
	데이터분석기술	2	2	
	사회인간학	3	3	
	사회조사 및 연구방법	4	4	
	중국사회	2	2	
	중국사회사상사	2	2	
	조직사회학	2	2	
	발전사회학	2	2	
	로동사회학	2	2	
	인구사회학	2	2	
	농촌사회학	2	2	
	도시시회학	2	2	
	경제사회학	2	2	
	가정사회학	2	2	
	교육사회학	2	2	
	사건작업	3	3	
	시회정치	2	2	
	사회보장 혹은 단체작업	3	3	
	시회작업	3	3	
	커뮤니티작업	3	3	
	커뮤니티문제	2	2	
	서방사회사상사	2	2	
	사회학특강	2	2	
	환경사회학	2	2	
	시장조사 및 예측	2	2	
	사회상별 연구	2	2	
	빈곤 및 발전	2	2	
	탈선 및 범죄 사회학	2	2	

▶ 신문방송학원

1) 학과분류

전공분류	영문명칭	학사기간	학위
신문학	Journalism	4년	학사
Radio&TV신문학(방송학)	Broadcasting	4년	학사
광고학	Advertising	4년	학사
편집출판학	Editing&Publishing	4년	학사

2) 총이수과목

		신문학	방송학	광고학	편집출판학
1학년	1학기	신문전파학입문, 고등수학上(광고학필수)			
	2학기	광고학개론, 방송학개론, 한어수양, 통계학, 고등수학下(광고학필수)			
2학년	1학기	신문전파학개론, 사회조사연구방법, 전파학개론, 편집출판학개론			
3학년, 4학년		신문전파이론, 신문전파역사, 신문평론, 신문취재와 집필, 신문편집, 매체경영관리, 대중매체와 사회변화 등	방송신문, 세계방송사업, 시청언어, 신문전파이론, 방송연구, 신문취재와 집필, 방송취재와 집필 등	광고시각전달, 공공관계, 시장경영과 매출원리, 광고기획, 광고심리학, 광고매체연구, 광고관리, 광고유형연구 등	중국도서출판사, 편집실용어문집필, 출판경영관리, 출판법규 및 판권무역, 전자출판기술, 매체경영관리 등

▶ 역사학과

총이수학점 : 136점

1) 필수과목 : 80학점

*전교공고필수과목 : 29점(체육 4학점, 컴퓨터 6학점 이외의 정치, 군사 관련 과목은 중국 관련 과목으로 대체하여 들어야 함)

*전업필수과목 : 51점

2) 선택과목 : 50학점 이상

*본과 소질교육 통일 선택 과목 : 16학점

A. 수학 및 자연과학류 : 최소 2학점

B. 사회과학류 : 최소 2학점

C. 철학 및 심리학류 : 최소 2학점

D. 역사학류 : 최소 2학점

E. 언어, 문학 및 예술류 : 최소 4학점, 이중 최소한 1과목은 예술계열 과목이어야 함

*전공선택과목 : 34학점 이상

3) 실천학습 : 필수, 무학점

3학년이 끝난 후 여름방학 때 2~3주간 외지에서 실습을 해야 함(유학생은 수업을 2학점 듣는 것으로 대체해 주고 있음)

4) 학년논문과 졸업논문 : 6학점

A. 학년논문(3학년) : 2학점

B. 졸업논문 : 4학점

전공필수과목

과목명칭	학점	개강시간
중국고대사(상)	4	1학년 1학기
세계상고사	3	1학년 1학기
중국력사문선(상)	4	1학년 1학기
중국고대사(하)	4	1학년 2학기
세계중고사	3	1학년 2학기
중국역사문선(하)	4	1학년 2학기
중국사학사	3	2학년 1학기
중국근대사	4	2학년 1학기
유럽근대사	3	2학년 1학기

과목명칭	학점	개강시간
아시아, 아프리카, 라틴아메리카 근대사	3	2학년 1학기
사학개론	3	2학년 2학기
중국현대사	2	2학년 2학기
중화인민공화국사	2	2학년 2학기
세계현대사	3	2학년 2학기
세계당대사	3	2학년 2학기
외국사학사	3	3학년 1학기

▶ 예술학과

총이수과목

전업명칭	영문명칭	학년
방송TV편집(영상편집)	Broadcasting and TV Eding and Directing	4년

예술학부 유학생은 02학번 이래 현재 재학 중인 한국유학생은 25명이 있습니다. 영상편집학과는 졸업논문(3학점), 졸업작품(3학점)포함 136학점을 이수해야 학사취득이 가능(학번에 따라 약간의 차이는 있으며 입학 후 과사에서 확인이 가능합니다)하며 아래 표는 학년별 전공필수과목 및 학점구성입니다.

전공과목	학점	전공과목	학점
중국영화사 History of Chinese Film-making	4	영상감독 Film/TV directing	2
연극예술개론 Introduction to theatre	2	비선성편집(촬영기술) Non-linearediting	2
중국현대문학 Modern Contemporary Chinese Lierature	3	예술개론 Introduction to art studies	2
매체학 Studies of Communication	2	미학원리 Introduction to Aesthetics	2
영화분석(1) Film Analysis(1)	2	영화导读(1) Guided Reading(1)	1
영화분석(2) Film Analysis(2)	2	영화导读(2) Guided Reading(2)	1
영상예술개론 Introduction to film and TV	2	연출리론 및 실천	2
세계영화사 History of world cinema	2	외국문학 Foreign Literatule	2
영상프로계획 Film/TV program planning	2	영상편집 Screenwriting	2

▶ **정부관리학원**

총이수학점 : 140학점

필수과목 : 88학점(공공필수과목 : 29학점, 전업기초필수과목 30점, 전업필수과목 : 29점)

*공공필수과목의 29학점 중 문과계산기 6학점, 체육 계열 과목 4학점

선택과목 : 46학점(통일 선택 과목 : 16학점+전업 선택 과목 : 30학점)

졸업논문 : 6학점

〈통일 선택 과목 규칙〉

A. 수학 및 자연과학류 : 최소 2학점

B. 사회과학류 : 최소 2학점

C. 철학 및 심리학류 : 최소 2학점

D. 역사학류 : 최소 2학점

E. 언어, 문학 및 예술류 : 최소 4학점, 이중 최소한 1과목은 예술계열 과목이어야 함

〈전공선택과목 규칙〉

정부관리학원에서 개설한 전공 중 자신이 선택한 전공 이외의 기타 전공들의 수업을 9~10학점씩 이수해야 하며 그래도 남은 학점을 기타 정치학 분야의 과목을 이수한 학점으로 대체합니다.

〈1학년 과정〉

과목명칭	학점
문과계산기기초(상)	3
문과계산기기초(하)	3
고등수학(상)	4
고등수학(하)	4
미시적경제학	3
일반통계학	2

과목명칭	학점
공공경제학원리	3
공공관리학원리	3
헌법 및 행정법학	3
당대세계경제 및 정치	2
정치학원리	3
중국근현대정치발전사	3

*2학년 과정부터는 각 전공에 따라 필수과목이 나뉘어져 있으며 행정관리 전공은 개설이 되어 있지 않음

〈정치학 및 행정학 전업〉

과목명칭	학점
비교정치학개론	3
정치경제머릿말	3
당대중국정부 및 정치	3
중국정치사상	3
서방정치사상	3

과목명칭	학점
조직 및 관리	3
사회조사의 리론 및 방법	3
공공정책 분석	3
인력자원 개발 및 관리	3
당대서방국가정치제도	3

〈공공정책학전업〉

과목명칭	학점
공공정책분석	3
현대관리기술 및 방법	3
인력자원개발 및 관리	3
전자정부 및 계산기 기술	3

과목명칭	학점
게임이론 및 정책과학	3
모의결책기술	3
거시적경제정책	3
공공정책사례분석	3

〈도시관리전업〉

과목명칭	학점
지방재정관리	3
거시적경제학	3
도시 및 구역 경제학	3
경제지리학	3
도시관리	3

과목명칭	학점
도시기획	3
데이터도시	3
전략관리	3
현대부동산	3

▶ 중문학과

총이수과목

학년	1학기	2학기
1학년	현대한어(상) 중국고대사(상)	현대한어(하) 중국고대사(하) 고문선독
2학년	중문공구서 중국민간문학 고대한어(상) 중국현대문학(상) 중국고대문학사(1)	서법 중국민속학 고대한어(하) 중국현대문학(하) 중국고대문학사(2)
3학년	실용한어수사 현대한어어휘 중국당대문학(상) 중국고대문학사(3)	한어독해와 작문 중국당대문학(하) 중국고대문학사(4)
4학년	중국고대문화	

▶ 철학과

총이수과목

1학년	2학년	3학년	4학년
체육 4과목			
정치 4과목			
문과컴퓨터(상, 하)			
고대한어, 수리논리, 철학도론, 중국철학사(상), 마르크스철학도론(상), 서방철학사(상)	중국철학사(하), 서방철학사(하), 마르크스철학도론(하)	종교학도론	

편입 가능한 학교(2009년)

NO	학교명	HSK조건	신청비	학비	신청마감일	편입전공	학점	편입시험	최고 편입학년	비고
1	북사대	HSK 급수 없어도 신청 가능 함.	¥500	¥12400/학기	~12월 15일	대외한어	학점 보충 불가능.	12월 20일	2학년 1학기	반드시 대외한어과 혹은 중문과 본과 1년 학습경력 증서 있어야 함.
2	북경외대	2학년 : 5급 3학년 : 7급	¥400	¥12150/학기	~12월 30일	대외한어	학점 인정, 보충 가능.	개학후 한어필기시험.	3학년 1학기	본과 학습경력 없어도 신청 가능함.
3	수사대	2학년 : 6급 3학년 : 7급	¥450	¥10800/학기	3월학기 : 12.29	대외한어	학점 보충 불가능.	개학후 한어필기시험.	3학년 1학기	반드시 대외한어과 혹은 중문과 본과 학습경력 증서 있어야 함.
4	어언대	2학년 : 6급	¥800	¥23200/년	3월학기 : 12.29	대외한어	학점 인정 불가능. 보충 가능.	개학후 한어필기시험.	2학년 1학기	본과 학습경력 없어도 신청 가능함.
5	복장대	무	¥400	¥12360/학기		본과 전공	학점 인정, 보충 불가능.	면접.	3학년	해당 전공 본과 학습경력 있어야 함.
6	상해복단대	2학년 : 5급 3학년 : 6급	¥800	¥23000/년	9월학기 :	대외한어		개학후 한어필기시험.	3학년 1학기	9월 학기만 편입가능 함.
7	동제대학	2학년 : 5급 3학년 : 6급	¥410	¥10000/학기	3월학기 : 1.15	대외한어		편입시헙 미정.	3학년 1학기	본과 학습경력 있어야 함.(전과도 가능)
8	상해교통대	2학년 : 5급 3학년 : 6급	¥800	¥24800/년	9월학기 : 6월 말	대외한어		편입시헙 미정.	3학년 1학기	본과 학습경력 있어야 함.
9	상해사범대	2학년 : 5급 3학년 : 6급	¥420	¥19900/년	3월학기 : 1월 말 9월학기 : 8월 말	대외한어		12월 : 한어 필기시험 9월 : 한어필기시험		
10	천진대학	2학년 : 4~5급 3학년 : 5~6급	¥420	¥8300/학기	9월학기 : 8월 말	대외한어	학점 보충 불가능.	편입시험 무.	3학년 1학기	본과 학습경력 있어야 함.(전문대 가능)
11	천진재경	2학년 : 5급 3학년 : 6급	¥400	¥7380/학기	3월학기 : 1월 말	본과 전공		전공 편입시험 없음. 면접전용.		(대외한어 전공 없음)기타 전공 편입 가능함.

NO	학교명	HSK조건	신청비	학비	신청마감일	편입전공	학점	편입시험	최고 편입학년	비고
12	천진공업대	2, 3학년 : 문과 : 6급 이과 : 4급	$50	$2000/년	9월학기 : 6월	본과 전공		편입시험 없음. 면접전용.		(대외한어 전공 없음)기타 전공 편입 가능함.
13	천진 외대	2학년 : 4급 3학년 : 6급	¥400	¥14600/년	9월학기 : 5월 말	대외한어		무시험.		3학년 편입시 : 편입금 : 2000원 지불해야 함.
14	남개대	2학년 : 5급 3학년 : 6급	¥300	¥2000/년	3월학기 : 1.26	대외한어	2학년 편입생: 학점비용: ¥10000 지불하면 학교 자체에서 학점 보충 가능. 3학년 편입생 : 학점 보충 불가능.	무시험		3학년 편입시 본과 1년이상 학습경력 있어야 함.
15	천진사범대	2학년 : 3급 3학년 : 6급	¥240	¥14400/년	9월학기 : 6월 말	본과 전공		무시험		2학년 편입전공 : 대외한어+기타전공 3학년 편입전공 : 대외한어, 한어언문화, 한어언문학
16	절강대학	2학년 : 5급 3학년 : 6급	¥400	¥19800/년	9월학기 : 5월 말	대외한어	학점 인정 가능 함.	편입시험 무.		3학년 편입시 반드시 본과 2년이상 학습경력 있어야 함.
17	절강공업대	문과 : 6급 이과 : 4급	$30	$950	9월학기 : 8월 말	본과 전공	전공에 따라 학점 인정 가능 함.	전공실험 통과해야 함.		대응 전공이야만 편입가능 함.
18	남경대	2학년 : 5급 3학년 : 6급	¥400	¥9500/학기	3월학기 : 12월 말 9월학기 : 6월 말	대외한어	학교자체에서 학점 보충수료 가능 함.	편입시험 없음.		
19	흑룡강대학	3학년:6급	¥260	¥7750/학기	9월학기:8월 말	대외한어	학교자체에서 학점 보충수료 가능 함.	7월5일 : 한어필기 시험 9월5일 : 한어필기 시험		2학년 편입 : HSK 증서 없이도 가능.(어학연수 1년 수료 이상) 3학년 : 어학연수 2년 수료 이상

북경대, 청화대 잘 들어가서 베스트로 졸업하기

북경대, 청화대로 세계를 품다

초판 1쇄 발행일 2013년 4월 8일

지은이 이채경
펴낸이 박영희
편집 이은혜 · 유태선 · 정지선 · 김미령
인쇄 · 제본 에이피프린팅
펴낸곳 도서출판 어문학사
서울특별시 도봉구 쌍문동 523-21 나너울 카운티 1층
대표전화: 02-998-0094/편집부1: 02-998-2267, 편집부2: 02-998-2269
홈페이지: www.amhbook.com
트위터: @with_amhbook
블로그: 네이버 http://blog.naver.com/amhbook
다음 http://blog.daum.net/amhbook
e-mail: am@amhbook.com
등록: 2004년 4월 6일 제7-276호

ISBN 978-89-6184-294-5 03980
정가 18,000원

이 도서의 국립중앙도서관 출판시도서목록(CIP)은 e-CIP홈페이지(http://www.nl.go.kr/ecip)와 국가자료공동목록시스템(http://www.nl.go.kr/kolisnet)에서 이용하실 수 있습니다.
(CIP제어번호: CIP2013001541)